KB148657

Guidelines for Traffic Signal Control

교통신호 체계론

FGSV 지음 | 이선하 옮김

청문각

Preface

역자 머리말

교통신호체계는 교통망, 교통축과 교차로에서의 교통안전과 교통흐름 개선을 위하여 설치된다. 신호체계는 교차로에서 상충하는 교통류의 진입과 통과를 제어하기 때문에 매우 세밀하게 설계, 시공, 운영되어야 한다. 차량뿐만 아니라 대중교통 우선통과, 자전거와 보행자의 안전한 교차로 통행, 차량 군집화를 통한 연동화, 고속도로 차로제어와 진입교통량 제어 등 상위 차원의 교통관리 방안이다. 또한 UTIS 확충에 따른 도시 내 구간별 교통정보를 바탕으로 실시간 교통신호제어가 중요시되고 있다.

이 책은 2010년도에 개정된 독일의 '교통신호시설 지침(RiLSA: Richtlinien für Lichtsignalanlage)'을 번역한 것이다. '교통신호시설 지침'은 교통신호시설의 설치와 운영을 위한 기본적인 교통기술적 정의와 지침을 포함하고 있다. 신호시설 구축과정에서의 업무들을 정의하고, 신호체계를 고려한 도로교통시설 설계, 신호프로그램 설계와 산출, 다양한 신호제어개념 및 대중교통 우선신호등, 신호연동화에 관한 설계방안을 제시하고 있다.

이 책의 구성은 총 2부로 구성되었다. 제1부는 교통신호체계 지침이며, 제2부는 교통신호시설 지침의 정의와 지침들이 어떻게 실제적으로 적용되고 응용되는지를 사례로 보여 주고 있다.

제1부는 개요에 이어 제2장에서 신호프로그램의 설계요소에 대한 설명 및 신호시간계획 산출과정이 설명된다. 제3장에서는 신호체계를 고려한 도로교통시설 설계방안이 제시되며, 제4장에서는 다양한 감응식 제어기법, 신호연동화 설계방안과 모델기반 신호제어 전략 및 신호전환기법이 제시된다. 제5장에서는 불완전 신호교차로, 병목지역 신호체계, 차로신호제어와 진입교통량 신호제어 등의 특수신호체계가 설명된다. 제6장에서는 신호등, 검지기, 신호등 배치와 설치 등 기술적인 요소를 설명한다. 제7장에서는 신호시설의 인수, 운영과 장애 시 대응방안이 제시되고, 제8장에서는 신호체계 구축단계별 품질관리방안이, 제9장에서는 본 지침과 관련된 독일의 규정 및 지침서 등이 제시되었다.

제2부 사례집은 교통신호체계 설계의 기본원리부터 시작한다. 감응식 신호를 실제 사례로부터 설명하기 위하여 제2장에서는 다양한 교차로에 대한 고정식 프로그램부터 설명한다. 사례에서 설명된 여러 형태의 교차로들로부터 다양한 신호프로그램 구조의 적용 가능성들을 제시하였다. 제3장에서는 규칙기반(Rule-based) 제어기법의 프로젝트를 위한 작업절차 및 이에 대한 제시 형태를 설명하였다. 모형기반(Model-based) 제어기법의 중요성은 제4장에서 설명한다. 제5장에는 도로축과 교통망 신호시설의 연동화에 대한 다양한 사례로 구성되었다. 연동화(Green wave)의 현시구분에 대한 원리와 함께 자전거와 대중교통의 연동화 처리방안에 대해서도 설명되었다. 제6장에는 신호프로그램 전환 시 원리, 불완전신호와 병목구간 신호체계에 대한 내용이 포함되었다. 제8장에는 회전교차로와 규칙기반 교통감응식 제어 사례가 소개되었다. 모든 사례에는 위치계획에 통일된 심볼이 사용되어 신호시설의 요구 요소들에 대한 이해를 돕도록 하였으며, 이에 대한 설명이 제9장에 제시되었다.

이 책은 교통신호체계 관련 업무를 담당하는 경찰, 도로교통공단, 연구소 등에 종사하는 전문인력과 대학에서 교통공학을 전공하는 3, 4학년 학생을 대상으로 기획되었다. 또한 교통신호 제어기와 신호등을 설계, 시공하는 업체의 관계자들도 대상이 될 것이다.

아직까지 국내에는 교통신호체계와 관련된 변변한 전문서적이나 교재가 없으며, 교통신호체계 전공 교과목 개설이 미미한 상황이다. 향후 이 책 및 소프트웨어에 대한 설명이 교통분야 종사자를 대상으로 널리 활용되기를 기대한다.

마지막으로 국제 교류 차원에서 이 책이 번역되어 출판될 수 있도록 허가해 주신 독일 도로교통연구원(FGSV: Die Forschungsgesellschaft für Strassenund Verkehrswesen)의 Dr.-Ing. Rohleder 원장님과 FGSV 출판사의 Höller 사장님께 감사의 말씀을 드린다.

2014.8

이 선 하

차 례

Part 1 교통신호체계론

01 Chapter

서 론

02 Chapter

신호프로그램 설계

03 Chapter

신호제어와 도로교통시설 설계와의 상관관계

Chapter

신호제어기법

Chapter

특수신호체계

Chapter

기술적 구성

Chapter

기술적 인수 및 운영

Chapter

품질관리

Chapter

규정과 기술 지침서

Part 2 교통신호체계론 사례집

Chapter

개 요

Chapter

고정식 신호프로그램

Chapter

규칙기반 신호제어

Chapter

모형기반 신호제어

Chapter

연동화

신호프로그램간 전환

특수신호

회전교차로 신호체계

심볼

Part 1

교통신호체계론

Traffic Signal Control Theory

01. 서론
02. 신호프로그램 설계
03. 신호제어와 도로교통시설 설계와의 상관관계
04. 신호제어기법
05. 특수신호체계
06. 기술적 구성
07. 기술적 인수 및 운영
08. 품질관리
09. 규정과 기술 지침서

Chapter

01 서 론

1.1 개요

교통신호체계는 교통안전 증진과 교통흐름 개선을 위하여 설치된다. 신호체계는 교통망, 교통축과 교차로에서의 교통흐름에 큰 영향을 미친다. 따라서 상위차원에서의 교통관리 방안에 속하며, 대중교통 우선통과, 자전거와 보행자의 안전한 통행과 차량의 군집화를 통한 Green wave 등이 구현된다. 동적인 요소(Dynamic element)로서 신호체계는 실시간 교통관제에 있어서 주요 요소이다.

신호체계는 교차로에서 상충하는 교통류의 진입과 통과를 제어하기 때문에 매우 세밀하게 설계, 시공, 운영되어야 한다.

때로는 신호체계를 일부만 구축하여 적은 비용으로도 원활한 교통흐름을 유지할 수 있다. 또한 신호체계는 환경오염을 감소시키게 된다.

이 책은 신호체계의 설치와 운영에 관한 교통공학적인 지침과 규정 및 현재의 기술적인 수준을 반영한다.

이 책의 이용자들은 기본적으로 지침상의 원리와 규정을 준수해야 하나, 실제 구축 상황에서 발생하는 문제들에 대한 해결방안이 모두 포함될 수는 없는 상황이며, 또한 기술적인 발전이나 지역의 특수성을 감안하여 전문가들은 자신의 책임하에서 제시된 지침이나 규정을 벗어날 수도 있다.

신호체계의 구축은 교차로의 설계, 신호프로그램의 설계와 계산, 신호제어 방안을 포함한다. 교차로 등 도로교통시설은 신호체계에 의한 교통흐름과 조화를 이루도록 설계되어야 한다. 즉, 교차로 회전차로, 보행자와 자전거의 유도와 방향별 교통류의 신호체계 등 개별 설계요소들은 운영 시 발생하게 될 교통량과 운영 조건에서 안전하게 교통흐름이 유지될 수 있도록 설계되어야 한다.

1.2 신호체계 설치의 기준과 목적

1.2.1 교통안전

교통신호체계는 교통사고가 발생하였거나, 발생 가능성이 높을 경우 교통신호체계의 설치로 이를 방지할 수 있거나, 다른 방안(예를 들어, 속도제한, 추월금지, 자전거와 보행자 횡단시설 등)들이 그 효과를 발휘하기 어렵다고 판단될 경우에 설치한다. 이때 판단 근거로는

- 통행우선권과 관련된 사고 빈발
  - 위계가 높은 도로에서 교통량이 많거나 속도가 빠를 경우
  - 교차로에서의 시인성이 부족하거나 통행우선권에 대한 인식이 어려울 경우
  - 도로용량이 부족할 경우
- 좌회전 차량과 직진차량과의 사고가 빈발할 경우
- 차량과 횡단하는 자전거와 보행자간 사고가 빈발할 경우

도로의 일정한 장소를 자주 횡단하는 교통약자(노인, 장애인과 어린이)에 대한 위험이 예상되며, 가까운 거리 내에 안전한 횡단이 불가능할 경우 보행자의 수에 상관없이 신호체계를 설치해야 한다.

지방부 도로의 경우 4차로 이상의 평면교차로에서는 신호체계를 설치해야 한다. 경찰, 119 등의 요구 시에도 신호체계를 설치해야 한다.

교통안전과 교통흐름에 대한 신호체계의 영향은 신호체계의 구상, 설치와 운영단계에서 8장의 '운영수준 관리'에서 제시된 지침을 고려하여 판단한다.

1.2.2 교통흐름

교통망, 도로축이나 교차로에서의 차량흐름은 신호체계를 통하여 개선될 수 있다. 많은 경우 신호시설을 설치하여 도로교통시설의 추가적인 건설을 줄일 수 있다.

또한 대중교통, 보행자나 자전거의 경우에도 우선 통행신호체계를 통하여 흐름을 향상시킬 수 있다.

교통망 내에서의 원활한 차량흐름도 신호체계를 통하여 가능하다. 다음과 같은 경우의 진입제어에 신호체계를 활용할 수 있다.

- 교통축이나 교통망의 혼잡을 줄이기 위하여
- 대중교통 우선통과를 위하여 도로 일부를 할애할 경우
- 정체된 차량으로 인하여 도로의 기능을 잃게 될 경우, 사전방지 대책을 위하여

교통량이 많은 고속도로와 이와 유사한 등급의 도로에서 본선으로 진입하는 램프의 교통량을 제어하거나(램프미터링), 고속도로 진출교차로에서의 대기행렬이 고속도로의 본선에 미치게 될 경우 이를 방지하기 위하여 신호체계를 설치할 수 있다.

도로 양방향 교통량의 편차가 방향을 바꾸어 가며 클 경우 차로제어 신호체계(LCS: Lane Control System)를 설치하여 교통량에 비례하는 차선수를 배정할 수도 있다.

1.2.3 연료와 대기오염

제한속도 부근에서 차량의 속도를 일정하게 유지해 주는 대부분의 교통관리 대책들은 연료와 대기오염을 감소한다. 정지횟수의 감소와 여러 교차로를 일정한 속도로 통과하거나 교통량이 적은 경로를 선택하는 것도 연료와 대기오염을 줄일 수 있게 한다. 복잡한 도심지역이나 보행자와 자전거 통행이 많은 경우 이러한 것들은 더욱 효율적이다. 교통량에 따른 신호체계의 운영 여부도 환경피해를 줄이는 데 크게 기여한다.

1.2.4 목적간의 상충

교통신호제어의 목적은 운영자, 다양한 종류의 이용자와 연도(沿道) 주민들의 요구와 관심에 따라 결정된다. 모든 당사자들이 안전하고 원활하며 편안한 교통흐름을 원하지만, 개별 당사자들간에 이해가 상충되므로 목적을 설정함에 있어서 어려운 경우가 많다. 낮은 교통사고율, 원활한 교통흐름, 대중교통 우선이나 환경피해의 감소 등 신호운영 상의 목표설정에 있어서도 상충이 발생하게 된다. 따라서 신호체계 구상단계에 있어서 다양한 목적들 간의 요구조건을 면밀히 검토하여 효율적인 대안을 마련해야 한다.

1.3 교통신호와 신호순서

차량을 위한 신호등의 등화(燈火) 순서는 녹-황-적-적/황-녹이다. 장시간의 간격을 두고 운영되거나 연속된 신호등 간에 혼란을 초래할 경우 흑-황-적-흑으로 구성될 수도 있다. 좌회전 차량신호등의 경우 다른 진행방향 차량의 통과는 금지한 상황에서 녹색 좌회전 화살표의 신호등을 구성할 수 있다. 이 경우 신호등 순서는 흑-녹-흑이다. 우회전 차량을 위한 추가적인 녹색등이 2단으로 흑-녹-황-흑으로 구성된다. 특별한 경우 녹색 화살표만의 1단으로 구성될 수도 있다. 차량신호등은 다른 표시가 없더라도 도로상의 모든 교통참여자들에 적용된다. 신호등의 녹색 화살표는 상충되는 교통류가 모두 금지될 경우에만 표시될 수 있다.

BOStrab[1]에 의하여 운영되는 노면전차의 경우 지침에 규정된 특수신호체계를 따른다. 노선버스가 전용차로로 운영될 경우 이 지침을 준수토록 한다.

노면전차의 신호등에서 금지는 '백색 수평 막대'로, 다른 차량에 대한 우선통행권이 있을 경우 통과는 좌측 또는 우측으로 방향이 된 수직막대로, 우선통행권이 없을 경우엔 삼각형의 머리 부분이 아래로 향하는 신호등을 활용한다.

전이시간은 백색 동그라미로 '곧 정지'라는 의미로 반영된다.

신호등 순서는 정지 - 통과 - 정지 그리고 금지 - 통과 - 곧 정지 - 정지로 구성된다.

BOStrab에 따른 추가적인 신호는 노면전차의 운행과 관련된 것으로 출입문신호(Door Signal)가 있다.

보행자 신호등은 녹 - 적 - 녹으로 구성된다. 자전거 신호등의 3단 신호는 녹 - 황 - 적 - 적/황 - 녹으로 구성된다. 황색 점멸등은 StVO[2] 38절에 따른 위험경고로 사용된다. 가능한 심볼들이 그림 6.7에 제시되었다.

차로신호등은 차로 상부에 특별히 설치된 것으로서 교통법규 상 '지속신호등'으로 사용된다. 아래쪽을 향한 녹색 화살표는 통과를, 적색 'X' 표식은 금지를 의미한다. 전이시간으로는 사선(斜線)으로 아래로 향하는 황색 점멸 화살표로 표시한다.

1 BOStrab(Bauordnung der Strassenbahn) : 노면전차 건설 및 운영에 관한 지침
2 StVO(Strassenverkehrsordnung) : 도로교통규정

Chapter 02

신호프로그램 설계

2.1 용어 설명

신호프로그램은 신호시설 중 신호시간의 길이와 순서를 의미한다.

신호프로그램의 설계는 단계별로 이루어지며 이에 필요한 자료와 작업절차는 다음의 신호교차로를 예제로 하여 제시된다.

신호그룹은 하나 또는 다수의 신호등으로서 동일한 신호등으로 나타내는 교통류를 의미한다.

현시는 신호등이 일정 시간 동안 변하지 않는 상태로서 신호프로그램의 일부이며, 녹색시간은 다양한 시점에서 시작하거나 종료될 수 있다.

2.2 자료와 사전조사

교차로의 상세내역(차선, 보행, 자전거시설, 연도시설, 연도진입로, 식수, 수배전, 공동구, 경사, 표지판 등)이 포함된 위치도(축척 1 : 200~1 : 500)가 설계단계에서 매우 중요하다. 위치도의 제시된 내용은 현장에서 확인되어야 한다.

위치도는 신호계획의 수립에 있어서 다음 작업단계의 기본을 이루게 된다(그림 2.1).

교통량의 표시는 제어절차의 선택과 신호프로그램의 설계와 교통흐름의 검증에 있어서 중요하다. 교통량 자료는 'HBS[3]'의 양식에 따라 표시된다.

3 HBS(Handbuch für die Bemessung der Strassenverkehrsanlage) : 도로교통시설 설계용량 지침서

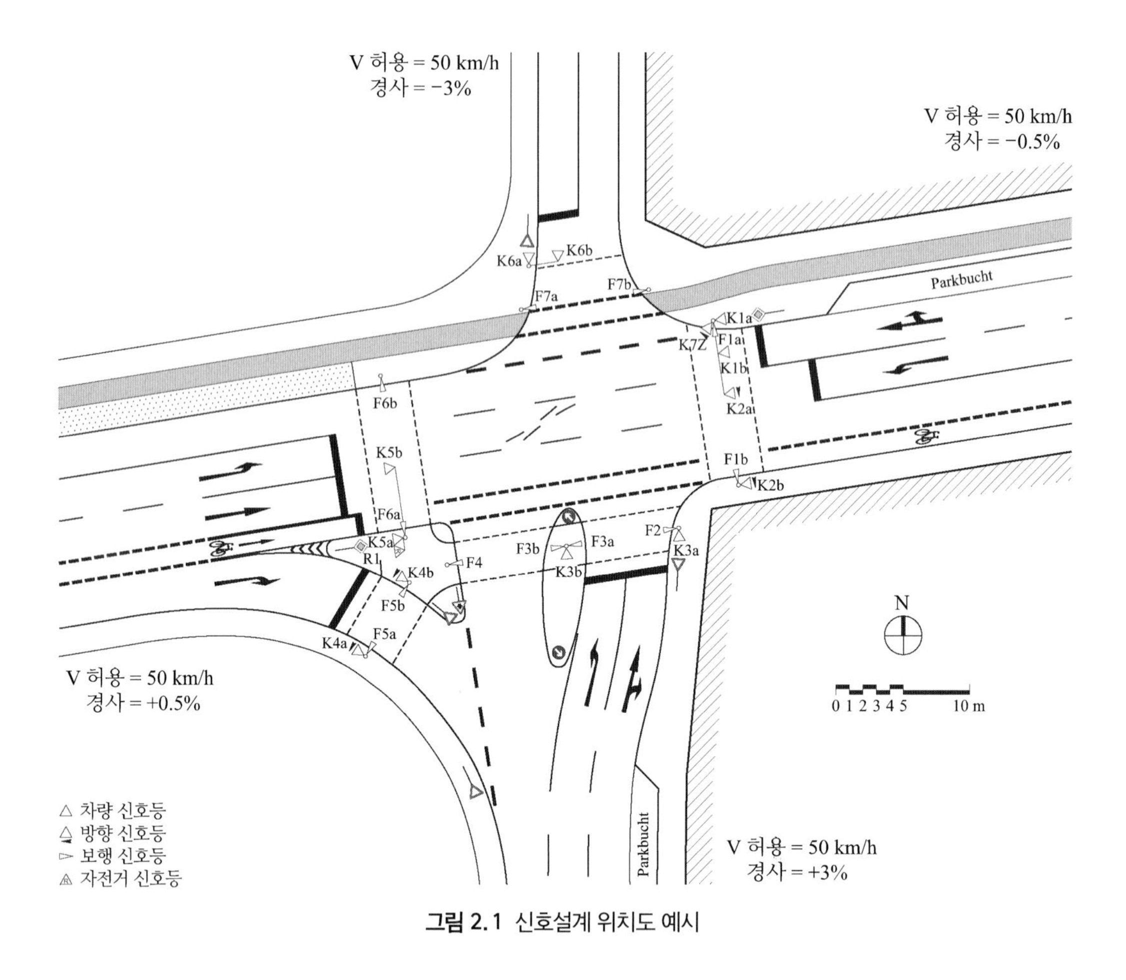

그림 2.1 신호설계 위치도 예시

교통량은 진행방향과 차종을 분류하고 차로별로 산출된다. 한 방향에 다수의 차로가 있고 차로별 교통량이 제시되지 않았을 경우 개략적으로 모든 차로의 교통량이 균등하게 분배되도록 한다.

주변지역을 나타내는 도면을 통하여 교통망 상에서의 해당 교차로와 주변 교차로의 위치를 살펴보아야 한다. 때로는 인접 교차로의 신호제어 관련 자료도 필요하다. 자전거 도로망이나 교통약자들의 현황을 파악하기 위한 자료들도 필요하다.

'교통사고 분석지침(Merkblatt für die Auswertung von Straßenverkehrsunfällen)'에 따른 사고 분석결과도 신호체계의 개선에 필요한 자료이다.

2.3 신호프로그램 구성

2.3.1 현시 구분

2.3.1.1 개요

현시 구분에 있어서 교통류 간의 상충관계를 파악해야 한다. 상충이 없는 교통류들은 하나의 현시로 합칠 수 있다. 상충 교통류들은 서로 분리하여 현시를 구성한다.

대향방향의 차량 또는 이와 평행하게 통행하는 보행자나 자전거 교통과 상충되는 회전교통류는 StVO에 의하여 부분적 상충에 의해 운영될 수도 있다.

현시 구분은 차로별 교통류의 공간적인 결합을 제약조건으로 한다.

회전 교통류의 분리 신호체계는 이 교통류를 위한 별도의 방향표식이 되어있는 차선이 확보되어 있는 것을 전제로 한다.

여러 진행방향의 교통류들은 별도의 차선으로 통행될 경우에만 한 현시 내에서 시차를 두고 녹색시간을 부여받을 수 있다(예를 들어, 자체 차로를 확보한 직진과 회전 교통류).

우선권이 있는 교통류는 이미 진행되고 있는 부분적으로 상충되는 회전 교통류에 바로 붙어서 현시가 부여될 수 없다(예를 들어, 현재 작동 중인 현시에서의 보행자와 부분적으로 상충되는 회전 교통류). 좌회전 교통류에 대한 사전신호부여는 만일 보조신호등(황색점멸등)을 통하여 통행우선권이 있는 교통류에 주의를 줄 경우 이로부터 예외된다.

방향 화살표 신호등에 의하여 교통류가 녹색시간일 경우 이와 상충되는 다른 교통류는 진입이 금지된다.

교차로로 진입하는 전체 차로에 대한 교통류가 동시에 녹색시간이 부여되지 않을 경우 차로별 방향 화살표 신호등은 각 차로의 교차로 진출차량의 진출방향이 명확하게 인식되고, 구조적으로 분리가 될 경우에만 생략될 수 있다. 다차로로 진입하는 교차로 진입부의 교통량 전체가 좌, 우회전할 경우 이와 평행으로 통행하는 자전거와 보행은 상충되지 않는 교통류로 간주된다.

2.3.1.2 좌회전 교통류

신호체계에 의하여 보호되는 좌회전 교통류는 특히 지방부 지역의 경우 교통안전 측면 등 다음의 요인들을 고려한다.

- 대향 교통류의 속도가 높을 경우
- 좌회전 차량의 통행이 원활하게 이루어져야 할 경우
- 좌회전 교통량이나 상충되는 교통류의 교통량이 많을 경우

- 조건적으로 상충되는 교통류와의 시인성이 불량할 경우
- 다수의 상충으로 좌회전 교통류의 주의력이 필요할 경우(예를 들어, 노면전차와 다차로의 대향차로 또는 마주 보는 우회전 교통류, 동시에 현시가 부여되는 평행으로 통행하는 보행자와 자전거 교통류)

좌회전 교통류에 배정된 차로수가 2차로 이상일 경우 신호로 보호되어야 한다.

시간적으로 일부만 보호되는 좌회전 교통류는 대향 교통류의 녹색시간과 연계하여 이보다 조금 늦거나 조금 빠르게 대향 교통류와 상충되지 않게 시간 차이를 두고 좌회전 교통류를 통과시킬 때 적용된다.

추가시간은 신호주기 중 언제든지 적용 가능하다. 좌회전 교통류에게 대향 교통류가 정지되었다는 것을 알리기 위하여 추가시간 신호 시 1단의 신호등(사선 녹색)을 교차로 바로 후미에 설치해야 한다. 사선 녹색 상단에 황색 점멸 화살 표식을 나타내는 2단의 신호등을 설치하여 진입이 허용되는 대향 교통류에 대한 주의를 줄 수 있다.

사전(事前)시간은 안전상의 이유로 항상 2단 신호등으로 표시한다. 사선 녹색 종료 이후에 좌회전 교통류에게 황색 점멸등을 표시하여 진입하는 대향 교통류에 대한 주의를 주며, 이와 동시에 평행으로 통행하며 진입하는 보행자와 자전거 통행에 대한 주의를 강조한다.

좌회전 교통류에 1, 2단 신호등으로 추가시간과 사전시간을 제시할 경우 녹색 화살표의 시작과 종료 시점은 대향 교통류와 평행하게 통행하는 자전거, 보행자와의 intergreen time을 산출하여 결정된다. 사선 녹색 신호가 교차로 진입 신호등과 혼란이 발생할 경우 녹색화살표의 녹색시간은 교차로 진입 신호의 녹색시간 내에 있도록 설계되어야 한다.

비보호좌회전은 좌회전 교통량이나 대향차량의 교통량이 적을 경우 적용 가능하다. 교차로 내부에 대기 중인 좌회전 차량은 다음 녹색 신호 시간의 시작을 약간 지연시켜 교차로를 통과시킬 수 있도록 한다.

만일 좌회전 교통류가 동시에 녹색시간을 부여받는 서로 상충되는 보행자와 자전거 교통류에 대한 대기의무를 명확하게 인지하지 못할 경우, 정지선 앞에 보조신호등을 설치하고 보행자와 자전거가 충분히 교차로를 빠져나가고 난 이후까지 점멸등을 켜서 주의를 주어야 한다.

2.3.1.3 우회전 교통류

교통섬이 없는 교차로 진입로에서 우회전 교통류는 일반적으로 화살 표시에 의한 신호등을 설치하지 않는다. 자전거를 비롯한 도로 측면에서의 교통량이 많거나 별도의 현시를 부여하는 것이 효율적일 경우 화살표식에 의한 우회전 신호등을 설치할 수 있다.

방향 신호등이 설치되지 않을 경우 1단의 경고신호(황색점멸등)를 이용하여 우회전 차량과 평행으로 통행하는 자전거와 보행자에 대한 대기의무가 있음을 경고할 수 있다. 이때 보조신

호등은 보행자나 자전거 정지선 바로 직전에 설치토록 한다. 황색점멸등은 보행자와 자전거가 교차로를 진출할 때까지 점멸되어야 한다.

보조신호등은 교차로에서의 정지선과 교차하는 통행로간의 간격이 너무 넓어 우회전 차량이 보행자나 자전거가 횡단하는 것을 잘 인지하지 못할 경우에도 설치한다. 교차하는 보행자나 자전거의 통행은 매주기마다 반복되지 않아도 된다.

우회전 차선이 별도로 확보된 교차로에서 신호프로그램 구성 상 우회전 교통류에 대한 추가적인 현시 부여가 가능하다. 이 경우 2단의 방향신호등이 흑-녹-황-흑의 순서로 점멸된다.

추가적인 녹색시간의 시작과 종료시간은 이전과 다음 현시에 속하는 교통류와의 상충을 고려한 intergreen time으로부터 계산된다.

사전녹색시간(Early green time)이나 사후녹색시간(Extended green time)의 형태로 주 현시가 증가될 경우 우회전 교통류는 일반적으로 짧은 녹색시간의 중단이 발생한다. 사전녹색시간의 경우 진출하는 우회전 교통류와 보행자 또는 자전거 교통류간의 intergreen time이 필요하다. 이는 '시간 앞당기기'로 통상적인 녹색시간이 다시 시작되기 전에 우회전 교통류가 상충지역에 도달하게 한다. 두 번째인 사후녹색시간의 경우 대향 교통의 진출하는 좌회전 교통류와 이와 연달아 방향신호등에 의하여 진입하는 우회전 교통류간의 Intergreen time이 필요하다(2.7.5절과 2.7.6절 참조). 녹색시간의 짧은 중단은 첫 번째 경우에 있어서 횡단보도가 설치되어 있지 않거나 두 번째 경우에 대향 교통의 좌회전 교통류가 존재하지 않을 경우 없게 된다. 녹색화살표의 제시시간은 두 경우 모두에 대하여 전체 교차로 진입로에 대한 녹색시간과 직접 연결된다. 이 경우 흑-녹-흑의 신호순서를 갖는 1단 신호등으로 충분하다.

교통섬이 있는 교차로 진입로에서 우회전 교통류가 교통섬 옆의 우회전 차로로 별도로 운영될 경우 이는 신호제어에서 제외되고, 대기의무가 있는 차량으로 횡단도로의 차도로 유도된다(StVO의 205 또는 206 표시판). 통행우선권이 있는 교통류와 횡단하는 보행자와 자전거에 대한 주의를 제고시키기 위하여 1단의 보조신호등(황색점멸등)이 설치된다.

도로표지와 차선표식만으로 우회전 교통류의 횡단이 보행자와 자전거에 의하여 안전이 확보되지 않을 경우, 흑-황-적-흑의 신호순서를 갖는 횡단보도의 신호화가 차량교통류를 위하여 가능하다. 보도의 신호화는 기타 교차로와는 무관하게 운영된다(예를 들어, 보행자 요구에 의한 감응식 신호제어).

이 경우 통행우선권이 있는 교통류에 대하여 보조신호등을 통하여 주의를 높여야 한다. 공간이 협소할 경우 보조신호등을 횡단보도의 신호등과 같이 설치한다.

3단 신호등의 우회전 교통신호는 다음과 같은 경우에 필요하다.

- 2차로로 우회전할 경우
- 원활한 곡선반경이 필요할 경우

• 시인성이 불량하거나
• 보행자와 자전거 교통류가 많을 경우

이때 현시 구분을 통하여 우회전 교통류의 녹색시간 동안 우회전 차로의 끝 지점에 대향 교통의 좌회전 교통류가 도달하지 않도록 해야 한다.

녹색 화살표지판의 우회전 교통류(흑색 바탕의 녹색 화살표)는 신호교차로에서 우회전 교통류가 정지선에서 잠시 정지 후 적색 신호에서 만일 이로 인하여 다른 교통류에 방해가 없을 경우 통과할 수 있다.

적색 신호에서의 우회전 교통류의 통행이 가능하여

• 우회전 교통류의 대기시간이 감소되며,
• 우회전 교통류의 용량이 증대되며,
• 우회전 교통류의 대기공간을 축소할 수 있다.

교통안전 측면에서 VwV-StVO[4]에 의한 녹색 화살표지판은 다음과 같은 경우에 설치되지 않는다.

• 마주 오는 차량에게 상충 없는 좌회전 교통류를 신호화하기 위하여
• 마주 오는 좌회전 교통류에게 사선 녹색을 통하여 시간적으로 안전하게 통행하기 위하여
• 우회전 교통류에 적용되는 신호등을 위한 화살표를 차로진행 방향으로 규정하기 위하여
• 우회전 시 노면전차 등 궤도차량의 선로를 횡단하거나 통과할 경우
• 교차하는 자전거도로에서 녹색시간을 부여받는 자전거가 양방향으로 허용이 되거나, 대향 방향의 금지에도 불구하고 자전거 교통량이 많거나 적절한 대안으로 충분히 제한할 수 없을 경우
• 우회전 교통류에 대하여 다수의 차선표식이 된 차로가 이용될 경우
• 신호시설이 통학로 안전에 주로 기여할 경우

녹색 화살-제어의 전제 조건은 모든 녹색 신호를 받는 교통류에 대한 충분한 시인성 확보이다. 이는 우선 우회전 교통류의 정지선에서부터 확보되어 녹색-화살 제어 종료 이후 진입하는 차량이 시거 확보선까지 앞으로 나가거나 그곳에서 정지함으로써 다음 녹색 신호를 받는 교통류가 막히지 않도록 해야 한다.

시각장애인 등 교통약자가 통행하는 교차로에서는 녹색 화살-제어를 적용해서는 안 된다. 적용 시에는 음향 또는 다른 적절한 보조수단으로 보완해야 한다.

4 VwV-StVO(Allgemeine Verwaltungsvorschrift zur Strassenverkehrsordung) : 도로교통 규정에 대한 일반적 관리지침

2.3.1.4 노면전차와 노선버스

노면전차는 일반적으로 BOStrab의 신호체계에 의하여 운영된다. 노선버스의 경우에도 일반 교통류와의 혼선 가능성이 배제되었을 때, 대중교통 우선신호를 위한 별도의 현시가 반영될 경우 이의 적용을 받는다.

회전하는 대중교통의 막대형 신호등의 이용은 일반적으로 필요한 intergreen time을 고려한 특수현시가 적용된다. 이때 일반 차량에게는 큰 대기시간을 유발시킬 수 있는 단지 짧은 녹색시간이 제공될 수 있다.

허용신호(Permission signal)나 교통량이 적은 대향 교통류의 경우, 대중교통 차량의 회전이 많은 경우 일반적인 녹색시간의 일부를 활용하여 대기시간을 축소토록 한다. 허용신호의 제시 종료 이후 대중교통 차량의 긴 진출시간이 기준이 된다(그림 2.4). 부분적으로 상충되는 교통류의 포화도가 높을 경우 교통안전 측면에서 허용신호의 이용은 제한된다.

2.3.1.5 보행 교통

보행자 신호체계는 일반적으로 보행자가 필요할 경우 요구하는 방식으로 운영된다. 보행 교통류의 대기시간은 가능한 한 짧아야 한다. 예비신호를 통하여(예를 들어, Text: ‘Signal come’) 보행자에게 녹색 신호 요구가 접수되었음을 알려 주어야 한다.

횡단보도를 교차하는 차량 신호등은 동시에 적색으로 변환되어야 한다. 이를 통해 차량이 정지한 후 한쪽 방향을 주시하고 있는 보행자가 도로 횡단을 시작할 때 다른 방향에서 접근하는 차량들이 아직 녹색을 받지 못하도록 해야 한다.

연동화(Green wave)로 운영 중인 교통축에서 보행신호는 연동화에 포함되도록 설계한다. 이때 보행자는 매 주기마다 보행신호를 얻거나 또는 보행 교통량이 적을 경우 요구가 발생하는 주기에만 녹색시간을 부여받을 수도 있다. 장주기로 보행자의 대기시간이 길어지게 될 경우 차량의 대기시간을 감수하고라도 연동화를 중단해야 한다. 차량에게 활용되지 않는 녹색시간은 추가적인 횡단시간에 활용될 수 있다.

보행신호등은 일반적으로 차량에게 녹색, 보행자에게 적색신호가 기본 상태이다(그림 2.2).

보행자로부터 신호요구가 발생하면 차량 신호등은 녹색에서 황색을 거쳐 적색으로 변환한다. 보행 현시가 종료된 후 차량 신호는 적/황을 거쳐 녹색으로 전환한다. 반복되는 보행 신호 요구 시 녹색시간은 intergreen time이 종료하고, 정의된 최소시간 등이 종료된 후에야 시작한다. 이 시간은 차량의 최소 녹색시간보다 짧아서는 안 된다.

허용속도가 50 km/h 미만인 경우 기본 설정이 모든 교통에 대하여 흑으로 될 수도 있다(그림 2.3).

이때 보행자에게 신호시설이 운영 중임을 알려주기 위하여 안내표시가 설치되어야 한다. 대안으로 차량 신호등은 항상 흑, 보행신호등은 적인 기본 설정이 적용될 수도 있다. 보행 신호 요구 시 차량 신호는 흑에서 황을 거쳐 적으로 전환하며, 보행 현시 종료 시 차량 신호는 기본 설정(흑)으로 전환한다.

보행자와 회전 교통류의 신호는 원칙적으로 분리되거나 조건부적으로 허용될 수 있다.

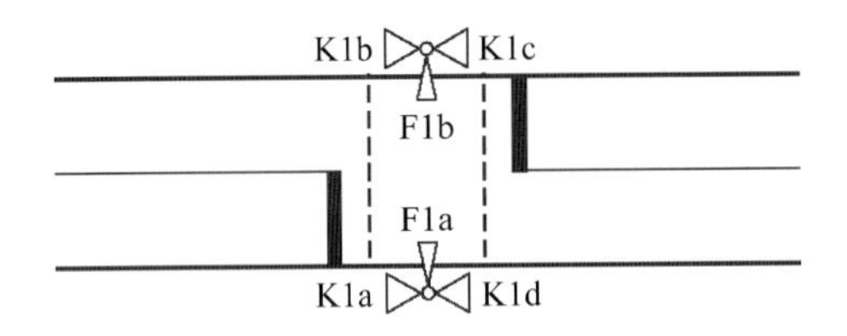

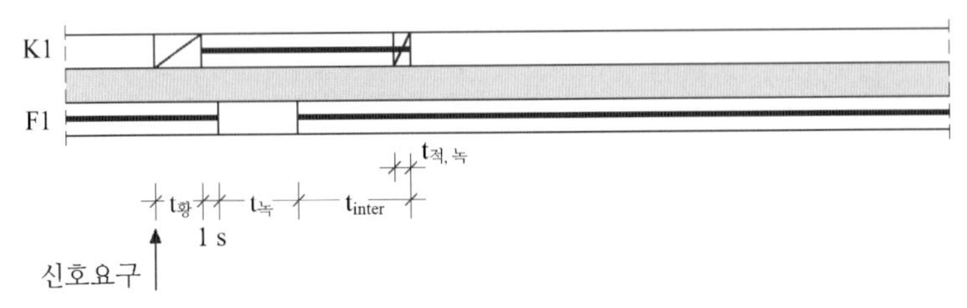

그림 2.2 기본 설정 차량 교통류 녹색신호와 보행자 적색신호인 보행신호 예시

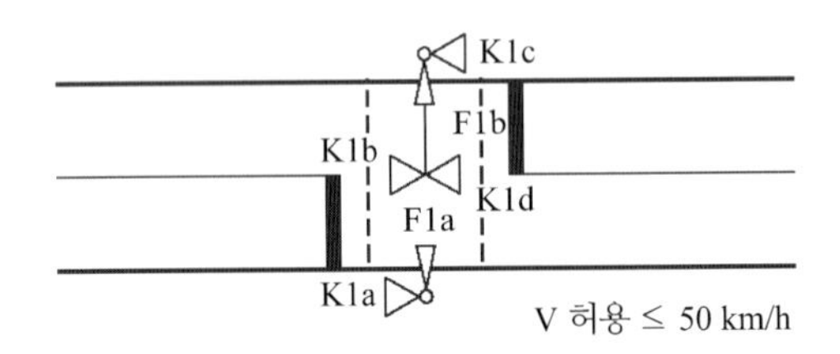

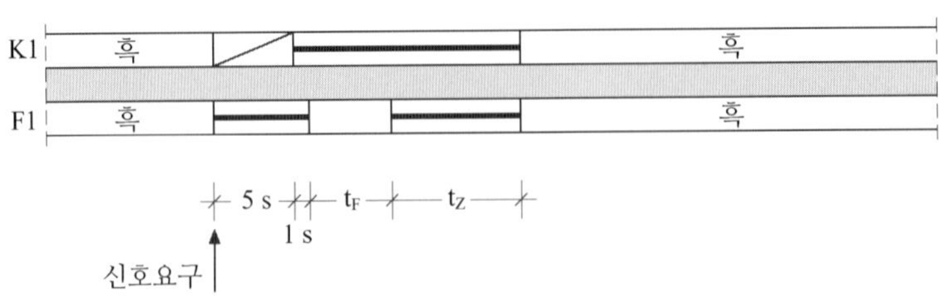

그림 2.3 기본 설정 '흑'인 보행신호 예시

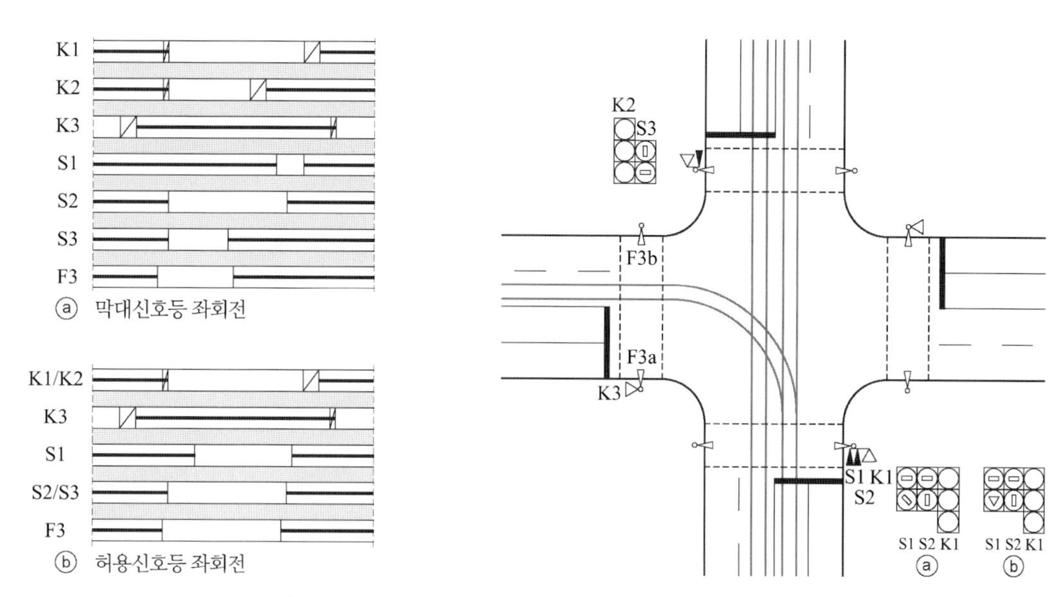

그림 2.4 막대신호 또는 허용신호를 활용한 노면전차 좌회전 신호

다차선 교통류의 경우 평행하는 보행자는 신호적으로 분리된다.

분리 신호는 다음의 경우에 적용된다.

- 회전 교통류가 원활하게 통행해야 하거나, 교통량이 많거나, 상충빈도가 높을 경우
- 차량과 보행자간의 시인성이 불량할 경우
- 보행 교통량이 많을 경우
- 좌회전 교통류가 대향 교통류로부터 차두간격을 찾기가 어려울 경우

분리 신호등은 완전한 신호 보호를 요구한다. 이는 조건부적으로 통행을 허용하는 경우보다 상대적으로 긴 대기시간을 유발한다.

보행 녹색시간은 이와 조건부적으로 상충되는 교통류 직후에 제시될 수 없다. 이 경우 보행자가 회전하는 교통류로 인하여 횡단할 수 없거나, 회전 교통류보다 통행에 우선권이 있는 보행자가 갑자기 출현하여 놀랄 수가 있다. 이는 특히 교통감응식 신호체계의 경우 주의해야 한다. 좌회전 교통류에 대한 사전신호가 운영 중일 경우에는 이로부터 예외가 가능하다.

차도 중앙의 보행섬 등이 설치된 도로에서 횡단신호가 연속적으로 제시될 경우 '동시(simultaneous)' 또는 '점진적(progressive)'인 신호등으로 운영될 수 있다.

'동시' 신호일 경우 차도 양단이나 보행섬에서 모든 보행신호가 동시에 시작된다. 이때 보행 녹색시간은 녹색시간 시작 시 차도에서 횡단을 시작한 보행자가 최소한 보행섬을 통과하여 다음 차도의 중간지점을 통과하는 시간이 될 수 있도록 길어야 한다.

이 경우 두 번째 녹색시간에 출발한 보행자는 보행섬에서 대기할 경우도 발생한다.

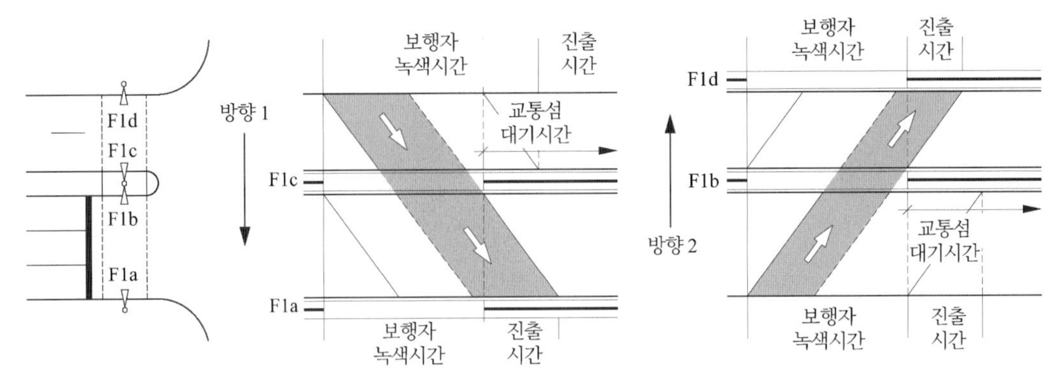

그림 2.5 3개 신호그룹의 연속배치 횡단보도의 동시적 신호화

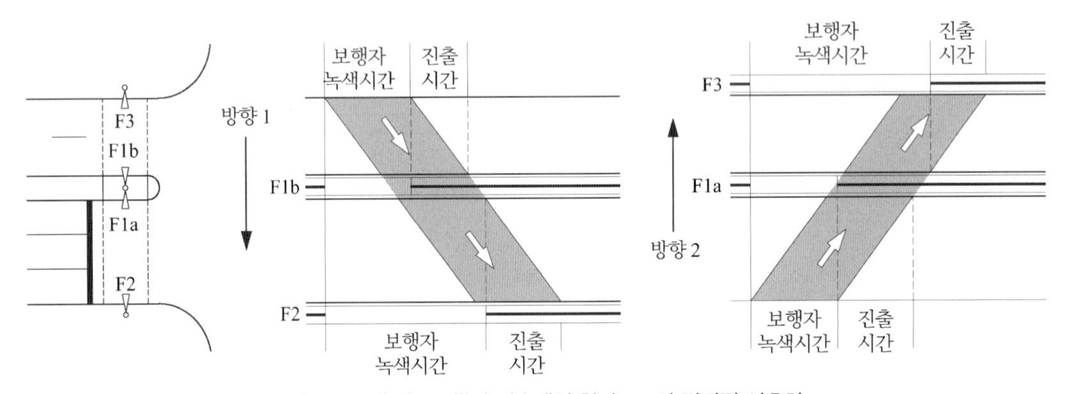

그림 2.6 3개 신호그룹의 연속배치 횡단보도의 점진적 신호화

'점진적' 신호는 보행섬에 대기공간이 부족할 경우 보행자가 보행섬에 대기하지 않도록 한다. 이 경우 보행섬에서의 보행신호는 반대편 차도에서의 보행신호보다 일찍 녹에서 적으로 전환할 수 있다.

이 형태의 신호는 교통섬에서 적색신호로 인하여 대기하고 있는 보행자가 반대편에서 보다 늦게까지 녹색신호를 받고 횡단하는 보행자를 보고 적색신호임에도 불구하고 횡단할 수 있는 위험을 초래한다. 이외에도 부분적으로 상충하는 우회전 교통류가 교통섬에서부터 횡단하는 보행자를 무시하는 경우도 발생할 수 있다. 이러한 단점은 보행신호등에 점멸이나 기타 시각장치를 설치하여 보완한다.

그림 2.6에 이러한 신호체계 예시가 제시되었다.

'분리된 보행신호체계'는 차량이나 노면전차의 통과로 인해 2개의 횡단보도 중 하나의 녹색시간을 일찍 부여하거나 폐쇄시킬 때 활용된다. 이 경우 2개의 횡단보도가 동시에 녹색시간을 주도록 설계하는 것이 바람직하다.

다음과 같은 경우에 차량 교통류를 위하여 일찍 진입 금지된 교차로 진입부를 보행 교통류에게 미리 녹색시간을 부여하는 것이 효율적일 경우도 있다.

- 적색시간이 시작되더라도 보행자는 거기에 현혹되지 않는다. 이러한 위험성은 차량이 이미 정지되어 있는 상황임에도 불구하고, 보행자가 아직 적신호를 받고 있을 경우에 발생한다.
- 조기에 녹색시간을 부여하는 것은 보행자가 녹색시간 시작 시에 첫 번째 횡단보도를 통과한 후 두 번째 횡단보도에 차량이 진입하기 전에 두 번째 횡단보도에 진입하는 것을 가능하게 한다.

한 횡단보도에서 너무 긴 녹색시간은 대기공간이 너무 좁은 교통섬에서의 대기시간을 너무 길게 초래할 수가 있다.

두 개의 횡단보도에서의 녹색시간 설정이 항상 보행섬에서의 대기시간을 유발할 경우 다음과 같은 개선방안을 고려토록 한다.

- 차로폭을 감소하거나 교통섬 폭원을 증가하여 대기공간을 확충
- 살짝 앞으로 배치된 보행섬의 경우 '방호망'을 설치
- 교통감응식 신호체계를 통한 대기시간의 축소

분리 신호로 운영 중인 횡단보도에 두 개의 신호등이 바짝 붙어 설치되었거나, 보행자가 보행섬에 설치된 신호등이 고장날 경우 다음 횡단보도에 설치된 녹색시간을 자신의 신호등으로 착각할 경우가 있다. 이 경우 신호안전장치를 통하여 전체 신호체계를 단전시키도록 해야 한다(7.3.4.2절 참조).

독립적이며 별도의 궤도에 설치된 횡단시설에서는 대중교통 차량에 의한 요구제어가 통행속도가 빠른 도로구간에서는 바람직하다.

2.3.1.6 자전거교통

자전거는 차량 신호등을 준수해야 한다. 자전거 도로를 통행하는 자전거는 자전거 교통신호를 준수해야 한다.

자전거 신호등에는 다음과 같은 3가지 기본 형태가 있다.

- 차량과 공동으로 신호운영
- 자전거 전용 신호체계
- 보행자와 자전거 공동신호

위계가 유사한 진입로를 갖는 교차로나 주 간선도로에서는 동일한 형태의 자전거 신호등이

운영되어야 한다.

자전거 전용신호는 다른 형태에 비하여 추가적인 운영비용에도 불구하고, 교통안전, 교통흐름이나 수용성이 보장되었을 경우에 적용한다.

신호체계의 기본구조는 자전거 이용자들이 수용하도록 다음과 같이 운영되어야 한다.

- 대기시간이 가능한 짧아야 함
- 분리된 차도를 중간 정지하지 않고 통과해야 함
- 녹색시간의 길이는 한 주기에 도착한 자전거들이 다음 녹색시간에 모두 통과할 수 있도록 설정되어야 함
- 자전거와 평행하게 진행하는 차량교통량의 녹색시간에 비하여 지나치게 짧아서는 안 됨

차량과 공동으로 운영되는 신호등은 다음과 같은 경우에 적용한다.

- 교차로 진입 시에 차량과 자전거가 동시에 운행할 경우
- 자전거 교통에 대한 보호차선이 확보되어 있을 경우

2.3.2 현시의 수

현시의 구분과 이에 따른 현시의 수는 개별 교통류를 신호체계적으로 얼마나 안전하게 통행시킬 것인지에 따라 결정된다. 인접한 교차로와의 연동화로 운영될 경우 양방향 교통류간 시공도에 따른 제약조건이 발생한다.

모든 상충되는 교통류를 신호적으로 분리하여 운영할 경우 3지 교차로에서는 3개의 현시, 4지 교차로에서는 4개의 현시가 필요하다.

2현시의 경우 조건적으로 상충되는 교통류가 보호받지 못하게 되며, 일부 회전 교통류들은 같은 현시에 통행이 된다. 교통소통 측면에서 일반적으로 2현시가 효율적으로 평가받는다.

신호주기 측면에서 intergreen time을 최소화시키도록 하며, 녹색시간의 길이가 유사한 교통류들은 같은 현시로 묶는 것이 바람직하다.

2.3.3 현시 순서

용량 측면에서 효율적인 현시의 순서는 다음에 해당되지 않을 경우 주기 시간을 최소화하는 측면에서 필요한 intergreen time과 이에 따른 녹색시간의 합에 따라 결정된다.

- 복잡한 교차로의 경우 교차로 지역에 대기행렬이 발생하지 않도록 일정 방향별로 교통류가 통과하는 현시 순서가 필요하다.

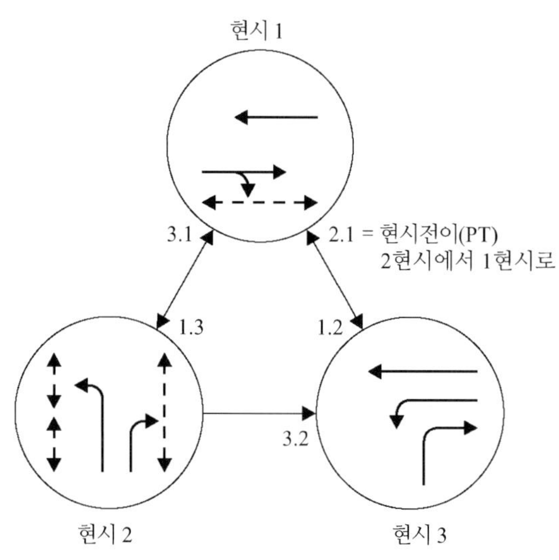

그림 2.7 현시 순서 계획 예시

- 보행과 자전거 교통을 교차로에서 방향별로 연속적으로 통과시킬 수 있도록 일정한 보행자와 자전거의 녹색시간이 전체 현시의 순서를 결정하게 된다.
- 교통축에서의 신호연동화와 대중교통의 우선통과를 위하여 녹색시간의 변동이 필요하며, 이로 말미암아 현시의 순서가 결정되기도 한다.
- 교통흐름을 향상시키기 위하여 한 주기 내에 동일한 현시가 반복될 수도 있다.

현시와 현시 순서는 현시 순서 계획에 표시한다(그림 2.7). 감응식 신호체계에서는 현시 순서가 제어논리에 따른 시간적, 논리적 조건을 고려하여 결정된다.

2.3.4 현시간 전이

현시가 바뀔 때에는 현시 전이로 표현된다(그림 2.8). 현시 전이는 현시가 종료되는 신호그룹의 마지막 녹색시간과 다음 현시가 시작되는 녹색시간의 시작시간과의 차이이다.

현시 전이에는 현시 변경에 필요한 intergreen time이 최소한 포함되어야 한다. 또한 현시 전이 내에서 녹색시간과 적색시간의 최소길이 등의 조건들이 반영되어야 한다.

현시 전이에서 감응식 신호에 따라 변경이 필요할 경우 intergreen time과 StVO에 따른 허용된 현시 순서를 필히 고려해야 한다.

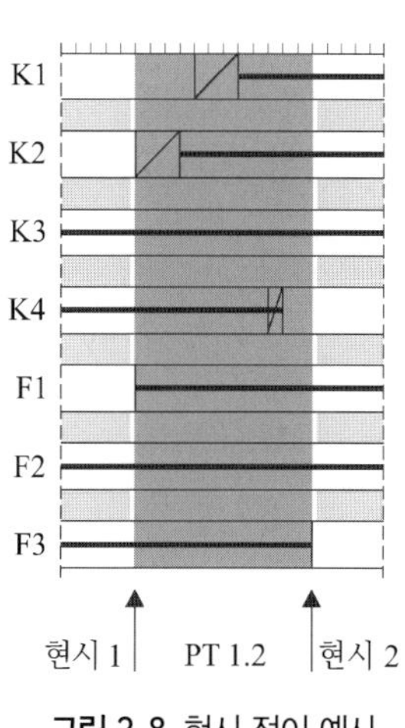

그림 2.8 현시 전이 예시

2.4 전이시간

차량신호등은 녹색시간에서 적색시간으로 변경될 때 차량의 동력학적인 특성에 의하여 적색등 앞에 황색등이 표시된다. 전이시간 황색등($t_{황}$)은 교차로의 제한속도에 따라 결정된다.

- $t_{황}$ = 3 s, $V_{제한}$ = 50 km/h
- $t_{황}$ = 4 s, $V_{제한}$ = 60 km/h
- $t_{황}$ = 5 s, $V_{제한}$ = 70 km/h

따라서 교차로마다 황색등 시간이 다르다.

신호적으로 보호되는 최고속도가 50 km/h인 회전 교통류는 허용속도가 70 km/h 또는 60 km/h인 교차로에서 t_Y = 3 s을 제시한다.

승객의 승하차를 위하여 'time island'를 갖는 노면전차의 동적(動的) 정류장에서 운영되는 흑-황-적-흑의 현시순서를 갖는 신호그룹의 황색시간은 3초이다. 흑-황-적-흑의 현시순서를 갖는 다른 모든 신호그룹의 황색시간은 5초이다.

신호적으로 보호되는 노면전차의 녹색시간에서 적색시간의 전이시간은 교차로 진입부의 대중교통의 허용속도에 따라 결정된다.

- $t_{황,\ 노면주차} = 4\ s,\ V_{최대} = 30\ km/h$
- $t_{황,\ 노면주차} = 5\ s,\ V_{최대} = \frac{40\ km/h}{h}$
- $t_{황,\ 노면주차} = 6\ s,\ V_{최대} = \frac{50\ km/h}{h}$
- $t_{황,\ 노면주차} = 7\ s,\ V_{최대} = \frac{60\ km/h}{h}$
- $t_{황,\ 노면주차} = 8\ s,\ V_{최대} = 70\ km/h$

노선버스를 위한 특별신호는 BOStrab 51절에 따라 전이시간이 차량의 전이시간과 조화를 이루어야 한다.

대중교통의 전이시간은 다음과 같은 경우 생략될 수 있다.

- 신호등 앞에서 무조건 정지해야 하는 경우
- 통과에서 정지로의 현시 교체시간이 차량의 정지거리 시간 동안에 이루어질 경우
- 최대 속도가 20 km/h인 경우

녹색등 앞의 적/황 전이시간은 녹색시간이 시작된다는 것을 알리는 의미에서 1초를 부여한다.

적색시간에서 녹색시간으로 교체 시 대중교통 차량에는 전이신호가 적용되지 않는다. 신호

등 앞에 정지선이 있을 경우 예비신호를 주어(예를 들어, door closing signal일 경우 5~10초 정도) 대중교통 차량이 출발 준비를 할 수 있도록 한다.

신호적으로 보호되는 자전거 신호등의 황색시간은 2초이며, 적/황의 전이시간은 1초를 적용한다.

보행자에게는 전이시간이 적용되지 않는다.

2.5 Intergreen time

Intergreen time은 한 교통류의 녹색시간의 마지막 초와 이와 상충되는 다음 현시에 녹색시간이 시작되는 교통류 녹색시간의 첫 번째 초 사이의 간격이다. 최소 필요 intergreen time은 통과시간, 진출시간과 진입시간을 고려하여 다음과 같이 산출한다.

$$t_{inter} = t_{전이} + t_{진출} - t_{진입}$$

Intergreen time은 모든 상충되는 교통류간의 조합을 고려하여 산출한다. 이때 개별 교통수단(승용차, 대중교통, 자전거, 보행자)들은 동시에 신호가 부여된다고 해도 분리된 교통류로 간주한다. 신호그룹별로 적용되는 (최대) intergreen time은 intergreen time matrix에 표시된다(그림 2.9 참조).

		시작 신호그룹														
		K1*)	K2	K3	K4	K5	K6	K7	R1	F1	F2	F3	F4	F5	F6	F7
종료 신호그룹	K1*)			4			5	6		4					7	
	K2			5	8	5	5		4	2		8	8			
	K3	5	4			4			1		4	4				6
	K4		2				2							4		
	K5		3	5			4			6					3	
	K6	4	4		10	5			4			6	6			4
	K7Z	2														3
	R1		2	6			3			9					3	
	F1	9	7			6			4							
	F2			6												
	F3		4	6			4									
	F4		4				4									
	F5				4											
	F6	7				8			9							
	F7			5			7	6								

*) 신호그룹 K1은 신호등 K1a와 K1b를 포함, 다른 신호그룹도 동일

그림 2.9 교차로 intergreen time 예시

시간적으로 일부만 보호되어 운영되는 좌회전 교통류의 사선녹색 신호등의 좌회전 교통류와 대향방향 교통류는 물론 상충되는 자전거와 보행자간의 intergreen time은 intergreen time matrix를 활용한다.

Intergreen time matrix로부터 교통안전에 위험을 초래하는 교통상황을 방지할 수 있게 된다.

다음에 제시된 intergreen time의 산출 방법은 일반적인 경우, 즉 운전자들이 적절히 주어진 신호체계에 대응한다는 것을 전제로 한다. 예를 들어, 속도제한, 교차로 진입로의 심한 경사, 특별히 저속으로 운행하는 차량일 경우 긴 intergreen time을 초래하는 예외일 경우도 있다.

2.5.1 진출, 진입시간 산출

Intergreen time을 산출하기 위해서는 먼저 진출, 진입시간을 결정해야 한다. 이들 시간의 기준이 되는 거리 산정 시 차선과 보도의 중심선을 기준으로 한다.

진출거리 $s_{진출}$는 기본진출거리 s_o와 임의의 차량길이 $l_{차량}$로 구성된다. 기본진출거리는 차량의 경우 정지선부터 다음 현시가 시작하여 진입하는 차량이 만나는 (상충점) 지점을 의미하며, 보행자와 함께 신호를 받는 자전거의 경우 횡단보도 시작지점과 상충지점까지의 거리를 의미한다.

차량이 횡단보도를 통행하는 보행자와 자전거에 대하여 진출할 경우 상충점은 횡단보도의 중앙 – 횡단보도 폭원이 4 m 이상일 경우 횡단보도 끝에서 2 m 전방 – 을 가정한다.

상충지역의 진출은 교통류의 안전을 요구하는 측면에서 진입하는 교통류의 주의 의무를 상기시킬 만한 크기로 산정한다. 길고 큰 차량이 교차로를 진출할 경우, 이 차량이 상충지역에 아직 존재할 경우 이 차량의 긴 길이가 인지되고 통행의 우선권이 있다는 것을 알 수 있도록 진출거리가 산정되어야 한다. 이와 관련하여 진입하는 교통류가 필요로 하는 최소녹색시간은 보장되어야 한다(2.7.4절 참조). Intergreen time의 산출에 있어서 차량의 길이는 다음과 같이 가정된다.

- 자전거 0 m
- 차량(화물차, 노선버스 포함) 6 m
- 노면전차 15 m

진입거리는 차량의 경우 정지선에서 다음 현시에 진입하는 차량과의 상충지점 또는 횡단보도의 시작지점이다. 보행자와 보행자와 함께 통행하는 자전거의 경우 횡단보도의 시작과 상충지점 시작점과의 거리이다. 상충지점이 시작점 바로 뒤에 위치할 경우 진입거리는 '0'으로 가정한다.

차량동선이 교차로 내부에서 정해지지 않을 경우(예를 들어, 회전하는 교통류의 경우) Intergreen time의 산출은 차량기하학적으로 타당성이 있는 거리를 가정한다.

2.5.2 전이(통과)시간과 진출시간

전이(통과)시간은 Intergreen time의 산출에 있어서 녹색시간의 종료시점과 진출시간의 시작 시점간의 시간 간격이다.

진출시간은 진출속도로 진출거리를 빠져나가는 시간간격이다.

$$t_{진출} = \frac{s_{진출}}{v_{진출}}$$

직진 또는 회전하는 차량의 통과와 진출에 있어서 다음과 같은 조건을 준수해야 한다.

$$t_{전이} + t_{진출} \geq t_{황} + 1$$

이 조건을 통하여 현시교체 시 황색시간 $t_{황}$ 안에 미처 정지선에 정지하지 못하는 차량이 진입할 경우, 특히 상충지점이 정지선과 바로 인접하게 되는 보행자나 자전거에게 직접적인 위험을 주지 않게 된다.

Intergreen time의 산출에 있어서 총 6종류의 통과와 진출 경우를 고려한다.

Case 1: 직진차량 진출

직진 교통류의 전이시간은 허용속도와 관계없이 $t_{전이} = 3\,s$로 한다.

진출속도는 $V_{진출} = 10\,m/s$로 한다.

Intergreen time 계산에는 다음과 같은 사항을 가정한다.

전이시간 : $t_{전이} = 3\,s$

진출속도 : $V_{진출} = 10\,m/s$

기본진출거리 : s_o =차선중앙 기준 정지선과 상충점까지의 거리(m, 그림 2.10)

차량길이 : $l_{차량} = 6\,m$

전이시간과 진출시간 : $t_{전이} + t_{진출} = 3 + \frac{s_o + 6}{10}$

Case2: 회전차량 진출

회전 교통류의 전이시간은 $t_{전이} = 2\,s$로 한다. 진출속도는 $V_{진출} = 7\,m/s$로 하며, 차로가 각 곡선반경이 $R < 10\,m$일 경우 $V_{진출} = 5\,m/s$로 한다.

Intergreen time 계산에는 다음과 같은 사항을 가정한다.

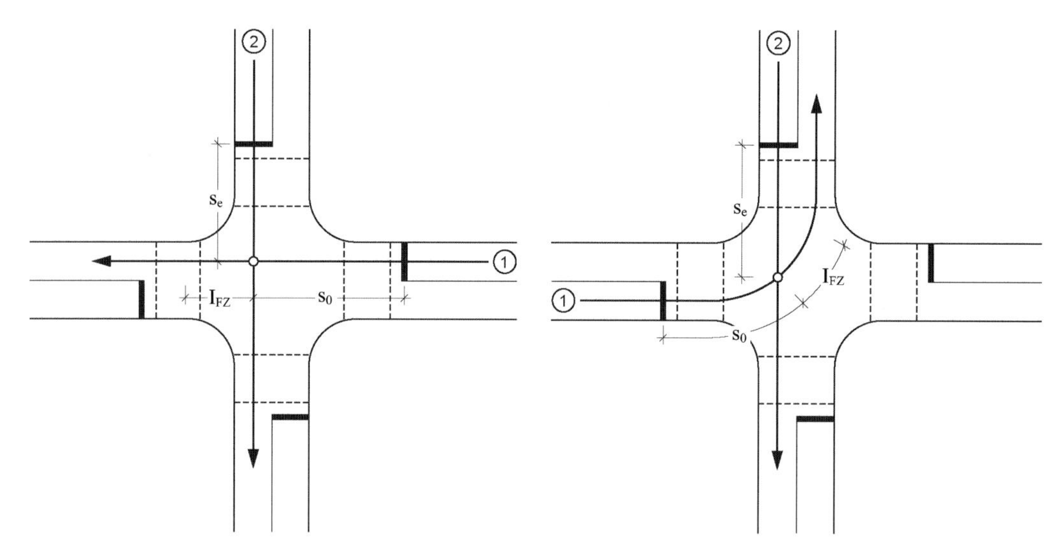

그림 2.10 '직진 차량교통류 진출'/ '차량교통류 진입' 상충 예시

그림 2.11 '회전 차량교통류 진출'/ '차량 진입' 상충 예시

전이시간 : $t_{전이} = 2\ s$

진출속도 : $V_{진출} = 7\ m/s\ (V_{진출} = 5\ m/s,\ R < 10\ m)$

기본진출거리 : s_o =차선중앙 기준 정지선과 상충점까지의 거리(m, 그림 2.11)

차량길이 : $l_{차량} = 6\ m$

전이시간과 진출시간 : $t_{전이} + t_{진출} = 2 + \dfrac{s_o + 6}{10}$

$$\left(t_{전이} + t_{진출} = 2 + \frac{s_o + 6}{10}\right),\ R < 10\ m$$

Case 3: 노면전차 진출 – 교차로 전방에서 미 정차

정류장에서 정지하지 않고 BOStrab에 의하여 우선신호등의 제어를 받는 노면전차는 이에 해당하는 허용속도를 기준으로 한 전이시간을 반영한다. 이때 신호등이 신호를 변경한다는 전이신호 기능을 포함하는 것과는 무관하다. 노면전차의 전이시간은

- $t_{전이} = 3$ s, $V_{최대} < 30$ km/h
- $t_{전이} = 5$ s, 30 km/h $< V_{최대} < 50$ km/h
- $t_{전이} = 7$ s, 50 km/h $< V_{최대} < 70$ km/h

노면전차의 녹색시간이 녹색신호 통과 후 신고에 의하여 종료될 경우 Intergreen time의 산출 시 전이시간은 '0'으로 한다. 의무적인 통과신고인 경우 전이시간은 순서논리에 포함되어야 한다.

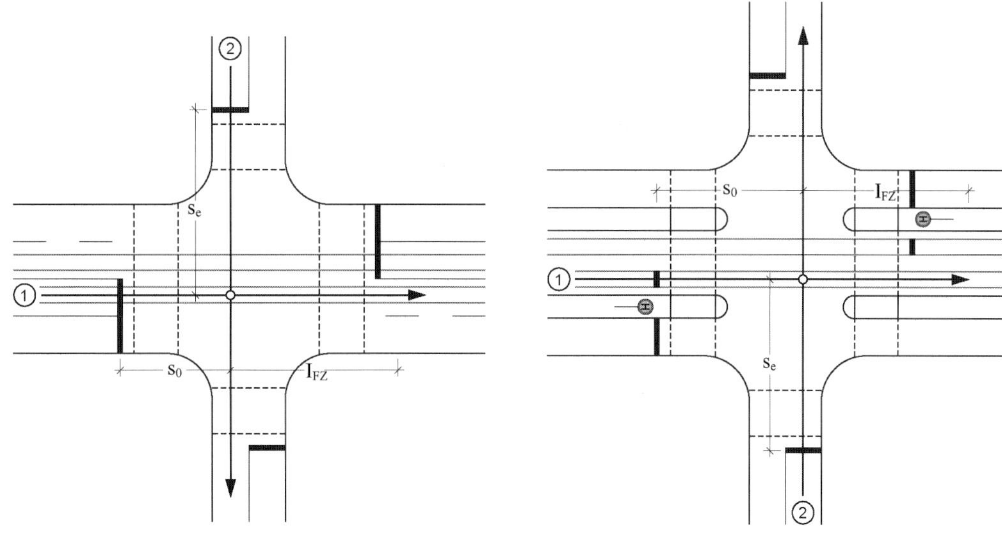

그림 2.12 '노면전차 정지 없이 진출'/ '차량 진입' 상충 예시

그림 2.13 '정지 노면전차 진출'/ '차량 진입' 상충 예시

전이시간과 진출시간에는 다음과 같은 변수를 가정한다.

전이시간 : $t_{전이} = 3\,s,\ 5\,s$ 또는($V_{최대}$에 따라)

진출속도 : $V_{진출} = \dfrac{V_{최대}}{3.6}\left(V_{최대}\ \text{in}\ \left[\dfrac{km}{h}\right]\right)$

기본진출거리 : s_o =차선중앙 기준 정지선과 상충점까지의 거리(m, 그림 2.12)

차량길이 : $l_{차량} = 15\ m$

전이시간과 진출시간 : $t_{전이} + t_{진출} = t_{전이} + 3.6 \times \dfrac{s_o + l_{차량}}{V_{최대}}$

노면전차가 차량과 동시에 신호화될 경우 $t_{전이} + t_{진출}$는 차량 교통류의 값을 적용한다. 이는 노면전차가 교차로 진입 시 주의깊게 통행해야 한다는 것을 의미한다.

Case 4: 대중교통 차량 진출 교차로 전방 정차

대중교통 차량이 정류장 앞에서 항상 정차할 경우(정류장 위치로 인하여) case 3에 추가하여 대중교통 차량이 녹색시간 종료 시점에 정지상태에서 허용 최대속도까지 가속하는 경유를 고려해야 한다.

노면전차의 가속 기준값은 $a = 1.0\ m/s^2$이며, $a = 0.7\ m/s^2$에서 $1.5\ m/s^2$ 범위 내에서 차량속도가 증가할수록 적은 값을 적용한다. $a = 1.2\ m/s^2$이며, $a = 1.0\ m/s^2$에서 $1.5\ m/s^2$ 범위를 적용한다. 상한값은 승객의 안락성을 고려하여 결정한다.

따라서 진출과정은 다음과 같이 산출된다.

전이시간 : $t_{전이} = 0\ s$

노면전차 가속도 : $a = 1.0\ m/s^2$($a = 0.7\ m/s^2$에서 $1.5\ m/s^2$ 범위)

노면버스 가속도 : $a = 1.2\ m/s^2$($a = 1.0\ m/s^2$에서 $1.5\ m/s^2$ 범위)

기본진출거리 : s_o =차선중앙 기준 정지선과 상충점까지의 거리(m, 그림 2.13)

차량길이 : $l_{차량} = 15\ m$, 노면전차

$l_{차량} = 6\ m$, 노선버스

전이시간과 진출시간 : $(s_o + l_{차량}) \leq \frac{V_{최대}^2}{2 \cdot 3,\ 6^2 \cdot a}$ 경우

$$t_{전이} + t_{진출} = \sqrt{\frac{2 \cdot (s_o + l_{차량})}{a}}$$

$(s_o + l_{차량}) > \frac{V_{최대}^2}{2 \cdot 3,\ 6^2 \cdot a}$ 경우

$$t_{전이} + t_{진출} = \frac{V_{최대}}{3,\ 6 \cdot a} + \frac{s_o + l_{차량} - \frac{V_{최대}^2}{2 \cdot 3,\ 6^2 \cdot a}}{\frac{V_{최대}}{3,\ 6}}$$

Case 5: 자전거 진출

자전거의 전이시간은 전이신호가 주어지지 않을 경우(보행자와 같이 신호화)에도 $t_{전이} = 1\ s$를 적용한다.

자전거의 진출속도는 $V_{진출} = 4\ m/s$이며, 자전거 도로 전후방에 매우 좁은 곡선이 있을 경우 낮은 값을 적용한다.

전이시간 : $t_{전이} = 1\ s$

진출속도 : $V_{진출} = 4\ m/s$

기본진출거리 : s_o =차선중앙 기준 정지선과 상충점까지의 거리(m, 그림 2.14)

차량길이 : $l_{차량} = 0\ m$

전이시간과 진출시간 : $t_{전이} + t_{진출} = \frac{s_o}{4}$

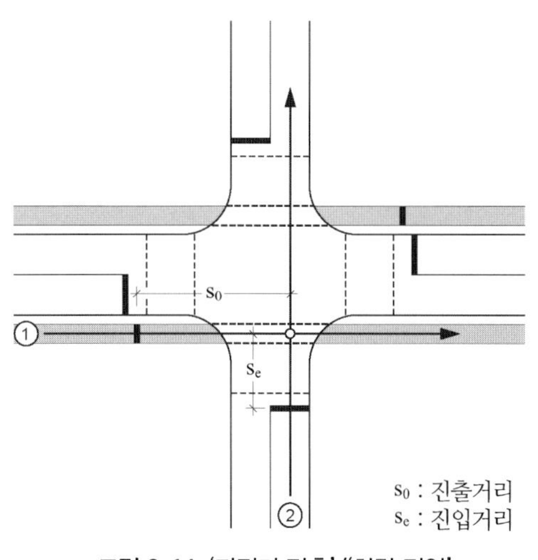

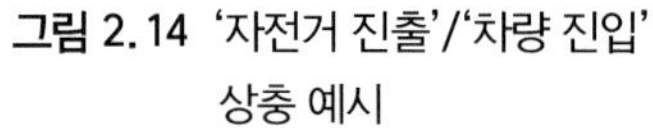

그림 2.14 '자전거 진출'/'차량 진입' 상충 예시

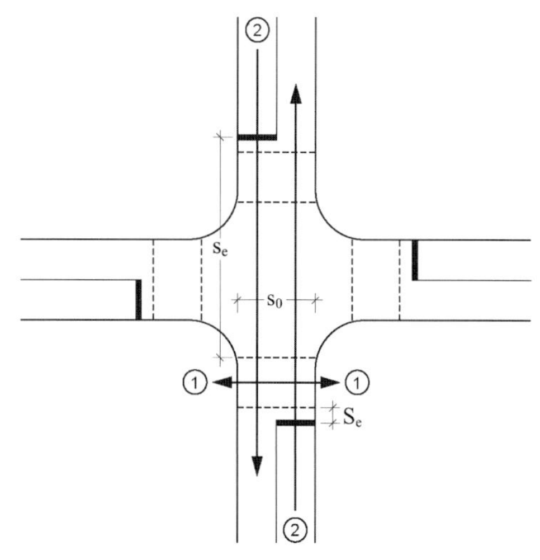

그림 2.15 '보행자 진출'/'차량 진입' 상충 예시

Case 6: 보행자 진출

보행자의 전이시간은 $t_{전이} = 0\ s$를 적용한다. 이는 녹색시간 종료 후에 횡단을 시작하지 않는다는 것을 가정한 것이다.

보행자의 진출속도는 $V_{진출} = 1.2\ m/s$이며, $V_{진출} = 1.0\ m/s$에서 1.5 m/s 범위를 적용한다.

전이시간 : $t_{전이} = 0\ s$

진출속도 : $V_{진출} = 1.2\ m/s$

기본진출거리 : s_o =차선중앙 기준 정지선과 상충점까지의 거리(m, 그림 2.15)

전이시간과 진출시간 : $t_{전이} + t_{진출} = \dfrac{s_o}{V_{진출}}$

2.5.3 진입시간

진입시간 $t_{진입}$은 진입거리 $s_{진입}$를 통과하는 시간이다.

차량에 있어서 녹색시간 시작시점에 정지선에 정차하여 있는 첫 번째 차량이 제한속도와 진행방향에 상관 없이 진입속도 $V_{진입} = 40\ km/h$로 통과하는 것을 가정한다. 이로부터 진입시간은 다음과 같이 산출된다.

$$t_{진입} = \frac{3,\ 6 \cdot s_{진입}}{40}$$

추가시간 동안 좌회전 차량을 위한 사선녹색신호등의 진입시간 산출은 특별한 경우로서 교차로 내부에 위치할 경우 진입거리는 $s_{진입} = 0$이다.

반복적으로 정류장에서부터 교차로로 진입하지 않는 노면전차의 경우 차량과 유사한 방법으로 진입속도 $V_{진입} = 20$ km/h로 산출한다. 지역적인 특성에 의한 높은 진입속도는 별도로 고려한다.

대중교통 차량이 반복적으로 정류장으로부터 교차로로 진입할 경우 녹색시간 시작시점에 정지선에서 정지상태에서 가속한다는 것으로 가정한다. 진입시간은 다음과 같이 산출된다.

$$t_{진입} = \sqrt{\frac{2 \cdot s_{진입}}{a}}, \quad t_{진입} \le \frac{V_{최대}}{3,\ 6 \cdot a} \text{일 경우}$$

자전거의 경우 승용차와 같이 신호제어될 경우 낮은 가속력과 속도에 따라 진입과정에서 기준이 되지 않는다. 자전거가 자전거도로를 통행하며 자전거 신호등에 의하여 제어될 경우 녹색시간 시작시점에 정지선을 $V_{진입} = 5$ km/h로 통과한다고 가정한다.

보행자의 진입이 차도 끝단에서 차량과 상충이 발생할 경우 '진입과정'은 생략된 것으로 $t_{진입} = 0$ s로 한다. 진출하는 차량이 차도 바깥쪽 차선을 이용하지 못할 경우 보행진입속도는 $V_{진입} = 1.5$ m/s로 산출한다.

2.5.4 Intergreen time의 검증

신호체계 운영 이후 반복적인 점검을 통하여 Intergreen time을 검증한다. 이 경우 좌회전 차량이 직진차량으로 인하여 회전이 방해를 받는 경우를 주의하여 살펴본다. 또한 대중교통의 실질적인 진출, 진입시간을 면밀히 검토하여 산출과정을 보정토록 한다.

2.6 주기

교통망이나 인접한 교차로와의 관계에서 결정되지 않을 경우 신호주기의 산출방법에 대해 설명한다.

신호주기는 일반적으로 기준이 되는 신호그룹별 개별 현시에서 필요로 하는 녹색시간의 합과 현시 사이에 있는 Intergreen time의 합이다.

$$t_{주기} = \sum_{i=1}^{p} t_{녹,\ 설계기준\ i} + \sum_{i=1}^{p} t_{inter,\ 필요\ i}$$

$t_{주기}$ =주기(초)

$t_{녹,\ 설계기준\ i}$ =신호그룹 i현시의 필요녹색시간(초)

$t_{inter,\ 필요\ i}$ =종료되는 i현시와 다음 현시 간 필요 intergreen time(초)

P =현시수

이때 $\sum_{i=1}^{p} t_{녹,\ 설계기준\ i}$는 한 주기에 순차적으로 녹색시간을 부여받는 신호그룹 녹색시간의 합이다. 녹색시간 $t_{녹,\ 설계기준\ i}$을 받게 되는 신호그룹은 차량, 노선버스, 보행자, 자전거와 노면전차에 해당된다.

차량을 제외한 나머지 4개 교통수단들은 신호주기 $t_{주기}$의 산출에 있어서 주기와 상관없는 녹색시간을 필요로 하며, 차량의 경우에는 주기와 연계되거나 연계되지 않는 녹색시간을 산출하게 된다(예를 들어, 최소녹색시간).

요구 Intergreen time은 신호그룹별 현시간에 적용되는 Intergreen time을 적용된다. 녹색시간 $t_{녹}$이 차량과만 관계될 경우 주기는 모델에 근거하여 한 주기에 교통용량에 가장 근접하는 차선의 진입차량대수가 녹색시간에 모두 진출할 수 있도록 결정된다. 이로부터 다음과 같은 주기당 동일한 크기로 진입하는 교통량으로 가정하고 주기를 산정한다.

$$\frac{q_{차선,\ 설계기준\ i}}{3,600} \cdot t_{주기} = \frac{q_{포화,\ i}}{3,600} \cdot t_{녹색,\ 설계기준\ i}$$

$q_{차선,\ 설계기준\ i}$ =i 현시의 차선당 설계기준 교통량[대/시]

$q_{포화,\ i}$ =해당 차선당 포화교통량[대/시]

차량도착이 확률적인 분포가 아니라고 가정할 경우 최소주기시간은 다음과 같이 산출된다.

$$t_{주기,\ 최소} = \frac{\sum_{i=1}^{p} t_{inter,\ 필요\ i}}{1 - \sum_{i=1}^{p} \frac{q_{차선,\ 설계기준\ i}}{q_{포화,\ i}}}$$

고정식 신호체계에서 교통류의 확률론적인 변동을 고려하기 위해서 포화도 x를 초과하는 $q_{포화}$는 HBS에 의하여 산출된 허용 포화교통량 $q_{포화,허용}$로 감소시킨다.

$$q_{포화,허용} = x \cdot q_{포화}$$

포화도 x값은 0.80~0.90의 범위 내에서 적용한다(세부적인 내용은 HBS 참조).

$\sum_{i=1}^{p} t_{녹,\ 설계기준\ i}$가 차량의 주기에 연계된 녹색시간을 포함하면 다음과 같은 필요 주기 $t_{주기,\ 필요}$가 산출된다.

$$t_{주기,\ 필요} = \frac{\sum_{i=1}^{p} t_{inter,\ 필요\ i}}{1 - \sum_{i=1}^{p} \frac{q_{차선,\ 설계기준\ i}}{q_{포화,\ i}}} = \frac{\sum_{i=1}^{p} t_{inter,\ 필요\ i}}{1 - \sum_{i=1}^{p} \frac{q_{차선,\ 설계기준\ i}}{x \cdot q_{포화}}}$$

위 공식에서 모든 $x_1 = 1$로 가정하면 최소 주기 $t_{C,min}$에 대한 관계식을 도출한다.

녹색시간이 주기와 무관한 현시가 있을 경우(예를 들어, 최소녹색시간 $t_{녹,min}$) 주기공식은 이를 반영하여 확대된다. 이는 intergreen time의 $\sum t_{inter,\ 필요}$합 이외에 주기와 무관한 녹색시간들이 추가적으로 분자에 포함되고, 분모에는 주기와 연관된 녹색시간을 제외한 현시의 포화도를 의미한다.

$$t_{주기,\ 필요} = \frac{\sum_{i=1}^{p} t_{inter,\ 필요\ i} + \sum_{k=1}^{p_2} t_{녹,\ 최소,\ k}}{1 - \sum_{j=1}^{p_1} \frac{q_{차선,\ 설계기준\ j}}{x \cdot q_{포화,\ j}}}$$

P = 전체 현시수($p = p_1 + p_2$)　　p_1 = 교통량과 연계된 현시

p_2 = 교통량과 무관한 현시　　x = 포화도

주기 산출의 또 다른 방법은 차량 교통류의 대기시간을 최소화하는 것이다. 이 방법은 차량 도착분포를 포아송 분포로 가정하여 확률론적인 특성을 반영하는 경감계수를 고려하지 않는 것이다. 지체시간 최적화를 위한 주기는 다음의 공식과 같다.

$$t_{주기,\ 최적} = \frac{1{,}5 \cdot \sum_{i=1}^{p} t_{inter,\ 필요\ i} + 5}{1 - \sum_{i=1}^{p} \frac{q_{차선,\ 설계기준\ i}}{x \cdot q_{포화,\ i}}}$$

신호프로그램의 연동화나 보행자, 자전거 또는 대중교통의 고려가 필요할 경우 주기 산출에 이에 적합한 조건들을 반영한다.

주기의 적정범위로

- 최소 30 s
- 최대 90(120) s

를 적용한다.

90 s 이상의 장주기는 가능한 한 피하는 것이 좋다. 최대 주기는 120 s이다. 90 s 이상의 주기가 교통흐름에 효율적일 경우 이 신호프로그램은 필요한 운영 시간대에 국한하도록 한다.

2.7 녹색시간과 적색시간

2.7.1 녹색시간의 산출

차량교통류에 대한 주기와 관련된 필요 녹색시간 $t_{녹,\ 필요}$의 산출은 다음과 같은 공식에 따른다.

$$t_{녹,\ 필요,\ i} = \frac{q_{차선,\ 설계기준,\ i} \cdot t_{주기}}{x \cdot q_{포화,\ i}} = \frac{q_{차선,\ 설계기준,\ i} \cdot t_{주기}}{x \cdot q_{포화,\ 허용,\ i}}$$

주기 내에 여유시간이 확보될 경우 개별적인 목적에 따라 현시에 추가적으로 분배될 수 있다. 여기에는 연동 최적화 또는 보행자에 대한 추가적인 녹색시간 등이 포함된다.

교통량의 비율에 따른 가능한 녹색시간의 완전한 분배는 다음과 같은 공식을 활용한다.

$$t_{녹,\ i} = \frac{t_{주기} - \sum_{i=1}^{p} t_{inter,\ 필요\ i}}{\sum_{i=1}^{p} \frac{q_{차선,\ 설계기준\ i}}{q_{포화,\ i}}} \cdot \frac{q_{차선,\ 설계기준\ i}}{q_{포화,\ i}}$$

위 공식을 통하여 모든 현시의 교통류에 대하여 동일한 포화도가 되도록 녹색시간을 분배한다. 이러한 적용의 가정은 주기 $t_{주기}$가 최소주기 $t_{주기,\ 필요}$에 해당한다는 것이다. 주기와 연관된 녹색시간 이외에 고정된 녹색시간이 어떤 현시의 설계 녹색시간으로 결정되었다면 - 2.6의 필요 주기 산출과정과 유사하게 - intergreen time의 합에 추가한다.

2.7.2 동일 현시로 되돌아가기

감응식 제어절차에 있어서 연속된 신호요구가 있고, 제어논리상 첫 번째 요구에 따른 녹색시간이 종료되었을 경우 동일한 현시로 되돌아가 요구에 따른 다음 녹색시간이 연속하여 제공되지 않고 완전한 신호순서가 지켜지도록 한다.

2.7.3 최대와 최소 적색시간

최대적색시간의 결정은 제어전략과 제어목표들 간의 상호 고려를 통하여 결정된다. 예를 들어, 영향인자로는

- 보행자와 자전거이용자의 수용성
- 교차로 내 차량의 대기공간
- 보행자와 자전거의 확보된 대기공간

• 교통축에서의 대중교통 차량의 총 운행시간

나아가 선택된 적색시간이 HBS에 따른 교통류 평가지표에 따른 교통흐름을 만족할 수 있는지를 판단한다.

최소적색시간은 1 s이다.

2.7.4 최소녹색시간

최소녹색시간은 5초 이상이어야 한다.

보행자의 경우 추가적으로 녹색시간 동안 횡단보도의 반 이상을 횡단할 수 있는 시간이 최소녹색시간에 반영되어야 한다. 이 수치는 시각장애인을 위한 음성신호기가 설치된 횡단보도에서는 전체 횡단보도를 횡단할 수 있는 시간으로 증가되어야 한다.

한 현시에 연속된 횡단보도를 통행할 경우 녹색시간은 두 개의 보도 중 긴 보도와 교통섬을 지나 두 번째 보도의 반 이상을 횡단할 수 있도록 길어야 한다. 연속된 횡단보도가 다수일 경우 신호프로그램은 보행자 친화적으로 설계되어야 한다. 이 경우 교통축 연동화는 대부분 실현되지 못한다.

'노면전차 진출' / '타 교통수단 진입'의 상충인 경우 진입을 시작하는 교통수단이 녹색시간을 활용할 수 있도록 면밀히 검토한다. 이를 위하여 실제적인 노면전차의 길이를 필히 반영해야 한다.

2.7.5 상충지점에서의 time spring

부분적으로 상충되는 차량과 이와 평행하여 통행하는 우선권이 높은 자전거와 보행자가 동시에 녹색시간을 받을 때 회전하는 차량보다 보행자나 자전거가 1~2초 정도 먼저 보도에 진입할 수 있도록 차량과 자전거 또는 보행자 신호현시를 조절한다.

이와 유사하게 중앙이나 가로변으로 운행하는 대중교통 차량이 차량과 동일한 현시에 통행하지 않을 경우 회전하는 차량보다 대중교통 차량이 통행우선권이 있다는 것을 보여 주기 위해 신호체계가 설계되어야 한다.

2.7.6 지체된 녹색시간 시작

신호보호를 받지 못하는 좌회전 차량이 정지선을 통과한 후 대향차량으로 인해 통행이 어려울 경우 현시 전이시간에 원활한 통행이 이루어지도록 한다. 좌회전 차량이 다음 현시의 차량으로부터 적절하게 인지되지 못할 경우 다음 현시의 녹색시간을 2~4초 정도 intergreen

time에서 산출된 것보다 늦게 시작하도록 한다. 동일한 현시로 되돌아 가는 경우에도 이와 같은 방법을 적용한다.

2.8 신호시간계획

신호시간계획(그림 2.16)과 intergreen time matrix(그림 2.9)는 신호위치계획과 함께 고정식 신호체계의 교통기술적인 산출 결과물이다. 교통감응식 신호체계에는 추가적으로 제어논리에 대한 설명이 필요하다.

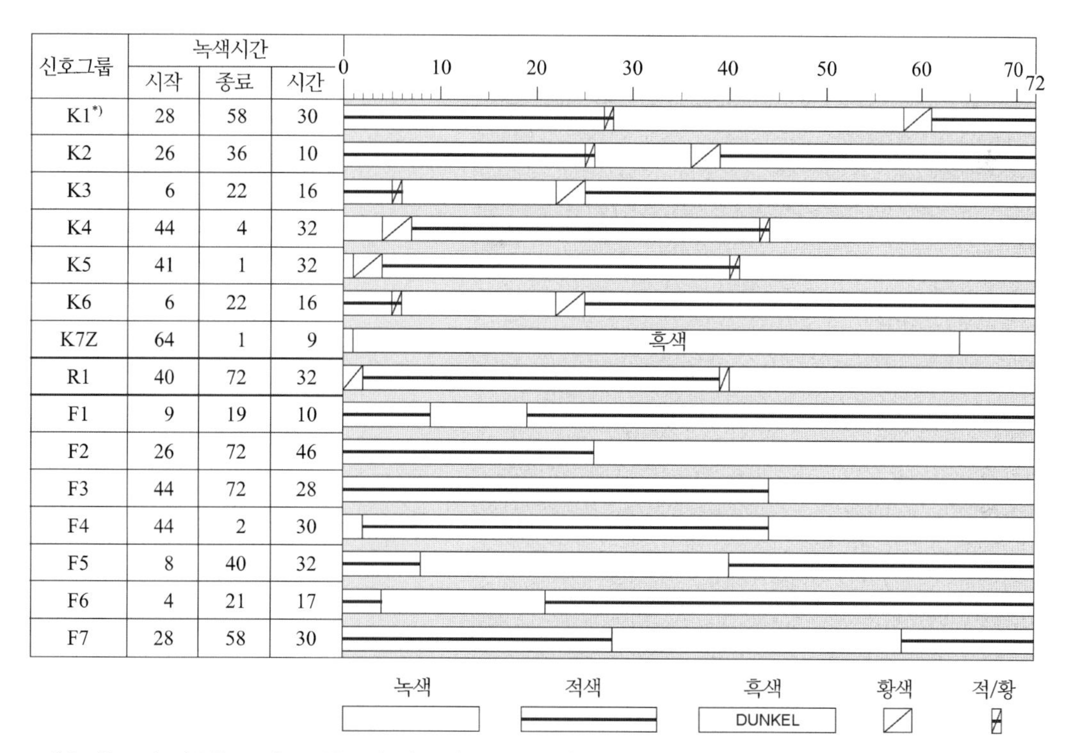

신호그룹	녹색시간		
	시작	종료	시간
K1*)	28	58	30
K2	26	36	10
K3	6	22	16
K4	44	4	32
K5	41	1	32
K6	6	22	16
K7Z	64	1	9
R1	40	72	32
F1	9	19	10
F2	26	72	46
F3	44	72	28
F4	44	2	30
F5	8	40	32
F6	4	21	17
F7	28	58	30

*) 신호그룹 K1은 신호등 K1a와 K1b를 포함, 다른 신호그룹도 동일

그림 2.16 교차로의 고정식 신호프로그램 신호시간계획 예시

Chapter 03

신호제어와 도로교통시설 설계와의 상관관계

3.1 개요

신호제어를 통하여 목적하고자 하는 교통흐름은 도로교통시설의 설계에 있어서 특별한 요구사항을 전제로 한다. 반대로 교차로와 도로구간의 설계 및 주변 여건은 신호제어에 영향을 미치게 된다. 도로교통시설과 신호제어의 설계는 따라서 하나의 단일체로 간주되고 단계별로 상호관계를 고려하여 설계된다. 이에 있어서 다양한 교통수단간의 요구사항들을 균형 있게 반영하고, 특히 매우 제한된 공간확보 측면을 고려하여 다양한 신호제어 전략을 구사해야 한다.

신호시설이 포함된 교차로 신설의 경우 주변 여건의 제약이 적을 경우 신호기술적인 요구사항을 충실히 반영하는 표준화된 교차로 형태가 선호된다. 보행자와 자전거의 요구와 intergreen time을 최소화하기 위하여 교차로의 면적은 가능한 확대하지 않는 것이 바람직하다.

신호시설이 포함된 교차로의 개선, 사후에 신호시설이 추가되거나 주변 여건에 제약이 있을 경우 신호기술적인 요구사항보다 지역적인 제약들이 더 우선적으로 고려되며, 표준화된 교차로 형태는 개략적인 차원에서 추구되고 동적(動的)인 설계요소들이 중요성을 얻게 된다.

3.2 차로

교차로 내 차로수와 방향별 차로배분은 모든 교통수단들이 만족할 만한 수준에 기초한 교통량이 배분되도록 교통안전과 활용 가능 공간을 고려하여 결정된다.

차로는 동적으로 이용될 수 있다. 이는 동일한 차로에 시간대별로 방향별로 이용할 수 있는 신호기술적인 대책과 교통감응식 제어절차를 필요로 한다(차로제어시스템: Lane Control System).

3.2.1 통과차로

교차로 내 통과차로의 수는 연결된 구간의 차로수와 동일해야 한다. 도시 내 지역의 경우 교차로 진입부의 통과 차로수를 증가시켜 교차로의 용량을 도로구간과 맞추어야 할 필요성이 있다.

차로수가 변하지 않고 바로 연결되는 교차로 진출부의 최소거리 l은 개략적으로 다음과 같이 산출된다.

$$l(m) = 3 \cdot t_{녹}(s)$$

이때 녹색시간 $t_{녹}$으로서 필요 녹색시간은 첨두시간대를 기준으로 한다. 차로수 감소의 전제조건은 연결된 도로구간이 충분한 용량을 확보할 경우이다.

차로의 변이구간 $l_{변이}$는 대칭적이고 가능하면 쭉 뻗은 형태로 설계한다. 이를 통하여 원활한 교통흐름을 유지할 수 있다(그림 3.1).

통과 차선이 예외적으로 회전차로와 연결될 경우 적절하고 명확한 차선표식과 안내표지를 설치하여 갑작스럽고, 어려운 차선변경의 가능성을 배제할 수 없다.

노면전차와 같이 통행하는 교차로 내 차선은 차량과 노면전차가 공유하여 대기공간을 확대하고 용량을 제고한다. 이는 대중교통과 차량교통이 동시에 녹색시간을 받고 또한 대중교통 차량이 진입할 경우 제어기술적으로 궤도부분을 비워 놓는 것이 가능해야 한다.

동적으로 운영되는 대중교통 차로의 통과차로에서는 일반적으로 차량교통을 사전에 통과시키도록 하여 대중교통 차량이 접근할 경우 동일한 녹색시간에 지체 없이 교차로를 통과할 수 있어야 한다.

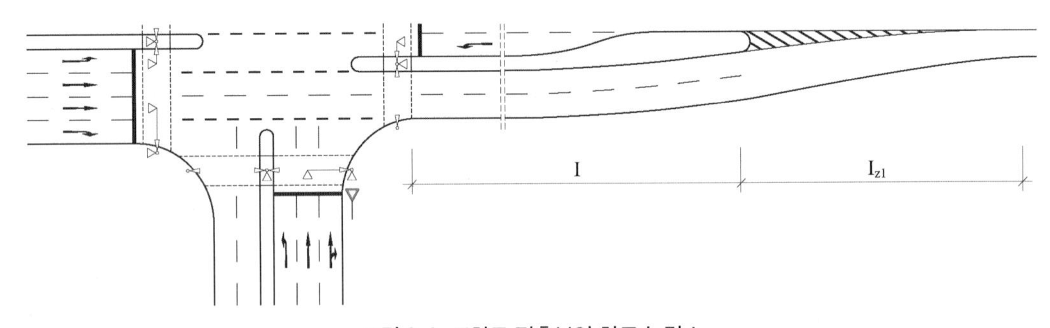

그림 3.1 교차로 진출부의 차로수 감소

3.2.2 좌회전 차로

좌회전 교통류가 분리신호로 운영될 경우 좌회전 차로를 확보한다.

좌회전 차로의 길이는 옆 차로에 정체가 발생하지 않도록 길어야 한다. 이는 좌회전 차로의 길이가 좌회전 차로 또는 옆 차로에서의 대기확률이 임계 95%의 대기행렬을 넘지 않도록 한다. 위험스러운 경우에는 정체공간감시스템을 활용한다.

좌회전 현시가 별도로 없을 경우에도 좌회전 차로와 대기공간은 좌회전 교통류가 원활히 통과하거나, 한 주기 내에 좌회전 차량이 교차로 내에 대기할 수 있는 공간이 확보될 경우에만 제거할 수 있다.

교차로 진입부에 좌회전 차로와 대기공간의 설치가 불가능하고, 좌회전을 금지할 수 없을 경우 좌회전과 직진 차로를 동시운영해야 한다.

공간이 협소할 경우 기준 폭원보다 적을지라도 좌회전 차로나 대기공간을 제거하는 것보다는 설치하는 것이 바람직하다.

교차로 진입부의 폭원이 5.50 m 미만일 경우 유도선에 의한 직진차로에 대한 좌회전 차로의 경계는 허용되지 않는다. 4.25~5.50 m 범위의 좁은 대기공간은 화살표 표식(직진화살표 옆의 좌회전표식)을 통하여 표시한다.

중앙차로의 대중교통 차선을 넘는 것은 좌회전 교통량이 적을 경우 문제가 되지 않으나, 대중교통 차량이 접근할 경우 2단 주 신호등을 통하여 좌회전을 금지해야 한다. 1차로 광폭도로의 경우 좌회전 차로를 생략하고 화살표 표식을 통하여 좁은 대기공간만을 확보할 수도 있다.

좌회전 차로가 대중교통 차로의 선로 또는 버스차로 사이에 위치하여 회전방향의 조화 또는 교차로 후미의 정류장용 교통섬의 이용에 용이하게 할 경우 정체공간감시체계를 도입하여 대중교통 차량에 대한 장애를 신뢰할 만한 수준으로 방지해야 한다.

대중교통 차로와 공용으로 사용되는 동적 좌회전 차로는 대기공간을 확대하고 용량을 증대시키게 된다. 이를 위하여 대중교통 차량의 접근 시 제어기술적으로 선로영역이나 버스전용차로에 차량이 정체하지 않도록 하는 것이 중요하다. 교차로에서 좌회전 차로가 설치되지 않을 경우 이를 보완하는 적절한 대체경로를 제시해야 한다.

3.2.3 우회전 차로와 우회전 도로

우회전 신호가 별도로 있을 경우 우회전 차로를 확보해야 한다. 차로의 길이는 좌회전 차로 길이와 유사하게 HBS에 따른 95% 정체길이 확률에 따른다.

가로변의 대중교통 차로를 넘는 것은 우회전 교통량이 적을 경우 일반적이나, 대중교통 차량이 접근할 경우 2단 주신호등을 통해 우회전 교통류의 회전을 금지시킨다. 때로는 우회전 차로를 별도로 두지 않고 화살표 차선표식(직진표식 옆에 우회전 표식)을 활용하여 좁은 대기 공간을 마련할 수도 있다.

우회전 교통류를 원활히 통과시키기 위하여 용량을 증대시키기 위한 교통섬을 활용한 우회전 차로는 보행자와 자전거 이용자에게 불편을 초래하지 않는 범위 내에서 도시 내 교차로에서 적용이 가능하다. 때로는 우회전 차로의 횡단보도에 신호등을 설치할 수도 있으나, 이로 인하여 횡단시간이 증가하여 신호등을 무시하는 결과를 초래할 수도 있다. 협소한 면적의 교통섬에 설치되는 보행자용 신호등은 보행자가 잘 주시하도록 설치되어야 한다.

신호가 없는 우회전 차로에서 우회전 차로의 시작과 끝나는 부분에 연석이 없는 자전거도로에 대한 우선통행권에 대한 인식이 이루어져야 한다. 예외적으로 보행자 횡단보도가 설치되지 않을 수 있으며, 이 경우 횡단보도에 대한 표식을 하지 않는다.

대안으로 우회전 차로의 중간 부분에 양방향 자전거도로 또는 협소한 교통섬에서 횡단보도 이외에 자전거 횡단에 대한 통행우선권을 알려주는 표지판이 필요하다.

3.2.4 교차로 진입부의 부분적인 대중교통 차로

평면교차로에서 부분적으로 적용되는 대중교통 차로는 적절한 설계기법을 통하여 설치될 경우 정체공간을 우회하고, 대중교통 차량의 통행속도를 증대시킨다. 신호와 제어기술적인 통행우선방안에는 교통류의 방향별 진행방향을 고려한 배치, 진입하는 차량군의 선두에 위치한 대중교통 차량의 제어와 정류장과 종료되는 대중교통 차로에의 대기시간이 없는 진출입을 위한 가능한 추가적인 보완책들이 마련되어야 한다.

(부분적인) 대중교통 차로는 우측 가로변의 정지선까지 연결된 정류장플랫폼 또는 중앙차로의 정류장 섬이 있는 정류장이 될 수도 있다.

신호제어 교차로에서 교통류를 진행방향별로 배치하는 것은 현시수를 감소하고, 적은 도착대수와 고정식 신호체계에서 미사용되는 대중교통 – 현시를 줄이며 가능한 한 높은 용량을 확보하는 전제조건이다.

진행방향별 효율적인 교통류 배치는

- 교차로 진입부의 진행방향에 따른 대중교통 차로(건설적인 방안)
- 대중교통 차량이나 차량의 제어적인 유도를 통한 정체공간의 이동(운영적인 방안)
- 대중교통 Gate(운영적인 방안)

우측 가로변의 버스베이나 버스차로로의 진입이나 회전은 사전신호. 허용신호나 제한된 면적일 경우 버스게이트를 통해 쉽게 이루어질 수 있다.

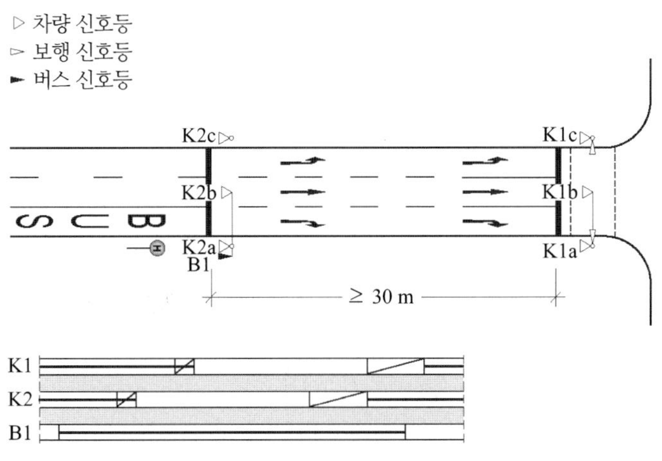

그림 3.2 고정식 신호프로그램의 버스 게이트 예시

버스게이트를 설치할 경우 일반 차량 교통류는 교차로진입부의 신호로부터 최소한 30 m 후방에 추가신호등(그림 3.2)을 설치하고, 노선버스의 녹색시간은 BOStrab에 의한 신호등 설치기준을 따른다.

3.2.5 U-턴 차로

주요 교통축의 중앙차로가 차량에 의해서 넘어가지 못할 경우 교차로에서의 U-턴 구간이 교통안전, 교통흐름이나 용량에 큰 영향을 미칠 수 있기 때문에 중앙차로를 운행하는 노면전차의 궤도나 버스차로가 U-턴 구간으로 활용될 수 있다.

U-턴 구간은 이외에도 인접한 곳에서 적절한 공간을 확보하지 못한 좌회전이나 횡단에 필요한 보조도로로서 활용될 수 있다.

U-턴 필요가 있음에도 불구하고 U-턴 구간을 설정하지 못할 경우 U-턴 차량과 보행자나 자전거 등 다른 교통류와의 흐름이 상호 방해를 받지 않도록 신호프로그램 설계 시 고려한다.

U-턴 차로는 인접 교차로의 신호제어를 통하여 생성된 U-턴에 방해가 되는 대향방향 교통류의 틈새시간을 활용하는 것이 바람직하다.

U-턴 교통류 처리를 위한 신호체계는 다음과 같은 경우 필요하다.

- 원활한 U-턴과 회전에 대해 대향 교통량이 많을 경우
- 중앙차로의 궤도와 버스차로가 횡단에 이용될 경우
- U-턴 구간 앞이나 단절된 중앙차로의 대기공간에 U-턴 차량을 위한 충분한 공간이 부족할 경우
- 대향차량에 대한 시인성이 부족할 경우

3.3 자전거 교통의 통행

신호교차로에서 자전거의 신호체계와 회전하는 자전거 교통에 큰 영향을 미칠 수 있는 차도나 차도 갓길에 자전거를 통행하게 하는 다양한 가능성이 있다.

직접 유도는 자전거 교통이 연결된 도로구간의 차로로 직접 연결될 때 가능하다. 이 경우 자전거는 차량신호등과 동시에 운영되고 좌회전 시에도 동일하다.

다차로 교차로 진입로일 경우 바로 좌회전하는 자전거 교통은 자전거도로로 설계되어야 한다.

연결된 도로구간으로 진입하는 자전거가 자전거 전용도로나 자전거 차로일 경우 좌회전 자전거 교통량이 많거나, 횡단하는 차로수가 2개 이상이거나, 원활한 우회전 차로가 필요할 경우 자전거 게이트를 설치하도록 한다.

좌회전하는 자전거 교통 통행방법은(그림 3.3) 연결된 도로구간이 자전거 전용도로나 자전거 도로일 경우 고려된다.

대부분의 경우 좌회전하는 자전거 교통의 횡단 정지선에 대기공간을 표시하는 것이 바람직하다. 자전거 교통의 특별한 통행방식은 보조표시판으로 안내하는 것이 바람직하다.

도로를 횡단하고 좌회전을 위한 대기공간의 자전거 교통은 보행교통과 함께 원하는 진행방향으로 동시에 신호를 부여하는 것이 바람직하다.

자전거와 보행자 공동의 신호등은 다음과 같은 사항들을 전제조건으로 한다.

- 보행도로가 연석 처리되어 있지 않을 경우
- 보행자의 녹색신호 시 동일 현시에 녹색시간을 받는 부분적으로 상충되는 회전 교통류보다 녹색신호를 조금 일찍 받을 경우
- 교통섬 양쪽의 횡단보도가 동시에 녹색시간을 받을 경우

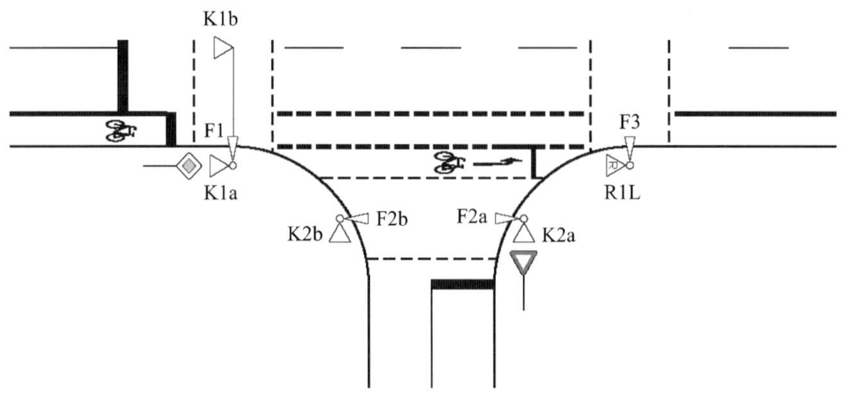

그림 3.3 좌회전 자전거 통행방식 예시

3.4 중앙차로와 중앙분리대

중앙차로와 중앙분리대는 교통류의 유도, 보행자와 자전거 교통의 보호와 교통시설의 설치(조명, 교통표식판, 신호기, 안내표시)와 식수대를 위한 장소로 활용된다.

보행자와 자전거 교통의 안전이 신호체계가 작동하지 않을 경우 필요하다거나, 보행자의 안전한 유도를 위하여 신호프로그램 구조가 요구될 경우 중앙차로와 중앙분리대는 신호교차로 진입부에서 횡단의 수단으로 우선적으로 설치된다.

보행자와 자전거의 신호 측면에서 중앙차로와 중앙분리대는 그 폭원에 따라 다양하게 평가한다.

- 양측 보도에 있는 보행자가 양측 보도를 서로 독립적인 것으로 간주하기 때문에 4.00 m 이상의 폭원일 경우 양쪽 보도로 분리하여 신호하는 것은 그리 비효율적이지는 않다.
- 4.00 m 미만인 폭원에서 분리 신호는 보행자가 신호등을 간과하는 위험을 초래할 수 있다. 따라서 보행자가 주시해야 할 신호등을 착각하지 않도록 연속된 횡단보도의 신호등은 한 번에 통행할 수 있도록 설치되어야 한다.
- 중앙차로와 중앙분리대의 폭원은 2.50 m 이상이 되도록 하여 자전거를 놓을 수 있도록 한다.

3.5 노면궤도의 횡단시설

독립적으로 운영되는 선로는 보행자와 자전거의 횡단에 유용하게 활용된다.

차도 중앙에 설치되는 선로에서는 측면에 2.50 m의 대기공간을 확보하도록 한다. 대중교통 차량의 속도가 높을 경우 횡단시설(대기공간)에는 추가적으로 방호망을 설치하도록 한다.

특히 도로구간에 설치된 선로영역에서는 대중교통 차량의 요구제어를 설치해야 한다. 이를 통하여 대중교통 차량의 접근과 통과 시 선로영역을 비워 놓고, 위험상황에 대한 경고를 할 수 있다.

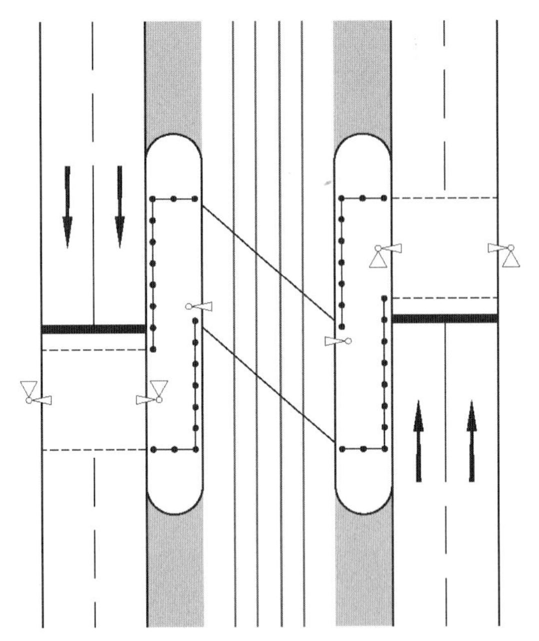

그림 3.4 노면전차 선로영역의 신호시설이 있는 보도횡단 예시

3.6 횡단보도

자전거와 횡단보도는 평행하는 도로의 끝단으로부터 양호한 시거확보를 위하여 가능한 한 약간 앞으로 배치토록 한다.

차로에서 직진과 우회전 교통이 동시에 이용될 경우 이와 평행하는 자전거와 보도는 회전하는 승용차의 대기공간 확보를 위해 차도 끝단으로부터 약 5.00 m 정도 비켜나 있어야 한다. 회전하는 차량에 대한 자전거와 보행자에 대한 우선권은 명확하게 인지되어야 한다. 중요한 자전거 연결망일 경우 선형이 불량하게 될 경우 자전거 도로를 편측하지 않도록 한다. 교차로 진입부나 좁은 교차로 영역에서 자전거전용도로를 자전거도로로 전환하는 것도 바람직하다.

보행보도의 정규폭원은 4.00 m이며, 최소 3.00 m이다. 자전거 횡단도의 폭원도 최소한 자전거도로의 폭원 이상이 되어야 한다. 8.00 m 이상인 보도폭원일 경우 방향별로 2개의 신호등을 설치토록 한다.

보행보도 영역에서 차도끝 부분과 교통섬에는 충분한 대기공간을 확보토록 하여 적색시간에 도착하는 보행자들이 충분히 대기할 수 있도록 해야 한다(대기밀도 2인/m^2 또는 1자전거/1.5 m^2).

3.7 정류장

정류장의 위치와 설치방법은 다양한 종류의 승객, 운영과 지역적인 여건을 종합적으로 고려해 결정한다.

교차로에서 정류장의 위치는 신호제어와 연계하여 결정한다. 교차로 전방에 정류장을 설치하여 신호대기로 인한 손실시간을 승하차 시간으로 활용하고, 대중교통 차량을 일반 차량교통류의 선두에 배치되도록 제어할 수 있다는 장점이 있다. 단점으로는 승하차 시 횡단방향의 차량에 대한 녹색시간이 주어지지 못한다는 점이다.

직진 방향과 우회전 방향 노선버스만을 고려할 경우 좁은 교차로에 바로 인접하거나 교통량이 적은 우회전 차로에 정류장을 설치할 수 있다. 이 경우 버스운전사는 막대형 신호나 허가신호를 통하여 사전 신호가 제공됨으로써 승하차 이후 차량 교통류보다 먼저 좁은 교차로 지역으로 진입할 수 있다.

교차로 후방에 정류장을 설치할 경우의 장점은 대중교통 차량이 녹색시간을 요구하면 충분한 준비시간이 확보되고, 정류장 체류시간에 대한 불확실성이 제거되어 신뢰성 있게 대응할 수 있다는 것이다.

또한 대중교통 차량이 교차로 통과 후 통과신호를 보내면 정류장 체류시간 동안 횡단방향의 교통류가 바로 녹색시간을 받을 수 있다는 장점이 있다.

좌회전 노선버스의 교차로 출구에서 정류장 설치가 어려울 경우 버스 정류장의 설치를 버스게이트와 연계하는 것을 검토하며, 이때 정류장은 교차로 전방 30 m에 위치해야 한다. 대안적으로 좌회전 차량의 요구현시의 작동은 좁은 교차로 영역내 연장된 버스베이로부터도 가능하다.

구조적인 문제와 함께 신호와 제어기술적인 측면을 종합적으로 고려해야 한다.

정류장섬은 다른 차량 교통이 정차과정에서 통행하여야 할 경우 설치된다. 이러한 대안의 신호와 제어기술적인 요구들은 대중교통 유도의 구조적인 제한으로 말미암아 널리 활용되지는 않는다. 정류장 섬으로의 진입이 횡단보도로 연결될 경우 차로에 대한 녹색시간을 대중교통과 연계하여 정차하는 대중교통 차량이 가로변에서 대기하고 있는 승객들이 안전하게 접근할 수 있도록 설계하는 것이 필요하다.

동적 정류장은 정차과정에서 다른 교통류들이 대기하고 가로변 공간에 승객의 대기공간이 확보되었을 경우 설치가 바람직하다.

이를 통해 정차시간 동안 정류장 전체 길이에 대하여 신호제어적으로 안전한 승하차가 가능하다(그림 3.5). 동적 정류장은 중앙차로에서 정류장섬과 함께 이용되어 승차 보조 수단으로 선호된다. 승하차를 원활하게 하기 위해서는 정류장에서의 차도를 높여 교통 약자가 단차 없이 승하차가 가능하도록 한다.

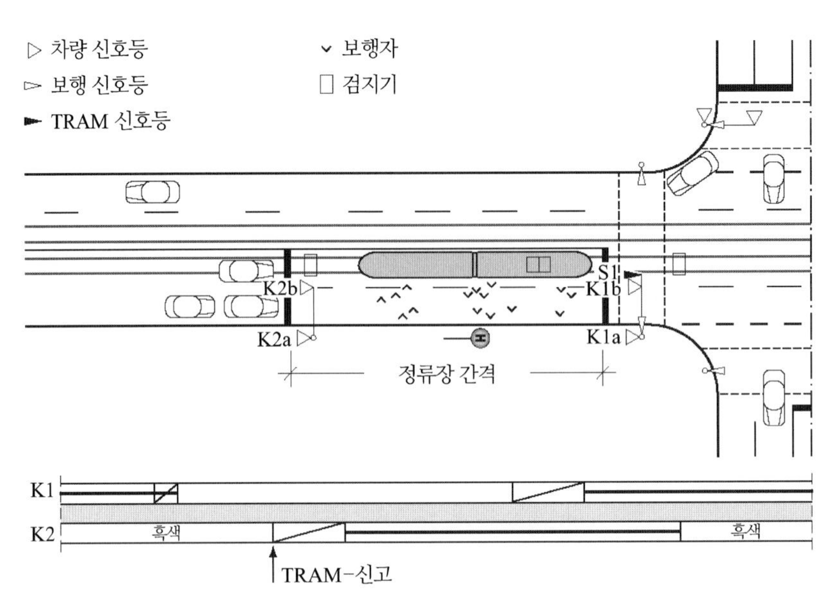

그림 3.5 시간섬(Time Island)을 활용한 동적 정류장

동적 정류장의 신호와 제어기술적인 요구조건들을 잘 고려해야 한다. 특히 정류장이 교차로 출구부에 위치하여 횡단방향으로부터 회전 진입하는 교통량과 승하차하는 버스간의 상충 시 잘 고려되어야 한다.

요구 시에만 작동되는 신호등의 순서는 흑-황-적-흑이다.

3.8 시설요소

3.8.1 정지선

차량 교통의 정지선은 신호등으로부터 3.00 m, 최소한 2.50 m 이상 후방에 표식되어야 한다. 이때 횡단보도 경계선까지 1.00 m를 유지해야 한다(그림 3.6).

접근하는 자전거와 차량 운전자간-특히 화물차량-의 양호한 시거확보를 위하여 자전거 교통의 정지선은 차량 정지선보다 3.00 m 더 앞쪽에 설치한다. 자전거 교통량이 많을 경우 4.00 m에서 5.00 m까지 더 앞쪽에 배치하도록 한다.

교차로 면적이 협소하거나 우회전 교통류의 예각형 합류에서 대향 교통류의 교차로진입이 동시에 이루어져야 할 경우 정지선을 후방으로 배치한다.

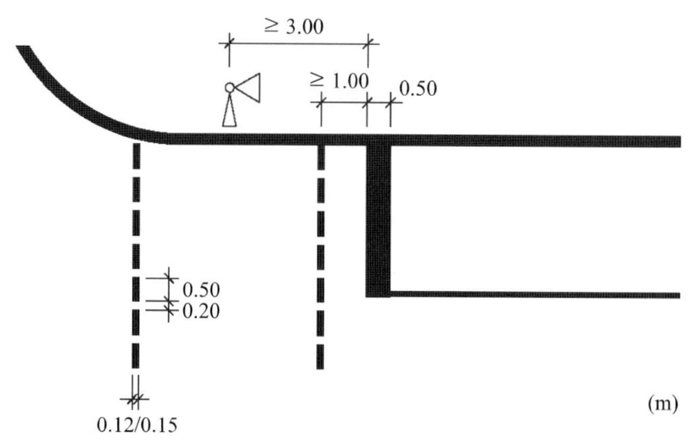

그림 3.6 정지선과 횡단보도 차선표식

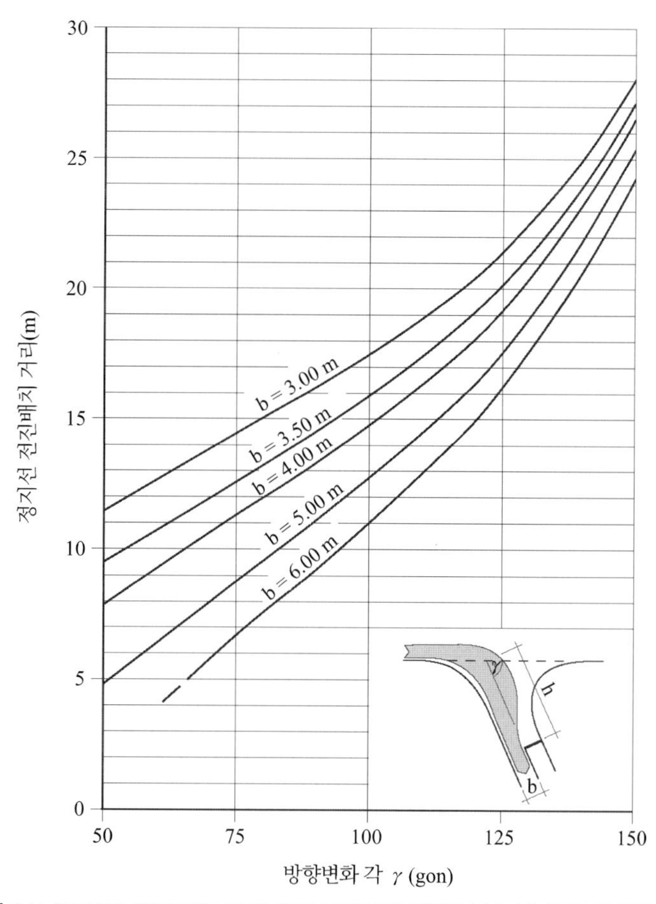

그림 3.7 StVZO[5] 허용차량 기준에 따른 최대설계 기준일 경우 정지선 h의 후방배치

5 StVZO(Strassenverkehrs-Zulassungs-Ordnung) : 도로교통 허가 규정

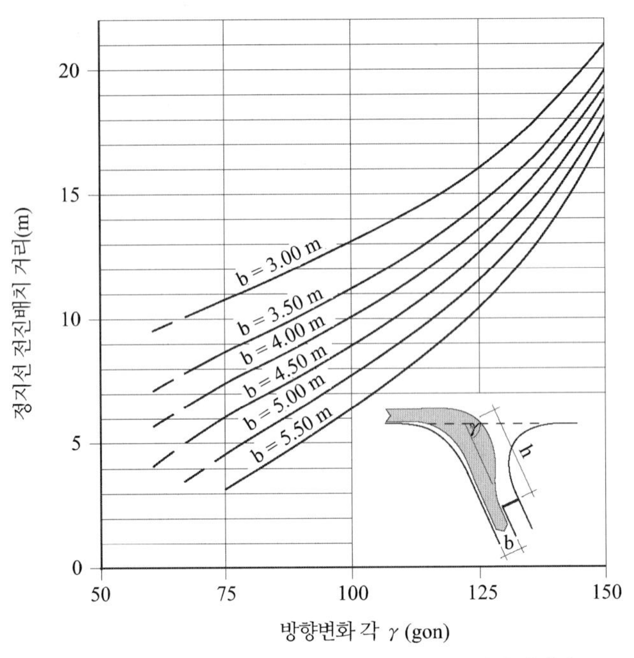

그림 3.8 3축 쓰레기 차량의 정지선 h의 후방배치

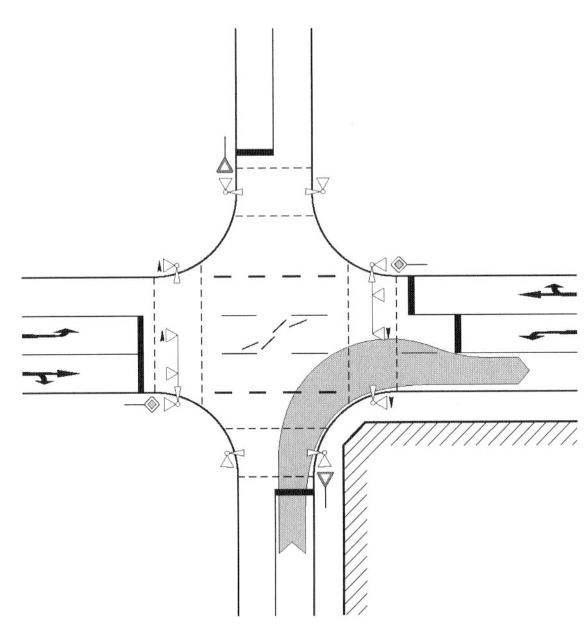

그림 3.9 계층화된 정지선의 교차로 표식과 안내표지 설치

다음과 같은 두 종류의 설계차량이 있으며, 이 경우 그림 3.7과 3.8에서와 같이 정지선을 후퇴한다.

- StVZO에 의한 최대 허용기준 차량으로 주 간선도로나 집산도로의 교차로 설계 시 기준이 됨
- 3축 쓰레기 차량으로 화물 차량이나 소방차를 대표함

지역적으로 다른 쓰레기 차량이 투입되는 경우 차량의 회전궤적으로 활용하여 별도의 정지선 배치를 결정한다.

다차선의 대향 교통류일 경우 정지선을 계층화한다(그림 3.9).

3.8.2 도류차선

신호교차로에서 도류화 차선을 통하여 개별 교통류의 원활한 유도를 확보할 수 있다.

협소한 교차로 내 좌회전 교통류의 유도를 위하여 1 m 길이의 도류선이나 점선 교차하는 차로의 표식과 교차하는 부분에 표시할 수 있다.

협소한 교차로에서는 좌회전 교통류의 외측 부분에만 도류선을 넣을 수 있다.

3.8.3 표시판

StVO, VwVStVO 규정의 시행령에 신호교차로 안내표지에 대한 다음과 같은 원리가 제시된다.

- 우선통행이나 양보표지가 신호등 기둥에 부착되어 신호장치가 고장일 경우에도 교통흐름을 제어할 수 있도록 한다. 좌측에 표시판을 반복하는 것이 더욱 바람직하다.
- 교차로 진입부로부터 모든 방향으로 차량이 진출할 수 없을 경우 진출이 허용되는 방향에 대하여 StVO ff 209 표시판을 설치한다. 2차로 이상의 교차로 진입부에서는 일반적으로 좌측에 표시판을 반복 설치한다.
- 131 표시판은 정지할 수 있을 정도의 충분한 거리가 확보되지 못하는 도시지역에 설치한다. 추가적인 점멸등을 같이 설치하도록 한다.
- 지방부 지역에서 신호교차로의 최고허용속도는 70 km/h로 제한한다. 단계적으로 속도를 증가 또는 감소시키는 것이 바람직하다.

Chapter 04

신호제어기법

4.1 제어기법 개요

제어기법은 신호프로그램의 과정을 설명하는 것으로서 제어지표와 신호프로그램 요소간의 관계, 종류와 규모를 설명하는 것이다.

신호시설의 제어기법은 교통류 제어가 이루어지는 방법, 영향력의 크기 또는 신호프로그램 요소들의 변동 가능성 등의 종류에 따라 다양하게 구분된다. 어떤 제어기법을 적용하느냐의 문제는 제어목적에 따라 구분된다.

표 4.1에는 제어기법과 '교통감응식 변동 가능한 신호프로그램 요소' 기준에 따른 조합이 제시되었다.

거시적, 미시적 제어기법에 따라 구분되었다. 거시적인 제어수준의 기법은 거시적 제어지표(예, 평균 정체길이, 평균 교통밀도, 허용 배기오염물질)에 반응하며, 교통망, 부분망과 교차로의 장기적인 교통량 변화를 우선적으로 고려한다. 사전에 시나리오화된 시간대별 또는 교통감응식 신호프로그램 또는 교통감응식에 의하여 생성된 프레임 신호프로그램(A3)이 장시간 작동한다. 시간대별과 교통감응식 선택기준은 상호조합될 수도 있다.

일반적으로 거시적 제어단위는 신호프로그램이 고정식으로 작동되지 않을 경우 교차로의 단기적인 교통상황에 대응하는 미시적 제어단위의 틀이다.

미시적 제어수준 기법은 몇 초 단위 또는 한 주기 동안에 변화하는 단기적인 교통상황에 반응한다. 신호프로그램의 개별 요소 변동 가능성에 따라 3개의 소그룹으로 분류된다.

- 고정식 신호프로그램(B1)
- 신호프로그램 보정 기법(B2, B3, B4, B5)
- 신호프로그램 조합 기법(B6)

표 4.1 제어기법의 개요

<table>
<tr><th colspan="3">제어 기법</th><th></th><th colspan="2">활성화</th><th colspan="5">신호 프로그램의 교통감응식 변동 요소</th></tr>
<tr><th>제어 레벨</th><th>개념</th><th>신호프로그램 변동 특성</th><th></th><th>시간 기반</th><th>교통량 기반</th><th>주기</th><th>현시 순서</th><th>형시 수</th><th>녹색 시간</th><th>옵셋</th></tr>
<tr><td rowspan="3">A
거시적
제어
수준</td><td rowspan="2">신호프로그램 선택</td><td>신호프로그램 시간대별 선택</td><td>A1</td><td>×</td><td></td><td colspan="5" rowspan="3">제어기법 그룹 B와 연계하여 신호프로그램 변동요소</td></tr>
<tr><td>신호프로그램 감응식별 선택</td><td>A2</td><td></td><td>×</td></tr>
<tr><td>Frame-신호프로그램 구성</td><td>Frame 신호프로그램 교통감응식 구성</td><td>A3</td><td></td><td>×</td></tr>
<tr><td rowspan="6">B
미시적
제어
수준</td><td>고정 신호</td><td>고정식 프로그램</td><td>B1</td><td colspan="2" rowspan="6">제어기법 그룹 A에 따른 활성화</td><td></td><td></td><td></td><td></td><td></td></tr>
<tr><td rowspan="4">신호프로그램 조정</td><td>녹색시간 조정</td><td>B2</td><td></td><td></td><td></td><td>×</td><td></td></tr>
<tr><td>현시 순서 조정</td><td>B3</td><td></td><td>×</td><td></td><td></td><td></td></tr>
<tr><td>현시수 조정</td><td>B4</td><td></td><td></td><td>×</td><td>×</td><td></td></tr>
<tr><td>옵셋 조정</td><td>B5</td><td></td><td></td><td></td><td></td><td>×</td></tr>
<tr><td>신호프로그램 자율구성</td><td>탄력적 운영</td><td>B6</td><td>×</td><td>×</td><td>×</td><td>×</td><td>×</td></tr>
</table>

모든 3개의 소그룹은 오프라인상에서 산출된 신호프로그램 혹은 신호프로그램의 요소들을 가정한다.

고정식 신호프로그램은 신호프로그램의 구성요소들이 변경되지 않는다.

신호프로그램 보정 제어기법은 정해진 주기 내에서 개별 구성요소가 교통감응식으로 변동될 수 있다.

녹색시간 보정에서 녹색시간은 신호프로그램의 시간과 위치에 따라 실시간 교통상황에 대응할 수 있다. 여기에서 신호주기는 고정되고 주기 내 녹색시간의 상대적인 시작 시간을 나타내는 offset은 녹색시간 보정 가능한 시간 내에서 허용 가능하다(B2).

현시 교체는 다른 요소들이 고정된 상황에서 현시 순서가 변경된다(B3).

현시 요구는 요구현시를 미리 정해진 신호현시에 삽입하거나 신호프로그램의 여러 곳에 타 현시의 녹색시간을 잠정적으로 중단하는 방법을 통해 이루어진다(B4).

Offset 보정은 주기 내 녹색시간의 시작 시점을 다양화한다(B5).

B2에서 B5까지의 기법은 종종 상호조합된다.

신호프로그램 조합에서는 신호프로그램의 변동 가능한 요소들이 교통감응식으로 조합된다(B6).

다양한 시간대에 따라 거시적, 미시적 제어수준의 다양한 기법들이 적용된다.

신호그룹 치중 제어기법은 현시 치중 제어기법에 대하여 개별 신호그룹이 기준요소이기 때

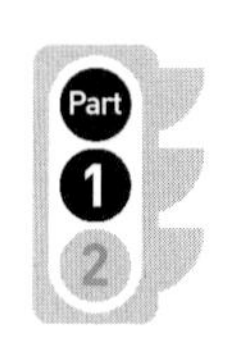

문에 신호그룹에 치중한 제어기법에서 표 4.1의 '현시'의 정의는 '신호그룹'으로 교체된다.

다양한 제어기법의 적용은 규칙기반이나 모델기반에 따라 적용될 수 있다.

4.2 제어지표

4.2.1 제어지표 개요

신호시설의 제어목적을 달성하기 위해 직간접적으로 측정 가능한 제어지표들을 활용한다. 직접적으로 측정 가능한 교통지표에는 요구 이후 소요시간, 차두시간과 점유율 등이 포함되며, 간접적인 지표에는 모델에 의해 산출된 평균지체시간, 대기행렬 등이 속한다. 추가적으로 앞의 교통지표로부터 유도되거나 별도로 측정되는 환경관련 지표들이 평가에 포함될 수 있다.

제어기법들은 개별지표나 지표간의 조합에 기초한다.

4.2.2 지표의 수집과 분석

4.2.2.1 교통감응식 신호프로그램 선택

실시간 교통지표들의 수집을 위해 도로망에는 측정지점들이 필요하며, 이는 다음과 같은 조건들을 만족해야 한다.

- 차선변경이 잦은 곳은 피해야 한다.
- 교통량 측정을 위한 검지장소는 교통흐름이 원활한 영역에 설치, 즉 교차로 진입부의 정체영역 바깥쪽에 설치해야 한다. 가능한 한 분석 대상 경계에 위치하고 신호시설에 직접적인 영향을 받지 않거나 교통 유발량이 많은 시설 근처에 입지해서는 안 된다.
- 점유율 측정장소는 정체가 발생할 가능성이 있는 도로구간에 설치해야 하나, 교차로 진입부의 적색시간 동안에 일반적으로 차량이 정차하지 않는 지역이어야 한다.

때로는 다른 제어기법을 위한 측정장소들이 사용되기도 하며, 다음과 같은 사항들을 주의해야 한다.

- 현황파악의 우연성을 배제하기 위하여 다수의 측정장소 및 다양한 기준조건들이 고려된다. 여기에 다양한 지표들이 상호연계된다.
- 빈번한 신호프로그램 변환을 방지하기 위하여 결정과정에 있어서 약간의 지체를 고려한다. 이는 일정 간격 동안 전환을 금지하는 시간적 조건이나 추세분석을 통하여 이루어진다. 추세분석은 동일한 신호변경이 n회 반복될 경우 신호전환을 허용한다.

4.2.2.2 녹색시간 요구

차량의 존재는 정지선에 밀접하게 위치한(일반적으로 검지기 앞부분으로부터 3~5 m) 검지기에 의하여 첫 번째 신호요구 차량이 등록된다. 요구 검지기의 위치를 표식을 통해 차량에게 알려주는 것이 필요하다. "정지선까지 진입하시오"라는 보조표지판을 이용할 수도 있다. 차량은 적외선이나 영상검지기에 의해 파악될 수도 있다.

자전거는 방향을 알 수 있는 사선으로 배치한 작은 루프검지기에 의해 검지된다. 최근 자전거의 금속 부속이 줄어드는 점을 감안하여 자전거 이용자가 버튼을 누르거나 다른 검지장치를 활용할 수도 있다.

보행자와 자전거와 함께 신호를 받을 경우 녹색시간은 일반적으로 버튼이나 접촉식 검지기를 활용한다.

대중교통 차량이 신호시설에서 통행우선을 받게 될 경우 별도의 신호요구와 종료 검지기를 설치한다. 지역적인 상황에 따라 차종이나 노선번호 또는 경로정보가 파악되기도 한다.

일반적으로 교통감응식 제어에 있어서 다음과 같은 신호들이 처리된다. 녹색시간 변경 준비를 위한 사전 신호와 녹색시간의 정확한 변경을 위한 주신호와 정지선 통과 후 차량의 종료 신호이다.

정류장은 적절한 사전과 주신호 또는 추가적인 신호의 적절한 설치에 따라 특별히 고려된다. 추가적으로 운전자의 행위(예를 들어, 출발준비완료) 또는 차량시설(예를 들어, 출입문 접촉)을 통한 신호가 고려될 수도 있다.

4.2.2.3 차두시간

차두간격의 측정은 교차로 진입부 검지기를 통해 한 차로의 연속된 차량의 앞차 후미와 뒷차 앞부분의 통과시간을 측정하는 것이다. 녹색시간은 두 차량간의 시간간격이 설정된 시간간격 Headway보다 크거나, 설정된 최대녹색시간이나 주기 내 가장 늦은 연장한계 시간까지 연장된다. 여기에서 제어에는 최소녹색시간 종료나 녹색시간 종료가능 최초시간(T1)이 종료된 후 차두시간이 차두시간 Headway보다 클 경우에만 해당된다. 녹색시간 중지를 초래하는 차두시간의 시작은 최소녹색시간이나 T1 시점 시작 이전에 이미 시작될 수 있다.

녹색시간 중단을 위한 차두시간은 2~5초 정도로 설정할 수 있다. 교통량이 많은 교차로의 경우 이 값은 2~3초 사이로 설정된다. 3초 이상은 예외적인 경우(예를 들어, 불합리한 교차로 기하구조, 경사구간, 높은 화물차 비율)만 적용된다.

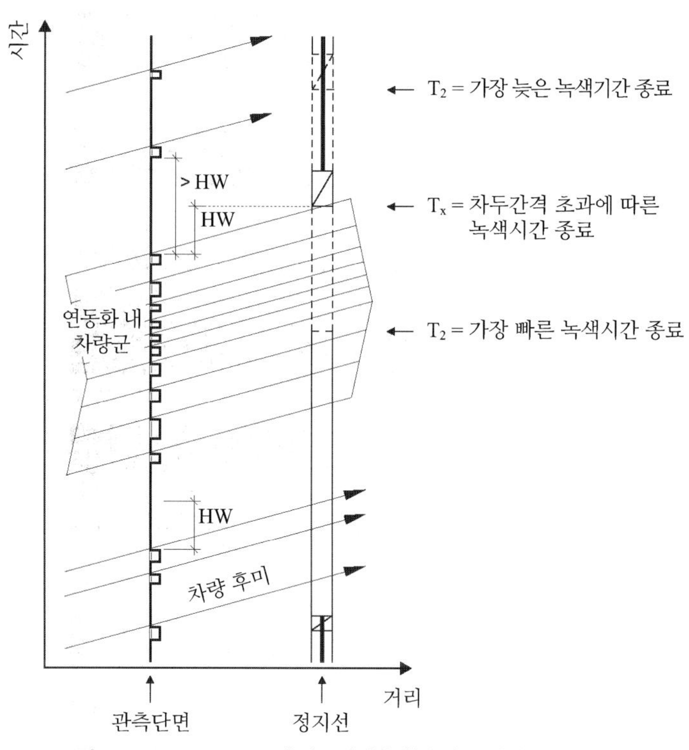

그림 4.1 Green Wave 내 차두간격을 활용한 녹색시간 보정 설계

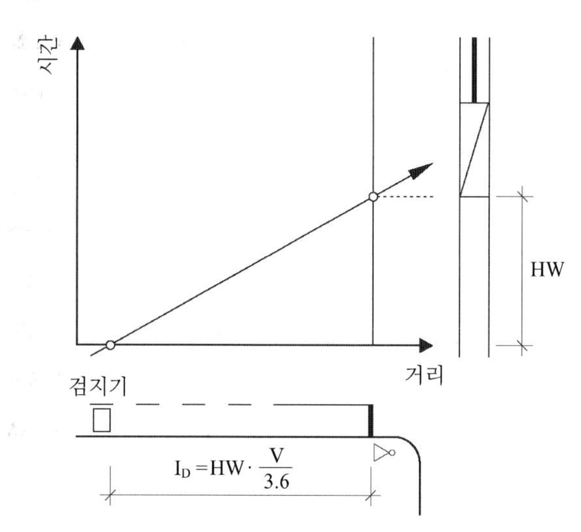

그림 4.2 차두시간에 따른 검지기의 위치

정지선으로부터 검지기의 위치 $l_{검지기}$는 기준이 되는 차두시간, 황색시간 길이와 차량속도와 관련이 있다(그림 4.2).

차두시간 Headway가 2~3초 사이일 경우 차선별 차량속도와 관련하여 표 4.2의 정지선으로부터 검지기의 거리가 산출된다.

정지선으로부터 검지기 거리 $l_{검지기}$가 결정되면 최소녹색시간의 길이는 검지영역과 정지선 안쪽에 대기하고 있는 차량이(평균 대기길이) 모두 진출할 수 있도록 주의한다(평균 요구시간).

차두시간은 정지선 전방 30 m까지 대기공간 내 차량을 검지할 수 있는 긴 검지기에 의해 측정될 수도 있다(그림 4.4). 연장된 검지기가 점유되지 않았을 기준은 최소 0.1초 이상으로 하여 마지막 차량이 검지기를 통과하면 녹색시간이 종료되도록 한다.

표 4.2 차두간격에 따른 검지기 위치 $l_{검지기}$

V	검지기 위치	
	HW = 2 s	HW = 3 s
30 km/h	15 m	25 m
40 km/h	20 m	35 m
50 km/h	30 m	40 m
60 km/h	35 m	50 m
70 km/h	40 m	60 m

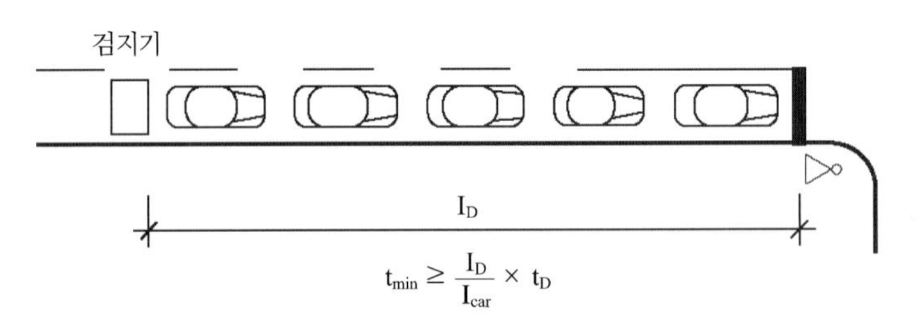

그림 4.3 고정된 값으로의 최소녹색시간 산정

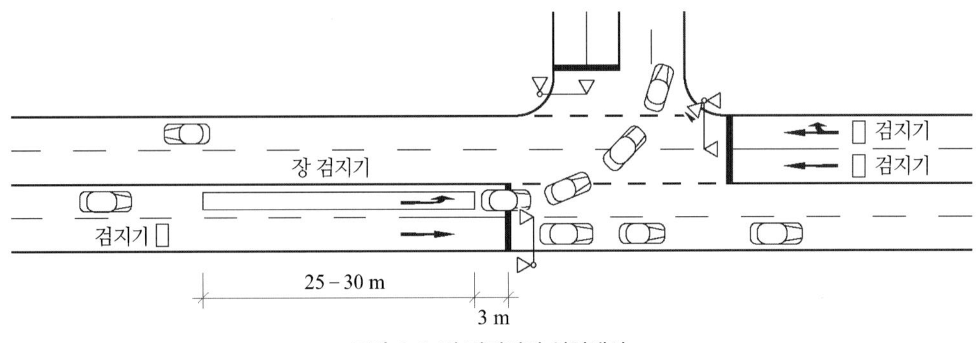

그림 4.4 긴 검지기의 설치예시

검지기가 차두시간 결정뿐만이 아니라 녹색시간 요구 기능도 있다면 정지선 바로 전방에 추가적인 검지기를 설치하는 것이 필요하다. 이를 통해 이전 녹색시간에 진출하지 못한 차량들이 신고할 수 있게 된다.

연동화 구간에서의 차두시간 결정은 차량군의 선두차량이 측정장소의 녹색시간 종료의 최초시간 이전에 도착하도록 해야 한다.

4.2.2.4 점유율의 결정

점유율의 결정은 교통량, 속도와 차량길이를 고려한 교통흐름을 평가한다. 결정기준은 특정 조건하에서 차두시간제어보다 느슨하다. 특히 중차량 접근 시 발생하는 큰 차두시간은 녹색시간을 일찍 종료시킬 수 없게 한다.

검지영역은 차두시간 제어 시 설계와 유사하다. 진행방향별 길이는 2 - 5 m 정도이다.

측정자료의 분석은 차선별로 진행된다. 지표로서 평활화 기법을 활용하여 증가나 감소추세를 반영하는 보정된 점유율을 사용한다(그림 4.5).

4.2.2.5 정체와 대기행렬

교차로 진입부의 정체위험이 있는 영역은 검지기에 의해 관리될 수 있다. 정체위험 지역은

- 회전차로에서의 정체가 직진차로의 차량 운행에 영향을 미칠 경우로서, 이때 검지기는 회전차로의 시작지점에 설치한다.
- 회전차로 혹은 대중교통 차량 등을 위한 전용차로의 시작부에 있는 직진차로에 직진차량으로 인한 정체가 회전차로에 영향을 미치게 될 경우 직진차로에 검지기를 설치한다.

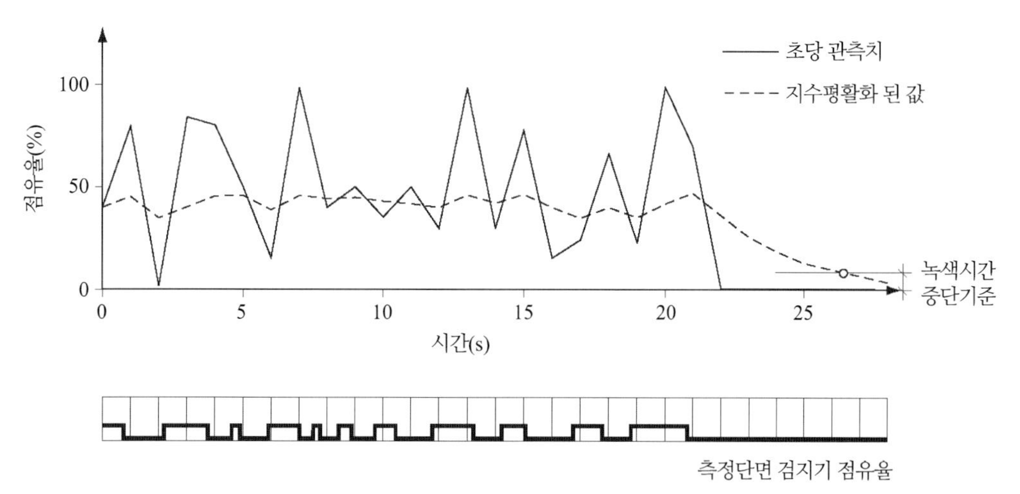

그림 4.5 점유율 감응식 녹색시간 중단 예시

• 고속도로 진출부
• 교차로가 밀접하게 위치한 교차로 진출부
• 나아가 부분적으로 상충되며 정체되는 회전차로는 검지기에 의해 파악되어야 한다. 이를 통해 좌회전 차로나 대중교통 차량을 위한 특별차선과 교차로 영역의 확장 등 교차로의 과다한 설계나 시설규모를 줄일 수 있다.

정체는 검지기의 점유된 시간이 기준 점유시간보다 클 경우 발생한 것으로 한다. 여기에서 너무 작은 값은 저속으로 운행하는 차량도 정체로 간주될 수 있으므로 피해야 한다. 기준 점유시간으로 5 – 15초 범위가 적당하다.

정체를 감지하는 검지기는 차선폭보다 0.5 – 1.0 m 좁으며, 최소한 6 m 이상 길어서 정체가 어떤 경우에도 검지되도록 한다.

교차로 진입부에 대기검지기가 설치될 경우 일상적인 대기지역 이외 지역에 설치해야 하며, 그렇지 않을 경우 항상 대기가 검지되어 녹색시간이 항상 연장된다. 검지기의 설치에 있어서 교통감응식 제어기법의 반응시간을 고려하여 정체 감소를 위한 방안이 시작되기 전에 대기가 확산되지 않도록 해야 한다(참고: n번째 대기차량은 녹색시간 시작 후 n초 후에 운행을 시작함).

여러 곳에서 대기길이를 산출할 필요가 있을 경우 이에 따라 다양하게 반응하기 위해 여러 곳에서 대기 검지기를 설치하도록 한다. 이외에 기존의 차두시간 검지기의 원시자료와 신호시설의 녹색시간에 기반한 대기길이를 추정하는 기법이 적용된다.

제어가 대기행렬 지표를 활용한다면 다음과 같은 다양한 방안들이 도입될 수 있다.

• 교차로 진입부에서 현재 진행 중인 녹색시간을 중단하거나 다음 현시의 녹색시간을 줄여서 해당된 교차로 진입부의 녹색시간을 연장한다. 대기가 검지되었을 경우 녹색시간은 검지기와 정지선 내에 정체된 차량이 모두 진출할 수 있을 만큼 길어야 한다.
• 이전 교차로에서 진출하는 교통류의 현시를 줄여서 정제영역으로 진입하는 차량을 줄인다.

녹색시간은 이전의 적색시간에 도착하는 차량을 측정하여 결정할 수도 있다. 차량을 측정할 경우 교통량이 적은 비주요도로가 적당하며, 그렇지 않을 경우 불필요하게 긴 녹색시간이 발생하게 된다.

4.3 제어기법의 투입조건

4.3.1 신호프로그램 선택

4.3.1.1 주변 여건

여유용량이 충분한 교차로에서는 미시적 제어기법을 통해 유연한 제어가 가능하더라도, 하루 종일 동일한 신호프로그램을 사용할 수 있다. 교통측면에서 다양한 여건에 적합한 신호프로그램이 필요할 경우 이는 시간대별 또는 교통감응식 신호프로그램 선택이 적용되는 것이 바람직하다.

규칙기반한 제어기법의 경우 광역적 차원의 교통상황에 대응하기 위하여 인접한 영역의 교차로들도 제어논리에 연계되어야 한다.

신호프로그램 선택을 위한 대상지역이 결정되면 특징적인 교통량 현황이나 교통체계가 수집, 분석되는 종합적인 교통분석을 수행한다. 이후에 다양한 교통상황에 대한 신호프로그램이 작성된다.

개별 신호프로그램은 하루(첨두시간, 평상시간, 한산시간), 요일(평일, 공휴일)과 특별한 교통상황(예를 들어, 휴가교통, 행사교통) 등의 다양한 교통량 변화에 맞게 설계된다.

한 상황에서 다른 상황으로의 신호프로그램 전환은 사전에 정의된 변경절차 혹은 다수의 사전에 정의된 기법에 따라 이루어진다(4.5.4절 참조).

교통감응식 신호프로그램 선택은 단지 신호프로그램을 배정만 하기 때문에 제어기법의 효율성은 검지기로부터의 교통상황 해석이나 활용 가능한 신호프로그램의 적절한 배정이 중요하다.

4.3.1.2 신호프로그램의 시간대별 선택

시간대별 신호프로그램의 선택에 있어서 요일이나 시간대별에 기초한 사전에 정의된 다수의 신호프로그램에서 선택된다. 이는 교통상황이 시간대별로 일정하며 예측 가능한, 즉 하루나 요일대별로 교통상황이 원칙적으로 반복된다는 가정에 기초한다.

지표의 수집과 분석, 제어지표와 신호프로그램의 산출과 신호시설의 변경시간은 오프라인상에서 결정된다.

4.3.1.3 신호프로그램의 교통감응식 선택

교통감응식 신호프로그램 선택은 실시간으로 측정된 교통자료에 기초하여 사전에 정의된 다수의 프로그램에서 적절한 신호프로그램을 선택하는 것이다.

실시간 교통류의 가공 처리된 대부분의 평활화된 지표들은 조건방정식과 임계치를 활용하여 신호프로그램의 선택을 위한 제어논리와 제어기법의 모형을 기반한 입력자료로 활용된다.

교통감응식 신호프로그램 선택 운영 시 여러 날에 걸쳐 측정값과 신호변경 프로토콜이 작성되고 교통상황이 관측된다. 이를 통해 변수들의 보정이 이루어지고 제어수준이 향상된다.

4.3.2 Frame 신호프로그램의 작성

Frame 신호프로그램의 교통감응식 작성에 있어서 신호프로그램 선택과는 다르게 이미 준비된 신호프로그램이 선택되는 것이 아니라 실시간 교통자료에 근거하여 Frame 신호프로그램이 작성된다.

예를 들어, 녹색시간 시작의 가장 처음과 마지막 시점과 녹색시간 종료의 가장 처음과 마지막 시점 또는 현시와 현시순서 등의 변수가 다양화된다. 이와 같은 Frame 신호프로그램에 기초하여 미시적 제어기법도 적용될 수 있다.

4.3.3 고정식 신호프로그램

고정식 신호프로그램은 지역이나 교통여건에 따라 요구조건을 만족할 수 있다. 신호 설계를 위한 설계 기준 교통량과 타교통수단 이용자들의 이해관계를 고려할 때 신호주기의 결정이 매우 중요하다. 신호프로그램 요소들이 변경되지 않기 때문에 고정식 신호프로그램은 장시간 동안 교통량 변화가 예측 가능할 경우 적용된다.

4.3.4 신호프로그램 보정

4.3.4.1 녹색시간 보정

녹색시간은 주기 내에서 선택된 최소녹색시간이 종료하거나 가장 처음 시점이 지난 이후에 진입하는 교통량에 따라 조정된다. 녹색시간 보정에는 진행 중인 녹색시간이 다른 교통류의 필요에 의해 변경되는 다양한 기준들이 있다. 여기서 다음과 같은 지표들을 활용한 설계기법들이 있다.

- 차두시간
- 점유율
- 대기길이
- 대기시간과 정지 등 모델로부터 산출되는 지표

4.3.4.2 현시교체

현시교체는 현시수는 고정하고, 신호 요구에 의하여 기 정의된 현시순서가 변경되는 것이다. 이 기법은 대중교통 차량 우선통행을 위해 예측된 도착시간에 가능한 녹색시간 보정이 불가능할 경우 활용된다.

4.3.4.3 현시요구

현시요구에서는 기 정의된 현시순서에서 지속적으로 발생하지 않는 교통류(예를 들어, 회전 교통류, 대중교통 차량, 자전거, 보행자)를 교차로에서 필요에만 부응하여 통과시킬 경우-현시 요구가 있을 경우-이에 해당하는 현시를 추가 삽입하는 것이다.

요구하는 교통류의 대기시간을 가능한 한 줄이기 위해 현시는 주기 내에서 고정된 시점이 아닌 연동화가 허용하는 범위 내에서 가장 늦게 가능한 시점에 활성화된다. 신호프로그램 내 여러 시점에 현시를 삽입할 수 있도록 하는 것이 바람직하다.

대중교통 차량에 의한 현시요구에서 도착신호는 가능한 한 조기에 정지선에 도착하기 이전에 주어져야 한다. 요구장소가 차량의 속도와 지역적인 여건에 따라 약 500 m까지 정지선 전방에 위치할 수 있으므로 교차로나 정류장이 밀집된 곳에서는 검증을 위한 추가적인 기준이 필요하다.

대중교통 차량을 위한 현시요구에 기반한 녹색시간 보정과 조합하여 일부 구간에만 대중교통-차로가 확보되었을 경우 장애 없는 교통흐름을 가능하게 한다.

4.3.4.4 Offset 조정

Offset 조정에서 한 주기 내 모든 녹색시간의 시작시점은 정의된 수치를 중심으로 변동이 가능하다. 이는 한 현시의 녹색시간이 인접한 신호로 제어되는 교차로에서 진입하는 교통류와 연계하여 고려될 때 중요하다.

Offset 조정은 교통량 변화가 심할 경우 중요하다.

4.3.5 신호프로그램 조합

신호프로그램 조합에서 신호프로그램의 모든 변동 가능한 요소들은 실시간 교통자료에 의해 교통감응식으로 조합된다. 이 기법은 연동화에 포함되지 않는 교차로 신호시설에 적합하다. 우선통행(예를 들어, 대중교통 차량의 요구) 등이 신호프로그램 조합에 의해서 효율적으로 반영된다.

사전 입력자료로는

- Intergreen time과 Offset
- 녹색시간의 최소와 최대길이
- 신호그룹이 변환되는 규칙

추가적으로 다음과 같은 사항들이 사전에 입력된다.

- 모든 현시순서에 대한 현시전이
- 최대 현시수
- 요구에 의한 최대 적색시간
- 다양한 요구일 경우 최적의 현시 순서

신호프로그램에서 변동 가능한 요소들은 시간대별로 다양하게 정의된다. 사전 입력 자료는 교통류간의 우선통행과 확보 가능한 대기공간을 고려해야 한다.

4.4 연동화

4.4.1 목표

연동화에서 연속된 신호교차로에서의 녹색시간은 적절한 offset에 의해 상호조정된다. 이를 통하여 연동화에 해당되는 교통류는 다수의 신호교차로를 정지하지 않고 통과하게 된다.

연동화는 승용차, 대중교통 차량, 자전거와 보행자 등 모든 교통수단의 개별 또는 밀접하게 인접한 신호시설과 관련이 있다. 도로축이나 교통망에서 연동화는 차량교통이나 대중교통에 중요하며, 자전거의 경우 큰 속도의 편차로 인해 조건부적으로 중요하다.

연동화는 도로망에서 차량의 운행시간을 감소하며, 연료와 대기오염을 경감시킨다. 교통안전 증진과 함께 개별 차량의 속도편차와 정지횟수를 줄이게 된다. 네트워크(Network)에서의 연동화는 전체 최적화를 유지하도록 한다.

교통과 환경적인 장점 이외에 차량에 대한 Green wave 형태의 선형 연동축을 가동하여 중요 교통축에 교통량을 집중시키고, 주거지역 도로의 교통량을 감소시키는 도시계획적인 목표도 달성할 수 있다.

연동화 계획에서 차량, 대중교통 차량, 보행자, 자전거 등의 이해관계와 구급차량, 경찰차량, 소방차 등도 고려되어야 한다. 다양한 교통참여자들의 이해관계를 조절하는 것은 시간적으로나 지역적으로 어떤 교통참여 그룹도 피해를 보지 않는 의견조율과정이 있어야 한다. 계

획목표를 설정하는 것이 중요하다. 계획목적에 따라 보행자의 대기시간, 차량의 정지횟수, 대중교통 우선통행 등에 집중된 교통참여자별 다양한 연동이 고려된다.

4.4.2 개요

연동화는 시공도에 의해 잘 표현된다. 시공도는 차량의 흐름을 Green band에 표현한다. Band의 폭은 연동화를 통해 통과할 수 있는 차량들의 기준이 된다. 연동축에 따라 변화되는 폭원은 교통량을 의미한다. 새롭게 발생하는 교통량은 통과하는 Green band의 '앞 움직임'이나 '뒤 움직임'으로 시공도에 명확하게 나타난다.

연동화 설계에 있어서 교통류의 방향이나 교통량이 사전에 파악되어야 한다. 시간대별 교통상황의 변화나 특별행사에 대한 교통량 자료도 별도의 설계로 반영한다.

4.4.3 교차로의 연동화

넓은 교차로나 다수의 신호단면이 있는 회전교차로에서 (내부)연동화는 대기공간을 확보한다는 측면에서 큰 의미를 갖는다. 여기서 현시분할이나 현시순서에 대한 강제조건이 형성된다.

교차로에서의 대중교통 연동화는 차량 연동화와 동일한 가정이 반영된다. 추가적으로 정류장에서의 대기시간을 고려한다.

보행자에 대한 연동화는 교차로에서 다음과 같은 경우에 의미가 있다.

- 중앙섬과 중앙분리대가 있는 도로의 연속된 횡단보도
- 다수의 교차로 진입부를 순차적으로 횡단할 경우

연동화에 대한 다양한 가능성이 2.3절(신호프로그램 구조)에 상세히 설명되었다.

자전거 신호는 보행자에 비해 높은 속도와 중앙섬/중앙분리대에서의 넓은 대기공간 등으로 인해 연속된 보도상에서 일반적으로 점진적으로 통행할 수 있도록 조정된다.

연동화에 있어서 다음과 같은 설계원리들을 주의한다.

- 연속된 자전거 신호의 offset은 녹색시간 종료에 있어서 충분히 낮은 차량속도를 기준으로 한다.
- 자전거 신호의 녹색시간 시작은 빠른 차량속도일 경우에도 다음 보도에 녹색시간 시작시점에 도달할 수 있도록 상호조정된다.
- 보행자와의 공동신호는 보행자보도 이외에 자전거 차도가 표식되었을 경우 이 조건을 고려해야 한다.

4.4.4 도로축의 연동화

4.4.4.1 도로구조적인 전제

차량의 연동화를 위한 설계는 다음과 같은 주변 조건을 주의한다.

- 1차로 이상 지속되는 차로나 자전거 차로는 차로에 확보된 자전거 차로를 추월할 수 있기 때문에 연동화에 긍정적인 영향을 미친다.
- '정지금지'는 정차나 주차차량으로 인해 교통류에 부정적인 영향을 미칠 수 있으므로 피하도록 한다.
- 회전차량을 위해 교차로에 회전차로를 설치하여 직진차량이 방해를 받지 않고 추돌사고의 위험을 줄인다.
- 보행자 도로(StVO의 표식 293)는 연동화 도로에 허가되지 않는다(VwVStVO 26절 참조).
- 연동화는 교차로 간격이 750 m, 여건이 양호할 경우 1,000 m 정도가 적절하다. 간격이 더 넓을 경우 차량군이 와해되어 연동화의 의미가 상실된다.

4.4.4.2 교통기술적인 전제

주기는 연동화를 위해 모든 교차로에서 동일해야 한다. 이를 시스템 주기로 표현하기도 한다. 연동화 축의 교차로에 대해 적정 주기를 산출하며, 이때 가장 큰 주기가 시스템 주기로 활용된다.

이러한 주기 기준을 통해 모든 개별 교차로에서 모든 교통류가 연동화의 제약 없이 통과될 수 있다. 이 시스템 주기로부터 녹색시간 조정이나 녹색시간 요구에 의해 발생할 수 있는 단시간의 편차들은 바로 보정되어야 한다.

시스템 주기 내의 단주기들은 교통류 제어에 있어서 다음과 같은 경우에 적용된다.

- 주교통축에 연계된 교통량이 적은 교통축
- 대기공간이 협소할 경우
- 보행자 신호시설 또는
- 횡단교통량이 적은 교차로

단주기의 주기의 합은 시스템 주기와 동일해야 한다.

포화도는 양호한 연동화를 위하여 0.85 미만이어야 한다. 연동화가 진행되는 모든 교차로에서 차량 교통류에 대한 적절한 도로구조적인 운영적인 대안을 마련하여 충분한 용량을 확보토록 하는 것이 그 목적이다.

연동화속도(Progressive Velocity)는 시공도에서 Green Band 중심선의 경사이다. 일반적으로

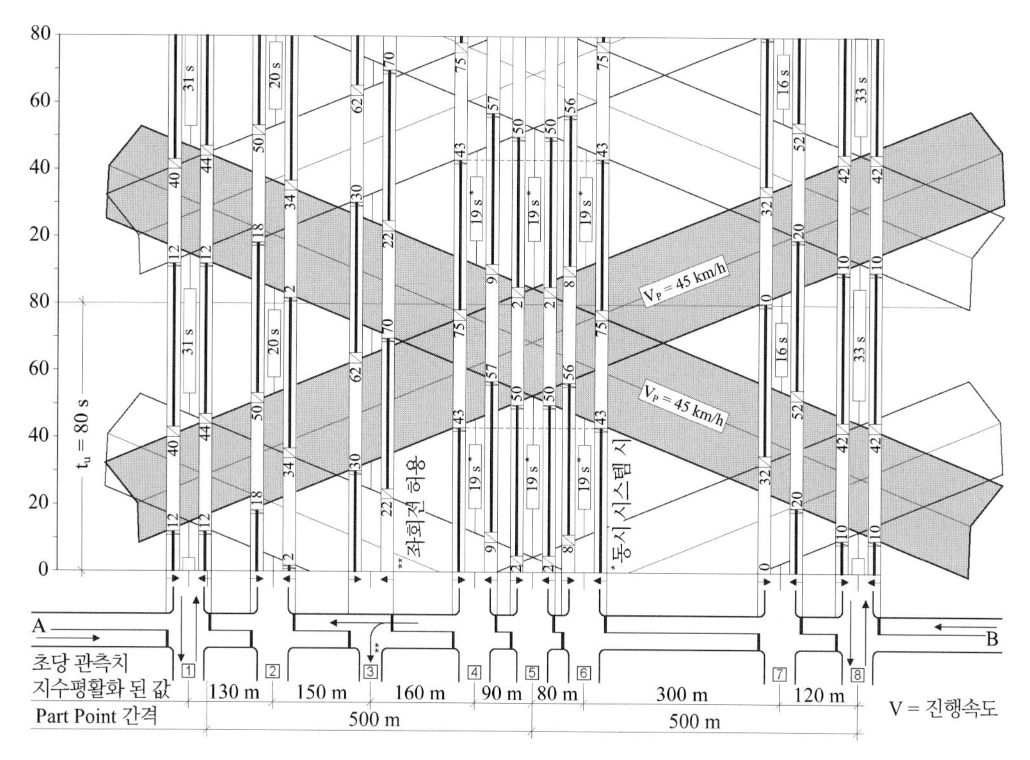

그림 4.6 시공도 예시

연동화속도는 허용속도의 90 - 100% 수준을 추천한다.

속도 감소 요인(예를 들어, 높은 중차량 비율, 높은 경사도, 좁은 곡선반경, 불량한 포장상태)을 설계 시에 고려한다.

양방향별 계획된 연동화속도 $V_{p, 방향1}$와 $+V_{p, 방향2}$는 직진 교통류의 연동화된 차량 교통류의 Green band에 대한 산출된 녹색시간으로부터 일반적으로 시공도상에서 표현되어(그림 4.6) 산출된다.

Part Point(PP)는 양방향 도로의 연동화에 있어서 시공도상의 특별한 점을 의미한다. 이는 상호교차되는 두 개 Green band 중심선의 교차점이다. 연속된 Part Point의 간격은 Part Point 간격 l_{pp}(m)로 나타낸다.

교차로의 위치가 정확하게 Part Point에 있다면 횡단방향의 교통류에 대한 녹색시간과 intergreen time을 위한 확보된 시간이 최대가 된다. 두 개의 Green band는 상호완벽하게 겹치게 된다.

만일 Green band가 겹치지 않을 경우 확보된 시간은 최소가 된다. 교차로는 Part Point로부터 멀리 이격되어 있다.

주기, 양방향의 연동화속도와 Part Point 간격으로부터 다음과 같은 관계가 설정된다.

$$t_{주기}(s) = \frac{3,\ 6 \cdot l_{pp}}{V_{p,\ 방향1}} + \frac{3,\ 6 \cdot l_{pp}}{V_{p,\ 방향2}}$$

속도신호는 연동화 교통축에서 운전자에게 적정 속도를 제공하여 운전자가 이 속도를 준수할 경우 다음 교차로에서 정지하지 않고 통과할 수 있도록 하는 것이다. 동일한 차량군에 속한 선두차량의 의도된 지체와 후미차량의 가속을 통해 다음 신호까지 차량군을 밀집시켜 도로이용을 증대시킬 수 있다.

속도제시가 다음 신호시설의 녹색시간을 기준으로 하고 있기 때문에 고정식 신호제어에서만 신뢰성이 있는 속도제시가 가능하다.

4.4.4.3 대중교통 차량의 고려

대중교통 차량의 운행궤적은 차량군의 운행궤적과 상당히 다르다. 운행시간표에 따른 정차와 입석 승객을 위한 고려로 인해 제한된 가감속도는 연동화 교통축에서 대중교통 차량이 차량군에 비해 현저히 낮은 운행속도를 나타낸다.

정류장 체류시간의 불규칙성은 신호시설에 있어서 불규칙한 차량도착을 초래한다.

대중교통 차량에 대한 교통흐름을 향상시키기 위해서는 연동화 프로젝트 구현 시 특별한 조건들을 적절히 반영하도록 한다.

- Door Closing Signal은 신호시설이 교차로 바로 후미에 위치할 때 바람직하다. 운전자에게 가능할 경우 승객 승하차를 마무리하도록 요구하며, 약 5초간 제시된 이후 녹색시간으로 변경된다. 이에 따라 신호시설에서 지체 없이 통과할 수 있다.
- 신호교차로가 정류장 약 100 m 후미에 있을 경우 BOStrab에 의한 신호등을 부착한 정류장 앞부분에 신호시설을 설치하여 교차로로 진입하면서 다음 신호등이 작동되도록 한다. 이를 통해 정류장과 교차로 사이에 감속과정을 줄이도록 한다.
- 신호교차로가 정류장보다 100 m 훨씬 이전에 위치할 경우 신호시설 전방 적당한 곳에 사전등록신호를 투입한다. BOStrab에 의한 점진적으로 작동되는 녹색신호를 활용하여 허용구간속도로 진입할 경우 다음 신호에서 정차없이 통과토록 한다. 계속 진행할 경우 중간 정차가 예상될 경우 아무 신호도 제시하지 않는다('흑' 신호등).

4.4.4.4 자전거 고려

자전거 교통망상에서 주요 경로에서 자전거 교통에 대한 차량 시공도 뿐만 아니라 자전거에 대한 시공도선을 포함하는 연동화 가능성을 타진해봐야 한다. 분석능력을 제고하기 위해 자전거에 대한 별도의 시공도를 작성하는 것이 바람직하다. 자전거가 차량 교통류 연동화의

후속 연동화로 통과할 수 있는지에 대한 가능성을 검토한다.

통행속도의 폭이 넓은(약 10 km/h에서 25 km/h) 자전거 연동 고려 시 교차로와 교차로 사이에서 자전거군이 와해될 수 있다. 연동화 계획 시 자전거의 연동속도를 약 16 – 20 km/h로 결정하는 것이 바람직하다.

4.4.5 교통망의 연동화

도로망에서의 연동화는 신호시설 도로축이 교차할 경우 고려된다. 도로축 연동화와 동일한 원리가 적용되며, 특히 시스템 주기를 통일해야 한다.

교차로와 도로축에서 이미 형성된 다양한 교통수단그룹과 차량 교통류간의 상충문제들은 도로망상에서는 더욱 복잡해지게 된다.

- 교통량이 많은 주요 교차로에서 다수의 도로축 연동이 겹칠 경우
- 교통량이 많거나 유사한 교통류가 겹치거나 교차로 과포화로 인한 불안정한 교통상황의 경우
- 도로망에서 교통참여자 그룹간 목표가 상충될 경우

큰 교통망은 소규모 부분망으로 분할된다. 이 경우 부분망은 가능한 한 적절한 전이점을 확보하도록 한다.

4.5 제어 프로젝트 과정

4.5.1 제어기법의 규칙기반 적용

규칙기반 제어기법의 적용에서 초 단위로 순서도가 진행된다. 이는 조건과 결정에 기반하며, 실시간의 제어조건과 지표에 기반하여 신호프로그램 조합을 위한 결정을 하게 된다(그림 4.7). 차두시간, 점유율, 운행시간, 속도 등의 비교와 임계치는 물론 허용 가능한 녹색시간 영역이나 연기 가능한 녹색시간, 시작시간 등의 전제 조건들은 변수에 의해 정의된다.

실제적인 상황에서 다음과 같은 사항들이 구조적이고, 추론이 가능하며 간편한 제어기법으로 인정받고 있다.

- 단순하고 개괄적인 논리의 명쾌한 구성
- 논리 내에서 설명 형태의 참고자료
- 논리변경이나 원자료 변경 없이 적용되는 단순한 또는 1, 2차원으로 구성된 변수(변수 열이나 변수 행렬)

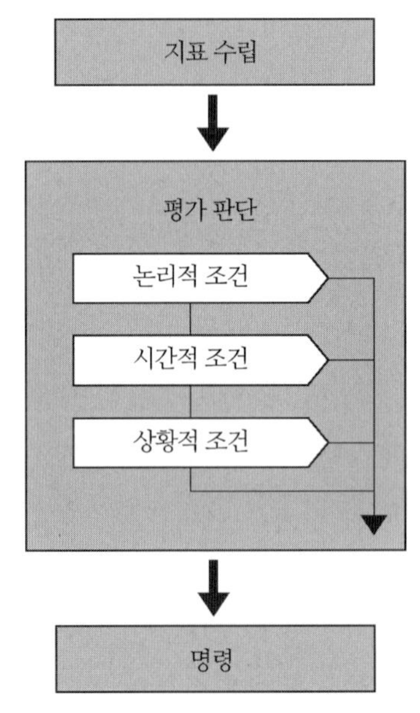

그림 4.7 제어기법의 규칙기반 적용

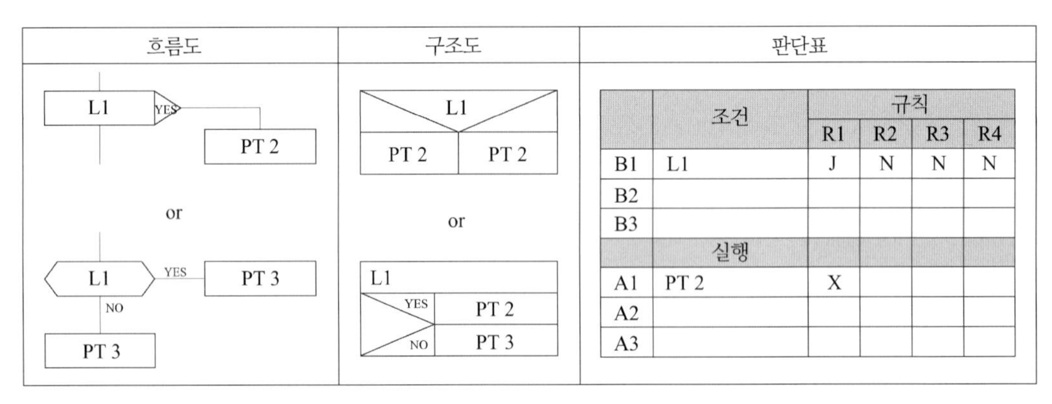

	조건	규칙			
		R1	R2	R3	R4
B1	L1	J	N	N	N
B2					
B3					
	실행				
A1	PT 2	X			
A2					
A3					

그림 4.8 논리 질의의 표현형식

결정요소와 행동요소들의 조합은 다양하게 표현될 수 있다.

논리의 묘사에 있어서 DIN[6] 66001에 의한 설명 형태(프로그램 진행계획), DIN 66261(Nassi/Schneidermann에 의한 구조도) 혹은 결정표 등이 이용된다. 규칙기반 제어에는 진행도(Flow Program)와 구조도(Structure Program)가 일반적인 필요 양식이다. 예를 들어, 부분망에서의 교통감응식 신호프로그램의 선택 등 특별한 적용 경우에 결정표(Decision table)가 필요 양식으로 적당하다. 이는 어떤 조건하에서 어떤 결정이 수행되는지를 묘사한다. 결정표의 3가지 요소는

6 DIN(Deutsches Institut für Normung) : 독일 표준화 기구

조건, 규칙과 행동이다. 규칙은 어떤 상황에서 조건이 충족되어야 하며, 이에 따른 결정이 수행되는지를 규정한다. 모든 조건, 규칙, 행동 등은 우선순위에 따라 나열된다.

반복적인 과정이나 제어구조를 여러 번 규정하지 않도록 함수나 서브프로그램을 이용하여 동일한 교통기술적인 특성을 갖는 여러 형태의 교차로에서 하나의 모듈로 활용한다. 이 모듈의 운영은 변수에 의해 제어된다.

4.5.2 제어기법의 표준화된 규칙기반 적용

표준화된 규칙기반 적용은 교통감응식 제어에서 지표변수와 제어변수의 획득을 조성할 수 있다. 지표변수에는 다음과 같은 것들이 포함된다.

- 요구변수
- 설계변수
- 정체감지
- 대중교통 – 변수

제어변수에는

- 녹색시간, 적색시간의 최솟값, 최댓값
- Frame 변수
- 현시순서 변수
- 우선변수(신호그룹, 교통류, 현시)

변수들은 변수집합에 종합되어 다양한 교통상황에 적합한 변수집합들이 배정된다.

4.5.3 모형기반 제어기법의 적용

모형기반 제어기법의 적용은 수집된 지표를 직접적으로 활용하는 것이 아닌 모형에 의해 가공된 수치를 활용한다. 모형기반 제어기법은 교통모형 이외에 제어수준의 자유도를 설명하는 제어모형을 필요로 한다. 최적 알고리즘은 가능한 제어 대안을 체계적으로 시험하고, 모형화된 영향분석에 기초하여 목표함수를 평가한다. 모형기반 제어기법은 교차로나 교통망 모두에 적용 가능하며, 개별 환경에 적합하게 조정된 자료를 활용한다.

모형기반 제어기법은 교차로, 도로축과 교통망상에서 적용 가능하다. 다기준 평가기법의 정의를 통해 다양한 교통참여자 그룹 또는 최적화의 환경과 관련된 지표 등의 요구사항을 충족한다.

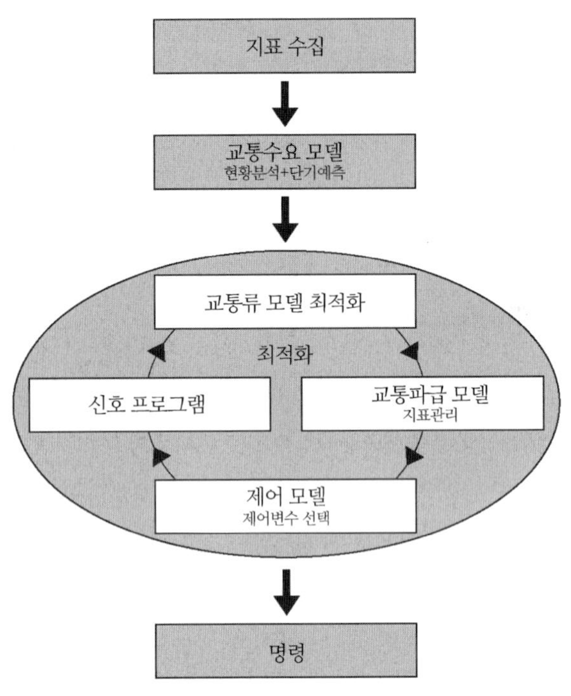

그림 4.9 모형기반 제어기법의 적용

교통상황은 검지기의 자료수집으로부터 동적 교통모형으로 재현된다. 다양한 교통지표의 평가를 통한 교통상황의 정확한 분석은 교통서비스 수준이나 돌발상황을 신속하게 검지한다.

적용된 알고리즘에 따라 교차로 진입부 내 검지기는 직접적인 대기공간 바깥지역, 즉 정지선 전방 50-200 m 거리 또는 교차로 내 검지기 자료가 활용된다. 측정장소의 수는 교통분석과 예측의 요구하는 정확도에 따라 결정된다.

제어기법의 입출력자료와 그 효과는 명확히 표현되어야 한다. 나아가 교통기술적인 대상, 모형 보정과 목적함수에 대한 종합적인 서류화가 필요하다.

모형기반과 표준화된 규칙기반 제어기법의 적용은 복잡성으로 인해 순서도나 구조도로서 서류화되지 않는다. 이 제어기법은 변수에 영향을 받기 때문에 모든 변수에 대한 완벽한 리스트화가 필요하며, 이를 통해 이용자를 위한 제어절차가 투명하게 제공되어야 한다. 개별적 변수화는 교통기술적인 목적과 제어운영이 추론 가능하도록 서류화되어야 한다. 변수에는 교통모형변수와 제어변수가 포함된다.

교통모형 변수에는

- 차량군 와해
- 교차로 내 차량교통류의 진입 차두 간격
- 부분 구간별 운행시간과 진입속도

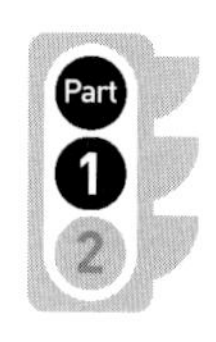

제어변수에는

- 허용된 주기
- 최소, 최대 주기
- 최소, 최대 녹색시간
- 도로망 내 차량 교통류
- 최적 기준의 가중치(예를 들어, 부분 구간의 차로별 대기시간과 정지수)
- 최적계획(도로망 내 교차로의 최적화 순서)

등이 포함된다.

4.5.4 신호 전환 기법

4.5.4.1 개요

신호프로그램간의 변경은 전환 과정(switching)으로 표현된다. 전환 시점은 교통기술적으로 타당한 시점에 이루어진다. 가능한 한 교통류에 미치는 영향이 적어야 하며, 제어기술적으로도 가능한 수준이어야 한다.

복잡한 교차로에서 변경되어야 할 신호프로그램에서 동일 현시간에 현시전환이 변경될 수 없을 경우, 적절한 장치와 프로그램 기술적인 대안을 통하여 신호프로그램 전환이 동일한 현시전환에서 시작되거나 종료되어야 한다.

복잡한 교통망에서 신호프로그램 전환을 구체화할 경우 현 수준의 장비기술 측면에 기반하여 막대한 주변 조건들이 효과적으로 될 수 있다.

4.5.4.2 전환 시점

전환 시점은 개별제어의 경우 최소한 실현 부담이 적은 것이어야 한다. 전환 시점(STP: Switching Time Point)은 연동방향 내 녹색시간의 안쪽이나 바깥쪽에 있을 수 있다. STP는 전이시간 내에 있어서는 안 된다.

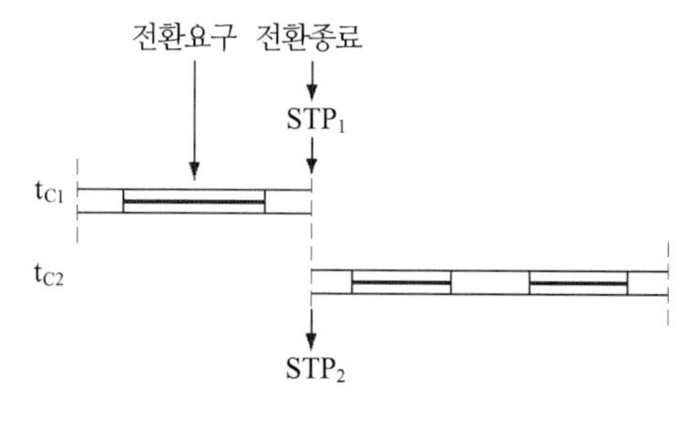

그림 4.10 직접 신호전환 원리

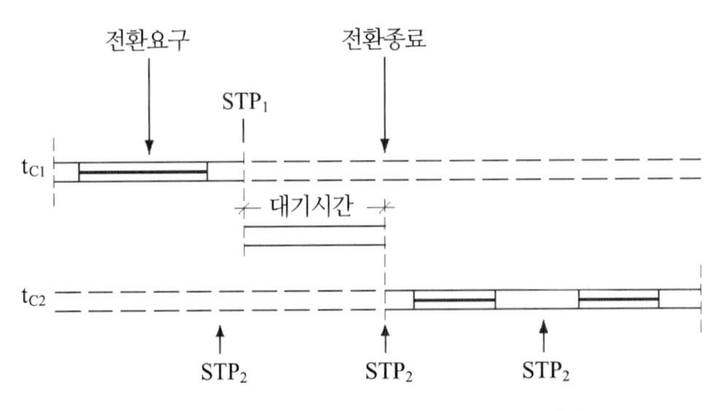

그림 4.11 정지시간을 포함한 신호전환 원리

직접전환에서 현재 작동 중인 신호프로그램은 전환요구가 있을 경우에도 전환시점 STP1까지 진행된다. 기운영 중인 신호프로그램에서 STP에 다다르면 기신호프로그램은 종료되고 STP2의 전환시점으로 다음 신호프로그램이 활성화된다(그림 4.10).

정지시간을 포함한 신호전환 기법은 신호프로그램의 다양한 주기 또는 STP의 영향으로 STP1과 STP2 사이에 정지시간이 발생한다.

최대 한주기까지의 정지시간이 가능하다. 따라서 정지시간은 폐쇄방향 내 교통참여자들이 기대되고, 짧은 시간 내에 생성된 정체가 다시 해소될 경우 발생한다.

연동화 제어에서 정지시간을 포함한 전환기법은 계획적으로 단순한 기법이다. 그러나 정지시간의 길이는 교통류의 장애요인들을 통해 한계가 설정된다.

신호프로그램 전환의 교통감응식 결정의 이용에서 정지시간으로 인한 교통류 장애가 또 다른 교통감응식 신호전환을 초래하여 제어의 불안정성을 초래하는지에 대한 주의가 필요하다.

정지시간의 길이를 줄이거나 완전히 없애는 다양한 가능성들이 있다.

- 정지시간 길이의 최대값 설정. 이를 통해 새롭게 시작되는 신호프로그램의 동기화가 몇 번 이후 그리고 몇 주기 이후에 시작된다.
- 사전에 정의된 주기 내에서 가장 짧은 정지시간을 찾는다. 이는 주기를 가능한 약분수하여 찾는 것이 편리하다.
- 모든 신호프로그램 내에서 다수의 전환시점을 정의. 기대되는 전환시간은 쌍(pair)으로 산출된다. 가장 짧은 전환시간에 전환이 이루어진다.

4.5.4.3 축소/확장 기법에 따른 전환

축소/확장의 복합적인 기법에 따른 신호프로그램 전환에서 전환되어야 할 신호프로그램 내에서 신호심볼이 현재 바뀌어야 할 신호심볼과 중첩되는 시간이 있는지를 검토한다. 이 경우 새로운 신호시간이 시작되면서 새로운 신호프로그램이 작동된다. 기준시간등록(Reference

time register)에 의한 동기화는 축소 또는 확장 기법에 의해 다시 생성된다. 이 기법의 목적은 신호시설의 동기화를 교통기술적인 흐름에 크게 영향을 미치지 않는 범위에서 가능한 한 신속하게 다시 생성하는 데 있다.

축소는 신호가 중간과정에서 변하지 않고 신호시간 축소를 통해 최소시간이 침해받지 않는다는 것을 가정으로 한다.

신호프로그램이 확장될 경우 주기 내에서 동기화가 다시 생성된다. 대기시간은 현시에 다양하게 배분된다.

동일한 신호그림이 찾아지지 않을 경우 동일한 신호그림을 찾거나 전환시간이 도달할 때까지 현재의 신호프로그램이 지속된다. 어쨌든 이 시점에서는 새로운 신호프로그램이 전환하게 된다.

4.5.4.4 전환시간이 정의되지 않은 전환

전환시간이 정의되지 않은 신호전환에서는 현재 작동중인 신호프로그램이 전환요구 시점에 바로 비활성화되고, 신호상황이 변경되는 신호프로그램과 비교된다. 동일한 중첩상황이 없을 경우 해당신호그룹은 최소녹색시간, intergreen time, offset 조건과 최대녹색시간과 적색시간을 반영하고, 동기화를 고려하여 변경하고자 하는 신호프로그램의 신호상태로 전환된다. 모든 신호그룹이 To-be 상황에 만족하면 새로운 신호프로그램이 활성화된다.

작동 중인 신호프로그램은 다음에 정의된 전환시간까지 진행되지 않는다. 작동 중인 신호상황에서 변경하고자 하는 신호프로그램의 전환은 주어진 조건하에서 가장 빠른 시간 내에 이루어진다.

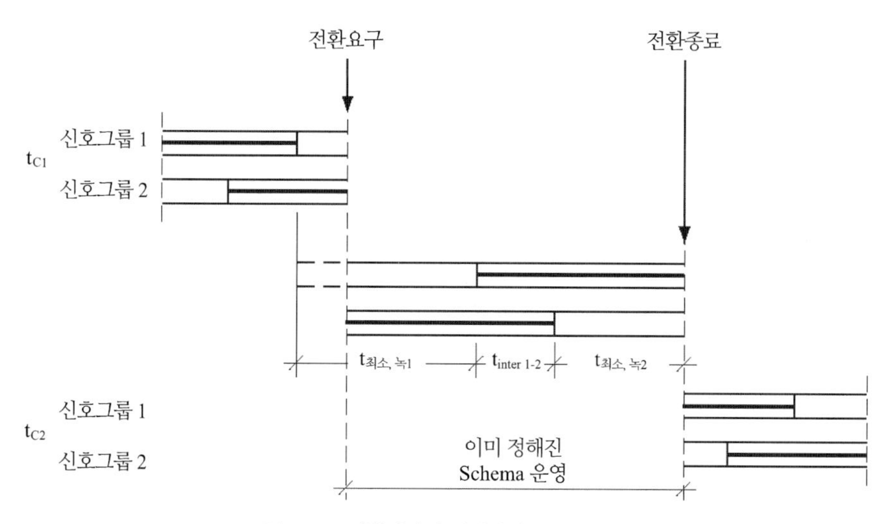

그림 4.12 전환시간이 정의되지 않은 전환원리

4.5.5 제어 시험

제어논리상의 오류가 현장 투입 이전에 시험을 통해 배제되어야 한다. 테스트는 일반적으로 신호프로그램별로 상당수 신호운영의 모든 부분까지 포함하는 경우를 대상으로 한 시험규정에 따른다. 복잡한 흐름일 경우 매우 많은 수의 시험을 요구한다.

입력조건을 우연변수로 처리한 자동화된 테스트 기법을 통해 모든 경우의 수에 대한 시험이 간편화된다. 자동화된 시험은 예측 불가능한 제어상황 발생 측면에서 더욱 높은 안전성을 제고한다.

시험은 계획된 신호운영뿐만 아니라 교통기술적인 목표를 고려하여 설정한다. 시험규모는 시험절차에 따르며, 시설운영자가 결정하도록 한다.

시물레이션 기법을 통해 교차로나 교통망을 대상으로 차량추종모형, 차선변경모형에 기반한 교통흐름을 재현하고 다양한 제어기법을 사전에 평가할 수 있다. 대중교통 차량의 흐름은 운행시간표와 정류장 체류시간 등을 고려하여 노선별로 시물레이션한다. 시물레이션된 교통흐름으로부터 제어기법의 수준을 평가하는 데 필요한 지표들을 산출한다.

Chapter

05 특수신호체계

5.1 불완전 신호교차로

5.1.1 개요

불완전 신호교차로는 대부분의 그러나 모든 교통류간에 신호기술적으로 규제되지 않는 교차로를 의미한다. 불완전 신호교차로의 사례로 통행우선이 있는 교차로에서 부도로 교통류에 의한 대기시간 감응식 신호요구를 들 수 있다.

불완전 신호교차로는 다음과 같은 경우에 적용된다.

- 비신호 교차로의 교통안전성을 제고하기 위해
- 제한된 신호기술적인 비용 부담으로 비신호교차로의 용량을 제고할 때
- 비신호교차로와 비교하여 대기의무가 있는 교통류의 대기시간을 감소시키기 위해
- 주방향 교통류에서 충분한 차두간격이 확보되어 '진입'이나 '횡단'이 가능하여 통행우선권이 있는 차량 교통류가 정지하지 않아도 되기 때문에 완전 신호교차로 주방향의 불필요한 손실시간을 줄이기 위해
- 소요면적이 넓은 건설적인 대안을 줄이기 위해(회전 교차로에서 우회전 진입차로, 평면교차로, 부분입체교차로나 입체교차로에서 진입차로)
- 불완전 신호교차로의 시설과 제어비용이 완전 신호교차로보다 낮아 시설과 운영비용을 줄일 수 있으므로

5.1.2 교통적인 적용 영역

교통류 수준의 평가지표는 부도로의 평균지체시간과 교차로 총손실시간이 적용된다.

HBS에 따른 서비스 수준 D인 부도로 지체시간을 45초로 하고, 주방향 교통량이 2,000대/시일 경우 부도로의 불완전 신호교차로의 허용 교통용량은 200대/시에서 400대/시 수준이다.

부도로의 용량은 다음과 같은 요인에 영향을 받는다.

- 주도로의 교통량
- 부도로의 좌회전 교통량 비율
- 주도로의 적색시간 길이
- 부도로의 허용 가능한 대기시간 수준

불완전 신호에 있어서 언급된 교통량 범위 내에서 교차로 총 지체시간은 부도로에서 획득된 시간이득이 주도로의 시간손실로 상쇄되지 않게 된다.

완전 신호교차로를 통해 언급된 교통량 범위 내에서 불완전 신호교차로에 비해 추가적인 여유용량이 발생하지 않는다.

안전에 대한 고려와 교차로 소요면적이 적을 경우 완전 신호에서 주도로 교통류가 여러 현시에 통행되어 진입 방향별로 녹색시간이 부여될 경우 교차로의 용량은 대폭 감소한다.

5.1.3 불완전 신호 상황

5.1.3.1 대기의무 차량의 차두시간 확보

불완전 신호는 단기적으로 통행우선권이 있는 방향의 교통량이 많을 경우 부도로 대기의무 차량의 차두시간을 확보하기 위해 신호기술적으로 제어한다. 이러한 제어방안은 합류부, 교차부와 회전교차로에 적용된다.

교통량이 많은 주도로의 단기적인 중단을 통해

- 좌회전 진입 합류를 경감시켜 주도로의 좌측에 위치한 진입차로를 불필요하게 한다.
- 교차로에서 교차와 진입을 경감시켜 교차로 내부의 대기차로를 줄일 수 있다.
- 회전교차로에서 노선버스의 회전교차로 내부 차로로의 진입을 경감시킨다.

대기차량의 검지를 위해 대기선이나 정지선 전방에 적절한 검지기(예를 들어, Loop)를 설치하여 교차로 진입부의 설계면적을 담당토록 한다(그림 5.1). '정지선까지 진입'의 추가적인 안내표시판을 병용한다.

진입 또는 교차하는 교통류와 적색시간 이후 다시 진입하는 우선 교통류간의 혼란을 방지하기 위해 주도로의 정지선은 교차로로부터 멀리 이격하여(30~40 m) 표식한다(그림 5.1).

통행우선권이 낮은 교통류는 사전에 정의된 대기시간 임계기준에 도달하면 주도로에서 차두간격을 확보한다. 이때 신호등은 흑에서 황을 거쳐 적색으로 변경된다. 부도로의 진입부에

차량이 검지되지 않을 경우 주도로 신호등은 적/황을 고쳐 기본 신호등인 흑으로 전환된다.

대기의무가 있는 차량의 안전한 회전과 교차를 위해 통행우선권이 있는 교차로 진입부의 돌출된 보행자-신호시설을 활용한다.

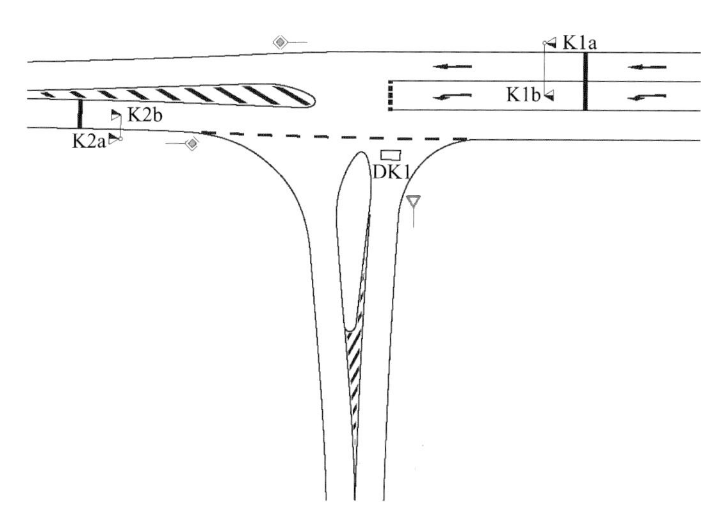

그림 5.1 진입교통류의 차두간격 확보를 위한 불완전 신호 진입 예시

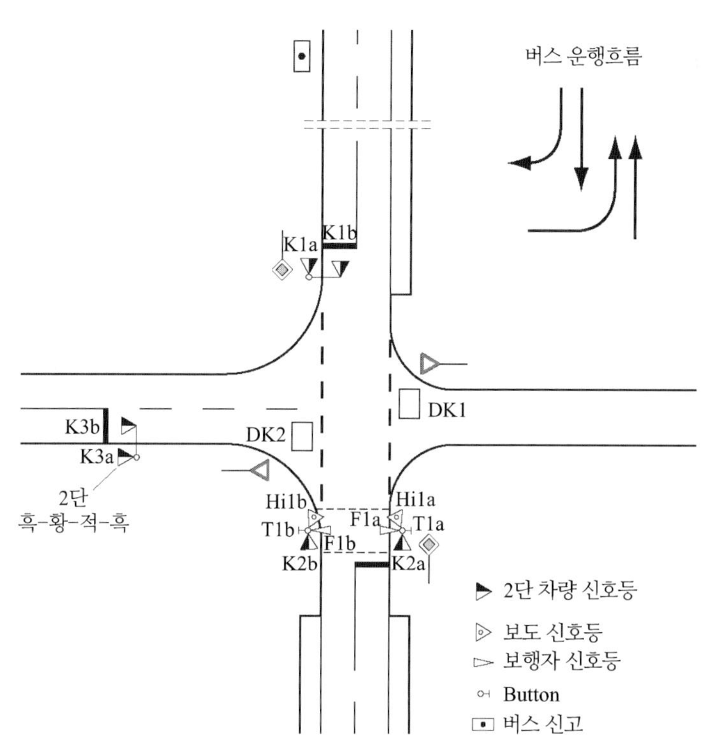

그림 5.2 노선버스 우선통행을 위한 불완전 신호교차로 예시

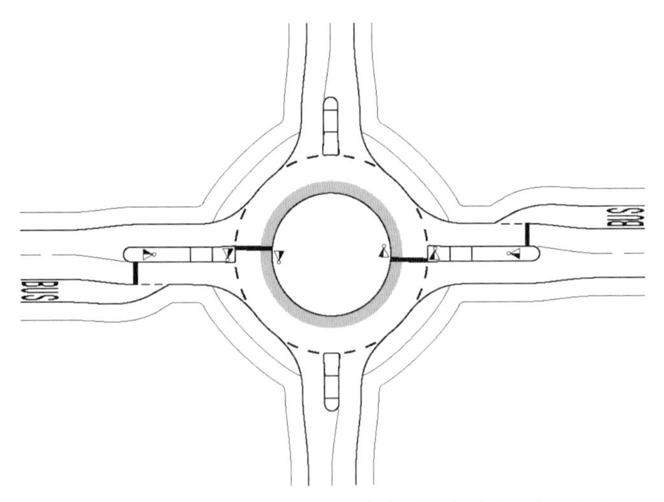

그림 5.3 노선버스의 우선통과를 위한 불완전 회전교차로 예시

5.1.3.2 대중교통 차량의 가속과 우선통행

불완전 신호는 진입로, 교차로와 회전교차로 또는 부분적인 대중교통 차로와 연계하여 통행우선권이 있는 교통류를 비주요 도로를 운행하는 대중교통 차량이 접근 신호를 하여 교차로에서 시간손실 없이 통행시키고자 할 때, 조기에 적색시간으로 전환할 때 적용된다(그림 5.2와 5.3).

그림 5.2는 불완전 신호교차로의 시설도를 나타낸다. 좌측으로 진입하는 노선버스의 신호 요구 시 통행우선권이 있는 교통류는 흑 - 황 - 적 - 흑의 신호순서를 갖는 2단 신호등에 의해 폐쇄된다. 이를 통해 노선버스는 시간손실 없이 좌회전할 수 있다.

우측으로 회전하는 노선버스의 신호 요구 시 비주요교차로 진입부는 2단 신호 K3에 의해 비주요교차로 진입부의 예각으로 인해 버스/화물차 교차 시 통행이 불가능하므로 폐쇄된다.

그림 5.3은 회전교차로에서 불완전 신호체계를 나타낸다. 노선버스는 버스 차로로부터(버스정류장) 신호 요구 이후에 회전교차로로 진입하여 단기적으로 폐쇄된 회전교차로 내를 지체 없이 운행할 수 있다. 2단 신호등의 신호순서는 흑 - 황 - 적 - 흑이다.

5.1.3.3 횡단로의 안전

보행자, 자전거가 교통량이 많은 교차로 진출입부에서 횡단할 경우 불완전 신호체계가 도입된다. 횡단보도는 일반적으로 교차로보다 전방에 배치된다(그림 5.4).

그림 5.4에 표시된 불완전 신호체계에 의한 진입부와 횡단보도의 조합은 다음과 같이 제어된다. T1 버튼 요구 시, 정의된 대기시간 초과(검지기 DK1) 또는 정체(검지기 DK2)의 경우

주도로에서는 2단 신호순서에 의해 흑-황-적-흑으로 폐쇄된다. 이후에 보행자나 자전거가 주도로를 횡단할 수 있고, 진입부의 대기의무 차량들도 진입할 수 있다. 최대 적색시간은 횡단보도의 주변 조건과 횡단보도와 진입부로부터의 대기공간 등에 따라 결정된다.

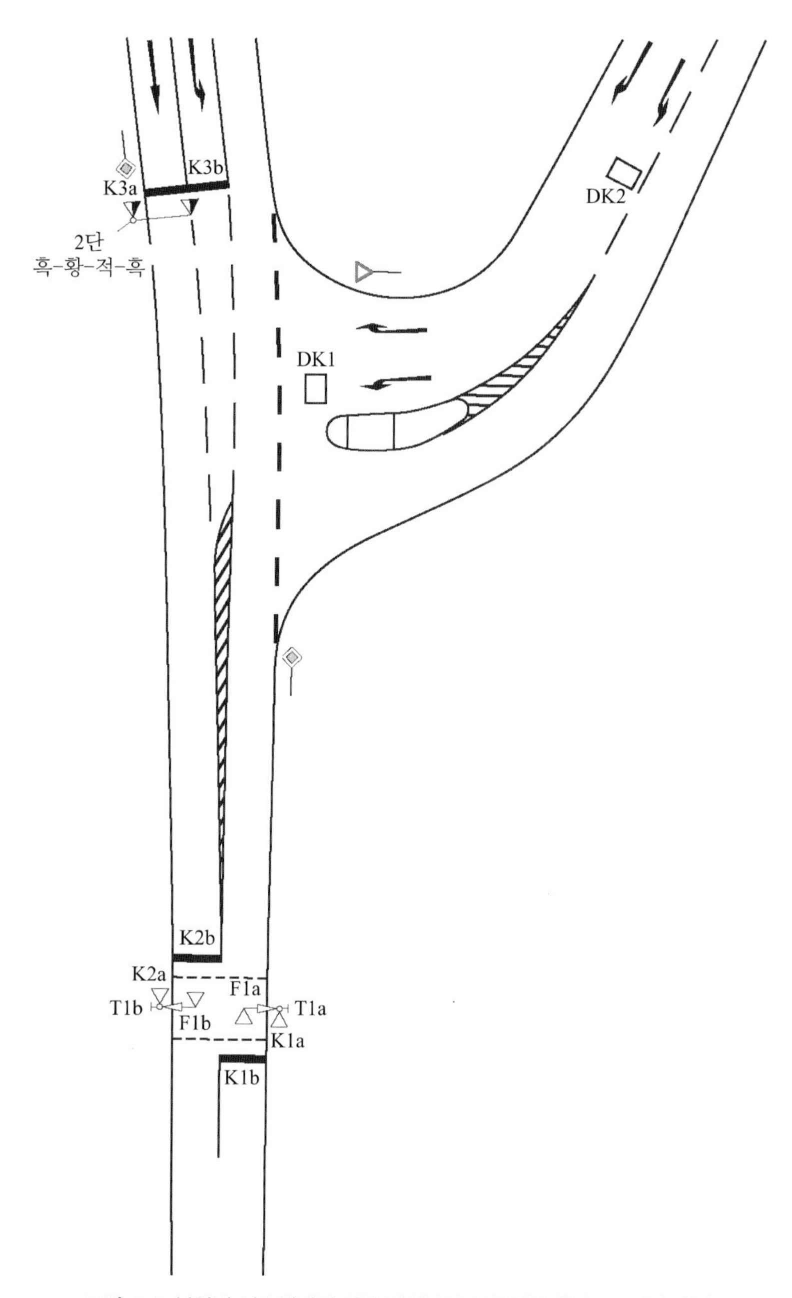

그림 5.4 불완전 신호체계에 의한 진입부와 신호화된 횡단보도와의 예시

5.2 병목지역 신호체계

5.2.1 적용기준

병목지역에서 신호시설은 각 방향별로 차량 교통류가 번갈아 가며 녹색시간을 받게 된다.

다음에 설명되는 예시들은 공사장에서 이동 가능한, 즉 임시적으로 투입되는 신호시설(공사장 신호등)을 주로 의미한다. 병목지역에서 고정식 신호시설이 적용될 경우 다른 기준이 적용된다.

1차로로 운영되는 병목지역에서의 정체는 다음과 같은 경우 더 크다.

- 병목구간이 길수록
- 병목구간에서 저속으로 운행할 경우
- 교통량이 많을 경우

신호제어는 병목구간이 50 m 이상이거나 양방향 교통량이 500대/시 이상일 경우 필요하다.

병목구간이 짧고, 교통량이 적으며, 병목구간이 한눈에 보일 정도면 신호시설을 설치하지 않아도 된다. 한 방향의 교통류가 다른 도로로 우회할 수 있을 경우 병목지역을 일방통행제(StVO의 220표지)로 하는 것을 고려할 수 있다.

5.2.2 신호시간 산출

전이시간 황색은 4초이며, 전이시간 적/황은 1초이다. Intergreen time은 진입시간 고려 없이 다음과 같이 산출된다.

$$t_{inter} = t_{전이} + \frac{s_{진출}}{V_{진출}} \cdot 3,\ 6$$

통과시간은 4초를 적용한다.

진출거리 $s_{진출}$는 신호등간의 거리로 가정한다. 만일 정지선이 표시되어 있으면 정지선간의 거리를 기준으로 한다. 신호등은 원활한 차선변경이 이루어지도록 설치한다.

다음과 같은 평균 진출속도 $V_{진출}$가 적용된다.

- $V_{진출}$ =50 km/h, $V_{허용}$ =60 km/h
- $V_{진출}$ =40 km/h, $V_{허용}$ =50 km/h
- $V_{진출}$ =30 km/h, $V_{허용}$ =40 km/h

도로포장이 불량하거나 농기계차량이 자주 통행할 경우 허용속도와 상관없이 진출속도 $V_{진출}=30$ km/h로 가정한다.

자전거의 낮은 진출속도는 병목지역이 충분히 넓어서 차량과 자전거가 문제 없이 교차할 수 있을 경우 고려되지 않는다. 아닐 경우 자전거의 진출속도는 $V_{진출}=18$ km/h로 하여 Intergreen time의 진출과정 산정에 반영한다.

운영 후에 적용된 Intergreen time이 주어진 여건에 적합한지를 판단하고 필요할 경우 수정한다.

Intergreen time은 운영요원에 의해 관측되거나 특수장비(예를 들어, 상충구간의 점유 감시)를 통해 감시될 경우 실질적인 진출과정을 고려하여 보정한다.

주기는 방향별 녹색시간과 Intergreen time의 합으로부터 산출한다(그림 5.5).

$$t_{주기}=t_{녹1}+t_{녹2}+t_{inter1}+t_{inter2}$$

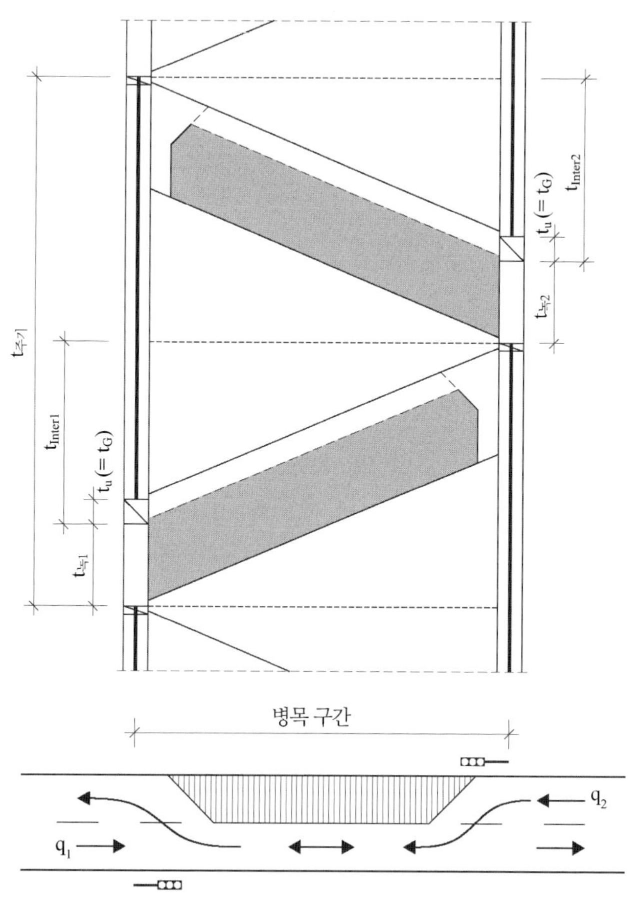

그림 5.5 병목구간 신호제어의 시공도

5.2.3 고정식 제어

고정식 신호제어에서 주기는 대기시간을 최소화하도록 결정된다. 따라서 주기는 300초를 초과해서는 안 된다. 다음의 방법과 같이 결정되거나 그림 5.6의 참고자료를 활용한다.

$$t_{주기} = \frac{1.3 \cdot T_{inter}}{1 - \left(\frac{q_1}{q_{포화1}} + \frac{q_2}{q_{포화2}}\right)}$$

T_{inter} =양방향 Intergreen time의 합, $T_{inter} = T_{inter1} + T_{inter2}$

q_1 또는 q_2 =방향별 교통량

$q_{포화,1}$ 또는 $q_{포화,2}$ =방향별 포화 교통량

이때 $\left(\frac{q_1}{q_{포화1}} + \frac{q_2}{q_{포화2}}\right) < 1$이어야 한다.

i방향의 녹색시간 $t_{녹1}$는 다음과 같이 산출한다.

$$t_{녹i} = \frac{\frac{q_i}{q_{포화1}}}{1 - \left(\frac{q_1}{q_{포화1}} + \frac{q_2}{q_{포화2}}\right)} \cdot (t_C - T_C)$$

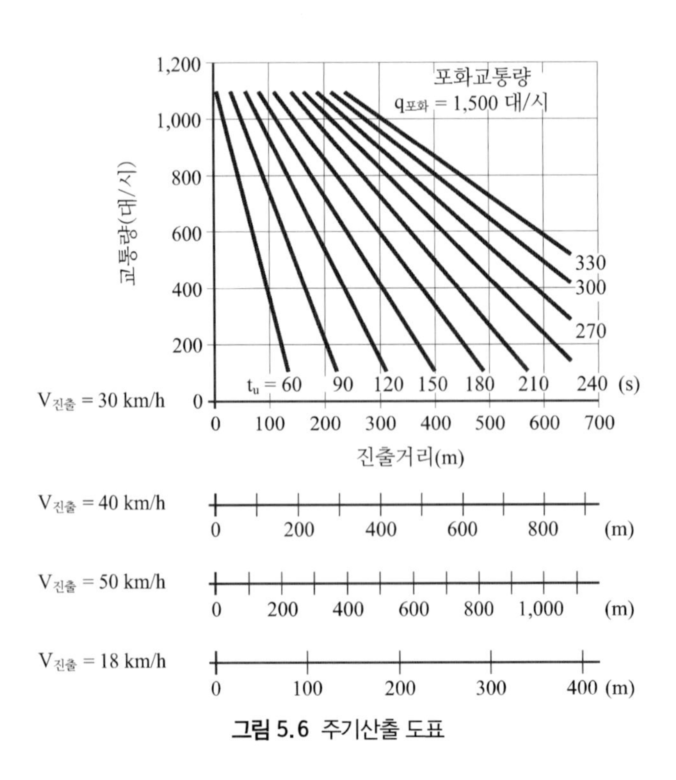

그림 5.6 주기산출 도표

지역적인 특성(포장상태, 교통량 구성)을 감안하여 포화교통량을 가정하도록 한다. 개략적으로 포화교통량을 약 1,500대/시를 기준으로 한다. 병목지역 교통흐름의 수준은 HBS에 따른 고정식 신호제어의 차량당 평균대기시간이다.

병목지역의 길이와 주기간에는 다음과 같은 관계식이 도출된다.

$$s_{진출} = V_{진출}\left[0,017 \cdot t_{주기} \cdot \left(1 - \left(\frac{q_1}{q_{포화1}} + \frac{q_2}{q_{포화2}}\right) - 1,54\right)\right]$$

$s_{진출}$ =병목구간 길이

$V_{진출}$ =평균 진출속도(km/h)

$t_{주기}$ =평균 주기(s)

q_1 또는 q_2 =방향별 교통량(대/시)

$q_{포화,1}$ 또는 $q_{포화,2}$ =방향별 포화 교통량(대/시)

여기서 $\left(\frac{q_1}{q_{포화1}} + \frac{q_2}{q_{포화2}}\right) < 1$이어야 한다.

특정(최대) 신호주기가 요구된다면 이로부터 허용 가능한 병목구간 길이가 결정된다.

고정식 신호제어에서는 시간대별 교통량 분포를 가정하여 다수의 신호프로그램을 투입한다.

5.2.4 교통감응식 제어

녹색시간 조정 방식의 교통감응식 제어는 일반적으로 고정식은 물론 이동식 병목구간 신호시설에 효율적이다. 전제조건으로 투입되는 검지기가 신뢰성이 있고, 장애가 없어야 되며, 정기적으로 감독되어야 한다.

최대 주기 $t_{주기}$는 고정식 제어와 유사하게 설계기준 최대교통량과 관련이 있다. 교통감응식 제어에 있어서 300초 미만이어야 한다.

녹색시간은 최솟값과 최댓값만을 결정하면 된다. 검지기를 활용한 교통감응식 제어의 특수한 경우로 All Red/ Immediately Green이 있다. 이 제어기법은 교통량이 적거나 교통량이 적은 시간대에 적용하는 것이 바람직하며, 짧은 병목지역에서 고정식 신호시설에 적용된다.

5.2.5 전환 프로그램

병목구간 신호시설은 전이시간 4초를 거쳐 작동된다. 이후에 양방향에 대하여 Intergreen time의 폐쇄시간이 따른다.

전환 프로그램이 없는 병목구간 신호시설의 투입은 단순한 경우에 적용된다(예를 들어, 교통량이 적을 경우). 이러한 시설에서는 운영 초기 시 차량들이 볼 수 없는 각도로 돌려놓고 시험 성능 이후에 차량이 볼 수 있도록 위치를 재조정한다.

5.2.6 교통유도의 특이성

신호화된 병목구간 내에 건물 출입시설이 있을 경우 이곳 거주자 또는 공사차량 운전자가 차량 목격을 통하여, 비록 신호등이 보이지 않더라도 신호제어를 준수한다는 것을 가정한다.

차량 진출입이 많은 연도 출입구는 일반적으로 신호제어에 포함되어야 한다.

병목구간 내 교차로는 다음과 같은 대안이 어려울 경우 신호화하도록 한다.

- 진입도로가 완전히 폐쇄되었을 경우로서 '접속된' 도로가 다른 도로망을 통해 연결될 수 있어야 한다.
- 연결된 도로가 일방통행 도로로서 그 방향이 병목구간으로 진행될 경우이다.

5.2.7 장비기술

병목구간 이동식 신호시설의 장비기술적인 사양은 TC-Tramsportasle CSA[7]에 상세하게 설명되었다.

2.5.8 차선표시와 안내표지

정지선(StVO에 의한 294 표식)은 고정식 신호시설에서 필요하지만 단기간 또는 '이동하는' 공사장에서는 생략할 수 있다.

통행우선권을 결정하는 표지판(StVO에 의한 표시 208과 308)은 단기적이며 '움직이는' 공사장에서는 불필요하다. 장기간 공사장의 경우에도 신호시설이 고장났을 경우 StVO의 6절에 따라 통행우선권이 명확할 경우 표지판을 생략할 수 있다(도로폭이 줄어들어 하나의 차로임이 명확할 경우). 양방향에서 대칭적으로 폭원이 감소될 경우에는 표지판 208과 308이 적용된다.

고정식 신호시설에는 StVO에 의한 표지판 208과 308이 지속적으로 설치된다.

---

7 TC-Tramsportasle CSA : 이동식 신호시설의 기술적 납품조건

5.3 차로신호

5.3.1 개요

차로신호는 차로신호등을 통해 도로축에서 교통류를 원활하게 제어하는 운영적인 방안이다. 다음과 같은 운영 형태가 적용된다.

- 대향 교통류를 포함한 동적 차로배정(방향별 전환운영) : 도로축에서 차로들이 교통수요에 따라 방향별로 배정, 운영된다.
- 대향 교통류를 포함하지 않는 동적 차로배정(안전을 고려하여 차로에 교통량을 배정하지 않음) : 차로의 일시적인 폐쇄나 허용

두 운영 형태는 상호조합할 수 있다(예를 들어, 터널에서의 교통제어).

5.3.1.1 대향 교통류를 포함한 동적차로 배정(방향별 전환운영)

방향별 전환운영에서 차로는 양방향 중 한 방향에 허용된다. 그림 5.7과 같은 운영상태가 된다.

운영적인 대안을 통해 교통수요에 대한 용량에 대응할 수 있다. 방향별 전환운영에서 차로신호는 시간대별로 양방향 교통량 변화가 뚜렷한 도로축에서 적당하다(예를 들어, 도심 진입로나 대규모 행사 시 교통량). 대중교통 차량의 우선통행도 의도된 폐쇄나 한 차로의 방향별 운영을 통해 실현 가능하다.

좌회전 진입은 차로신호의 기능에 큰 장애가 되어 회전이나 진입을 금지하는 경우가 많다. 차로신호가 교통망에 미치는 영향이 매우 크기 때문에 전체 교통망상에 주의깊게 포함되어야 한다.

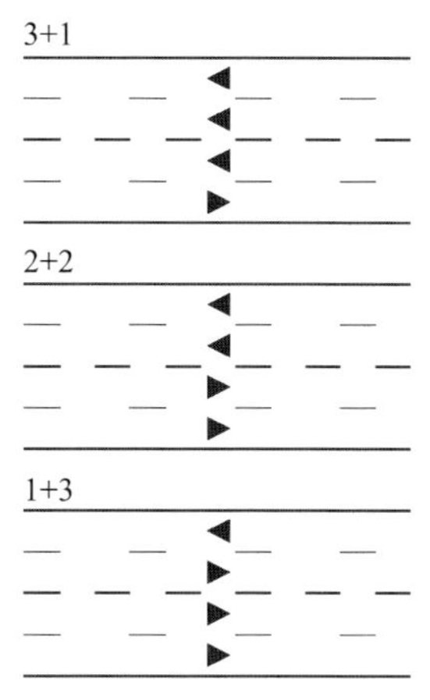

그림 5.7 방향별 전환운영의 4차로신호의 운영상태

5.3.1.2 대향 교통류를 포함하지 않는 동적 차로배정

대향 교통류를 포함하지 않는 동적 차로배정은 일반적으로 통행이 되는 차로를 비워 놓거나(차로보호), 일반적으로 폐쇄된 차로를 비워 놓는다(차로 비우기).

차로 보호에서는 차로신호를 하나나 다수의 차로를 구간별로 또는 전구간에 걸쳐 폐쇄하는데 적용된다. 따라서 공사장, 운영 초기 시, 운영 장애 시 또는 차로에서의 돌발상황 시 차로의 보호를 필요로 한다.

차로 비우기는 다음과 같은 상황에 적용된다.

- 고속도로의 갓길에서 시간적으로 통행을 허용하기 위해
- 고속도로 인터체인지 출구부에서 차로배정으로 많은 교통량의 유도를 개선하기 위해
- 차로축소를 지속적 또는 임시적으로 표현하기 위해
- 고정된 통제소(예를 들어, 국경, Ferry 선착장이나 통행징수소)에서 방향별 교통량에 대응하기 위해
- 주차장이나 서비스-시설에서 유연한 교통유도를 가능토록

5.3.2 사전 조사

운영적인 상호연계성이나 설치에 드는 부담으로 인해 차로신호의 운영과 관리에 있어서 다른 대안도 검토해야 한다. 사전 조사에서는 다음과 같은 관련된 요소들을 고려해야 한다.

- 다양한 시간대와 요일별 양방향 교통량과 교통량 차이의 비교
- 짧은 시간 내의 교통량 변화
- 주요 교차로에서의 회전과 진입 교통량
- 주변 도로망의 용량
- 특별 행사에 따른 신호화된 도로축의 교통량과 이에 따른 교통량 변화
- 소요 도로면적 분석
- 필요한 부수적인 대안들
- 설치 및 관리비용

사전조사에서 차로신호의 모든 교차로에서 다양한 운영상황에 대한 충분한 용량이 확보되는지 검토해야 한다.

5.3.3 교통기술적인 요구사항

5.3.3.1 일반적인 요구사항

적용형태에 따라 건설이나 운영 측면의 전제조건들이 만족되어야 한다. 차로보호에는 일반적으로 특별한 건설적인 방안들이 필요치 않으나 방향별 전환운영의 경우에는 보완대책들이 병행해야 한다. 다음과 같은 일반적인 관점들을 고려해야 한다.

- 방향별 전환운영 차로신호는 일반적으로 장시간 동안 운영된다.
- 도로축은 우선권이 있는 도로로 표시되어야 한다.
- 연도시설로의 접근 교통량은 가급적 적어야 한다.
- 회전이나 진입차량으로 인한 장애가 없어야 한다. 좌회전 교통류는 좌회전 차로가 설치될 경우에만 허용된다. 좌회전 차량에 대한 특별한 보호장치를 병행해야 한다. 교통량이 많은 시간에는 좌회전 교통류의 통행을 금지한다. 진입 교통류의 허용은 운영상황에 따라 개별적으로 판단된다.
- 교차하거나 진입하는 교통류는 신호화되어야 한다.
- 횡단보도는 안전상의 이유로 신호화되거나 입체적으로 이루어져야 한다.

5.3.3.2 도로축 요구사항

방향별 전환운영은 구조적인 방향분리가 안 되는 도로축에 적합하다. 구조적인 방향구분이 되었을 경우 필요한 우회구간을 차량동력학적인 요구사항을 고려하여 설치한다(예를 들어, 터널 구간 전방).

경험적으로 운전자는 별도의 대안이 없을 경우 중앙분리대로의 좌회전 통과가 어렵다.

차선보호는 구조적인 방향분리로 별 제한 없이 도로축에 적용 가능하다.

차선폭원은 3.00 m 이상이어야 하며, RMS[8]에 의해 표시되어야 한다. 차선 경계선은 일반적으로 차선변경이 자주 이루어지는 곳에 표시되어서는 안 된다.

도로축을 따라 신호등이나 추가적인 교통시설을 설치할 수 있는 충분한 단면이 확보되어야 한다. 이는 특히 터널 등에서 주의해야 한다.

차로신호가 종료되는 지점에는 차로 구간 차로수와 최소한 동일한 차로수가 확보되거나, 축소된 단면에 차로신호나 교통유도판에 의해 제어되는 전이구간이 확보되어야 한다. 연결된 구간은 차로신호로부터 진행하는 차량으로부터 동일한 구간으로 인식되어야 한다.

차로신호 시작구간에는 차로신호 구간의 차로수가 동일한 방향으로 진행되는 차로의 최대 차로수보다 적어야 한다.

---

8 RMS(Richtlinien für die Markierung von Strassen) : 도로 차선표식 지침서

5.3.3.3 교차로 요구사항

교차로는 도로축의 단면과 차선의 방향별 배정이 교차로 영역에서 변하지 않듯이 교차로는 차로신호에 포함된다. 이는 회전 교통류가 없는 교차로에서만 가능하다. 다른 경우에는 교차로의 인지를 어렵게 하고, 소요부지를 많이 필요로 하는 운영이나 건설적인 측면의 대안이 필요하다.

교차로는 다른 운영상황으로의 전환에 있어서 안전하고 용량을 확보하도록 설계되어야 한다. 여기서 교차로 기능과 관련이 있는 차선의 배정에 주의하여 설계해야 한다.

진행방향과 관련하여 방향이 고정되거나 방향이 변하는 차로를 구분해야 한다. 방향이 변하는 차로는 진행방향 화살표로 표시되어서는 안 된다.

교차로는 설치방법에 따라 다양하다. 도로축의 시작과 종점부에는 교차로에 가변차로 배정을 계획하는 것이 종종 불필요하다(그림 5.8). 그러나 모든 운영상황이 고려되어야 하므로 이는 넓은 부지면적을 필요로 한다. 방향별 전환운영의 도로축 내에 추가적인 교차로가 있을 경우 여기도 방향별 전환운영이 동시에 필요하다(그림 5.9).

회전차로가 없는 좌회전 차량은 안전상의 이유로 방향별 전환운영에서 금지된다. 일반적으로 운영상황의 변경은 교차로 신호프로그램 산출의 전제 조건도 변화시킨다.

예를 들어, Intergreen time 산출 시 운영상황에 따라 진입이나 교차하는 교통류가 다양하게 많은 차로를 횡단하는 것을 고려한다. 신호프로그램 제어에 있어서 교통류간에 가장 큰 Intergreen time을 반영하도록 한다.

특정 운영상황이 폐쇄될 경우, 교차로 신호등이 차로 상부에 설치될 경우 대중교통 차량이 신호시설의 신호등을 차로신호로 착각하지 않도록 비활성화(흑색)한다.

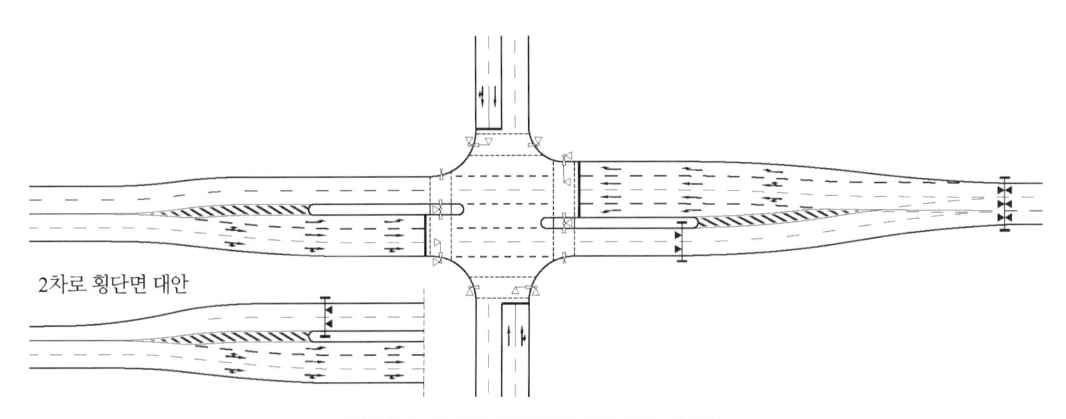

그림 5.8 방향별 전환운영 도로축의 기종점

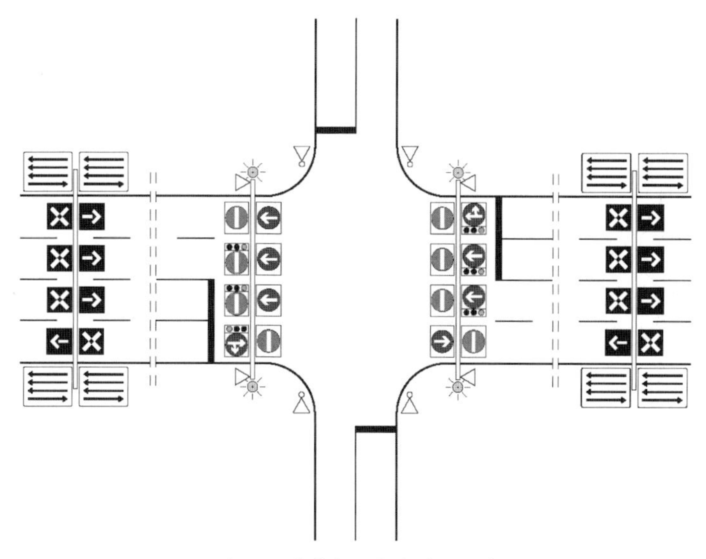

그림 5.9 좌회전 교통이 없는 교차로

5.3.3.4 대중교통 – 차량 고려

차로신호로 운영 중인 도로축의 노선버스의 정류장은 원칙적으로 버스 베이로 설치한다.

노선버스를 위한 특수차로의 운영도 차로신호에서 가능하다. 여기서 교통량이 많은 방향에 버스차로를 배정하고, 반대 방향에는 노선버스가 일반차로로 이용한다.

노선버스를 위한 특별차로의 배정은 가변전광판에 의한다. 차로신호만이 적용되어서는 안 된다.

5.3.3.5 도로축의 보완방안

필요한 보완방안을 강구하기 위해서는 방향별 전환운영에 대한 교통기술적인 종합적인 개념을 개발해야 한다. 보완적인 운영방안으로 기능에 따라 고정식 교통표지판, 동적 차선표시, 교통시설과 도로표지 그리고 차로별 제어시스템(LCS: Lane Control System)이 있다.

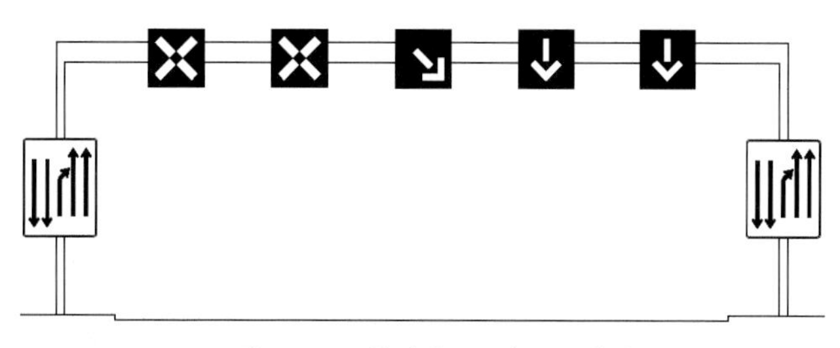

그림 5.10 보완방안으로서 LCS 예시

특히 도로축상에 설치된 LCS는 효율적인 것으로 평가받는다(그림 5.10). 운영상황에 따라 법적 시설인 Overhead sign에 추가하여 다음 진행 구간에 대한 운영상황을 명확하게 제시한다.

보완방안의 내용들은 법적 정확성과 타당성을 검토해야 한다.

5.3.4 운영상황의 전환

특정 운영상황의 작동은 현재 운영 중인 차로이용 현황에 맞게 시작되어야 하므로, 추가적인 방안(예를 들어, 진입, 회전 금지)들이 위험한 교통상황을 초래하지 않도록 차로신호 작동 전에 적시에 이루어져야 한다.

차로운영의 변경은 진출, 안전 그리고 허용 등의 단계로 진행되며, 적색신호 시 통과하는 경우를 방지하기 위해 전이신호로서 황색점멸등을 도입한다. 전이시간은 7초가 적당하다. '차로 비우기'는 방향 전환운영에서 다음과 같은 방식으로 이루어진다.

- 차선변경을 통한 '차로 비우기' : '차로 비우기' 과정이 모든 구간에서 동시에 이루어져야 하므로 전환시간은 짧다. 그러나 교통량이 전환되는 옆차로의 교통용량이 신규 전환 교통량을 충분히 담당할 수 있는지 검토해야 한다.
- 전방으로 빠져나가면서 '차로 비우기' : 여기서 차로신호는 동시가 아닌 순차적으로 변경된다. 각각의 정보표출 단면에서 전환시간은 차량군의 진출속도에 따라 결정된다(그림 5.11). 전환되는 시간은 차로변경 시보다 길다. 그러나 옆 차로의 교통량이 많을 경우에도 전환이 가능하다.
- 후미의 진입차량을 통제하여 '차로 비우기' : 차량통제와 동시에 진출이나 차선변경을 통해 '차로 비우기'가 이루어진다. '차로 비우기' 이후에 모든 신호는 동시에 최종 상황으로 전환된다. 특히 이 방법은 안전하고 복잡한 전환 과정 시 매우 적절하다.

대향 교통류간의 상충을 방지하기 위해 대향 교통류에 대한 녹색시간이 시작되기 이전에 충분한 Intergreen time을 반영한다. 녹색시간을 최종적으로 제시하기 이전에 차로가 완전히 비어있는지를 점검한다.

5.3.5 운영

운영과 관련된 모든 규정과 지침은 운영지침에 포함된다. 운영지침은 모든 예측 가능한 운영상황을 설명하고, 특히 작동, 전환, 종료의 모든 상황에 대한 전환명령 및 고장 시 운영요령을 포함한다. 여기에는 가능한 오작동 사례 및 장애 해소를 위한 충분한 지침들이 포함된다.

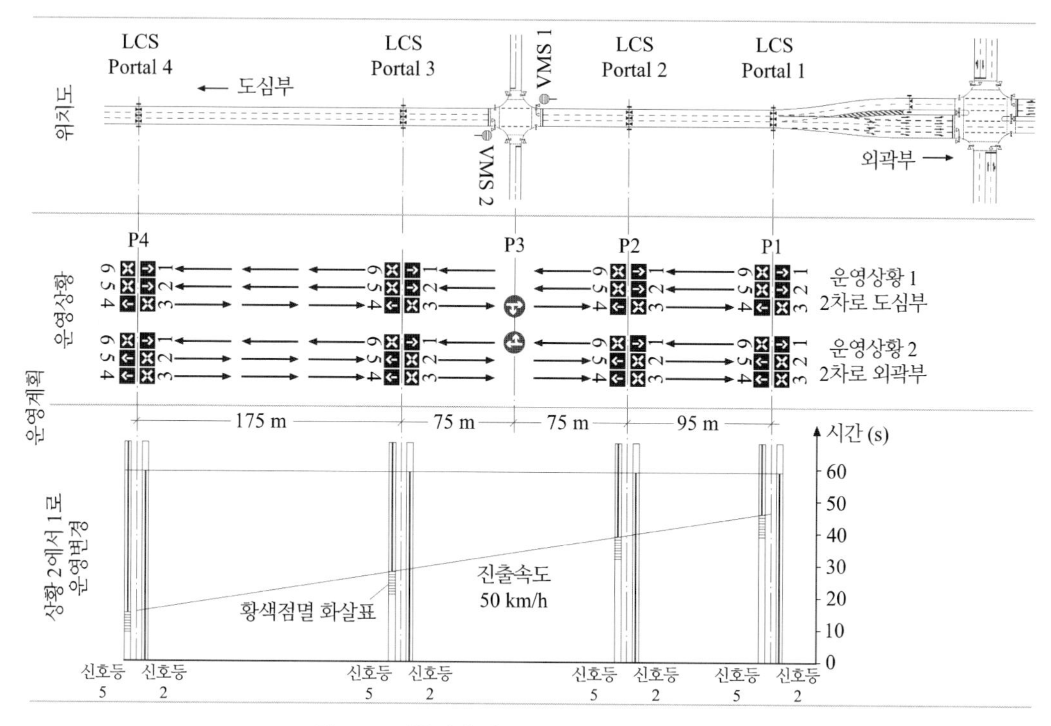

그림 5.11 연동화된 신호시설 도로축의 차로신호 예시

자주 발생하는 운영적인 개입은 프로그램의 전문적인 지식을 필요로 해서는 안 된다. 모든 개입은 실수로 인하여도 위험한 교통상황이나 운영중단을 초래해서는 안 된다.

5.3.6 운영계획

차로신호에 포함된 도로구간에서의 운영상황은 개별적인 차로신호등의 정보에 대한 표현이 필요하다. 그림 5.11에 예시가 제시되었다. 표현방법은 모든 신호등이 명확하게 폐쇄 또는 통과기능을 나타내야 한다. 개별 운영상황들은 상호연계되어 체계적인 차로계획으로 정리된다. 운영상황들은 번호화된다. 전환은 명확하고 시간적인 순서에 의해 정리된다.

5.4 엇갈림 또는 진입부의 진입교통량 제어

5.4.1 개요

고속도로나 이와 유사한 등급의 도로에서 교통량이 많고, 연결도로로부터의 유입 교통량이 많을 경우, 특히 도시 내 도로의 경우 이는 진입하는 교통류가 본선에서 필요한 차두간격을 확보하기 어려우므로 심한 정체를 발생시키는 요인이 된다. 급격한 속도의 감소는 연결부에서 정체와 사고위험을 초래한다.

진입제어 – 램프미터링 – 는 현 교통상황과 고속도로의 용량을 고려하여 신호시설에 의해 진입램프의 교통량을 조절하는 것이다. 일반적으로 '녹색신호 시 한대 통과'의 제시를 통해 이른바 개별차량 녹색시간이 전환된다. 이와 같은 진입램프의 교통상황은 후미에 연결된 도로에 영향을 미치게 된다.

진입제어의 목적은 진입 차량군을 개별 차량으로 와해하여 진입과정을 용이하게 하고, 본선 구간의 교통흐름이 원활하게 유지되도록 동시에 진입 교통량을 제어하는 것이다.

교통류의 개선과 교통안전을 제고하기 위한 연결부에서의 진입제어 시설은 다음과 같은 기준 중 하나를 만족할 경우 적용된다.

- 진입 차량군으로 인해 고속도로 연결부에서 자주 급격한 속도저하가 발생할 경우
- 연결부 진입부가 사고다발지점일 경우
- 최근 3년간 구간당 정체와 사고발생 건수 지표가 유사한 장소의 평균값보다 월등히 높을 경우

추가적으로 연결부 인접한 곳에 도로공사가 진행될 경우에도 진입제어가 적용된다.

5.4.2 시스템 설명

진입제어의 구성은 다음과 관련이 있다.

- 제어기법
- 교통정보 제공측면에서 연결도로의 시스템 포함 여부
- 교통관제를 위한 구간제어시스템 또는 개별교통관리시스템의 일부로서 진입제어의 이용 여부

그림 5.12에는 부분별로 정리된 구성요소들이 제시되었다.

- 주도로
- 진입램프
- 연결된 하부 도로망
- 제어기법

주도로에는 제어기법에 따라 교통지표를 수집하는 검지기가 연결부 상하류 또는 여러 지점에 설치되었다.

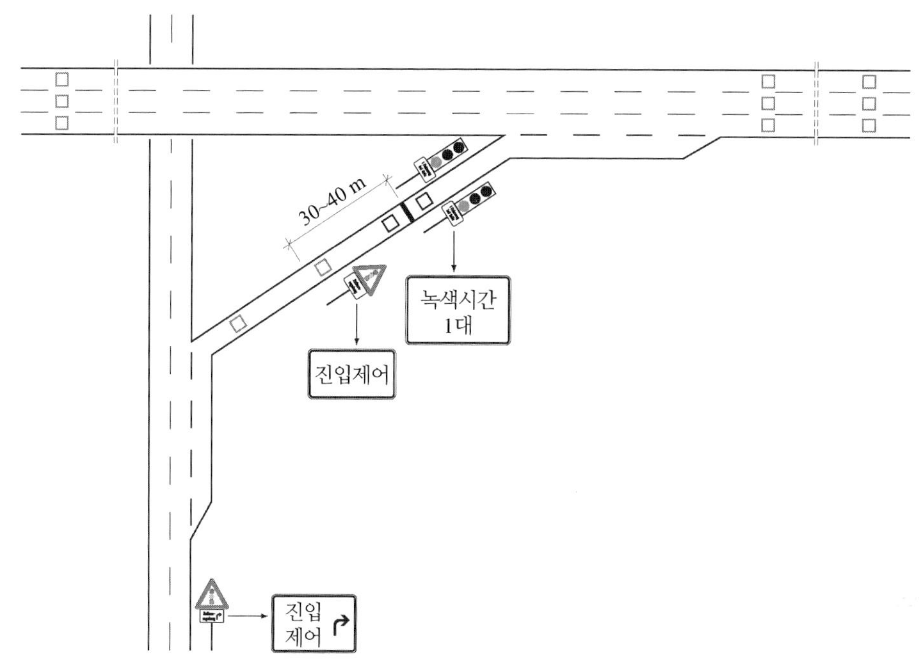

그림 5.12 진입제어 구성요소 예시

수집 자료의 종류는 제어기법의 종류와 관련이 있다. 일반적으로 교통량, 점유율이나 속도가 제어지표로 활용된다. 차종은 승용차와 화물차로 구분된다. 1분 또는 그 미만의 주기로 차로별로 교통지표가 수집된다.

진입램프에는 진입차로 좌우측에 설치된 신호등을 도구로 교통상황을 고려한 진입제어가 이루어진다. 신호등의 정지선으로부터의 위치는 저속으로 진입하는 중 차량이 정지상태에서부터 진입로의 끝부분에서 속도가 80 km/h로 될 수 있는 정도로 결정된다. 이로부터 진입차로의 종점부에서 정지선까지의 이격거리는 200 m로 산출된다. 신호등의 위치와 방향은 주도로를 주행하는 운전자의 착각이 발생하지 않도록 한다.

3단과 2단의 신호등이 활용된다. 여기에서 표 5.1의 신호등과 신호시간이 적용된다. 적과 황의 2단 신호등은 녹 대신에 흑으로 표시된다.

표 5.1 신호등과 신호시간

신호등	신호시간
적	최소 2초
적/황	1초
녹	종료 또는 중단 시까지 최소 1초
황	1초(작동 시작 시 5초)

검지기는 진입램프에서 다음과 같은 경우에 필요하다.

- 정지선 앞에 정차한 차량의 녹색시간 요구를 검지하기 위해 정지선 바로 전방에 설치
- 녹색시간당 한 대의 차량만이 진입할 수 있도록 녹색시간을 결정하기 위해 정지선 바로 후방에 설치한다. 이 검지기를 통해 주도로로의 진입교통량을 제어할 수 있다.

추가적으로 다음과 같은 검지기들이 설치될 수 있다.

- 정지선 전방 30 – 40 m에 설치하여 진입하는 차량이 정지하지 않고 통과할 수 있도록 한다.
- 진입램프 시작부에 설치하여 연계된 도로에 미치는 정체행렬을 검지하여 제어기법에 반영한다. 정체검지는 1분 단위로 수집되고 분석된다.

모터사이클의 검지도 가능해야 한다.

교통표지판과 추가표지판은 직접적인 정보전달을 가능케 한다. 추가표식 '녹색당 1대'는 제어의 기능을 설명한다. 램프연결부에는 하부도로에 131 표식과 보조표식 '진입제어'와 황색점멸등 설치가 바람직하다.

제어기법으로는 기본적으로 교통감응식 기법이 적용된다. 지역적인 기법과 연동화된 기법이 구분된다. 지역적인 기법에는 연결부에서의 진입 교통량의 규모가 진입부에서의 교통상황만을 고려하며, 연동화된 기법에서는 연결부 도로의 상황도 동시에 고려한다.

제어기법은 주도로에서 진입부 전후방에 위치하는 검지기를 결정한다. 하부 도로에 신호제어를 포함할 필요는 없다.

5.4.3 법적 측면

진입제어의 최소 녹색시간은 1초이다. 진입제어의 작동 시작 시의 황색 전이시간은 5초이며, 다음 상황부터는 1초이다.

이러한 예외는 진입제어에서는 교통류간 상충이 발생하지 않으므로 경험적으로 문제가 되지 않는다. 따라서 신호기술적인 안전방안이 불필요하다.

Chapter

06 기술적 구성

6.1 제어장치

제어장치는 신호제어의 중심적인 구성요소이다. 주요 기능은 다음과 같다.

- 연계된 신호등의 통제
- 장애 시 통신시설을 포함한 연계된 장치들에 대한 감시
- 교통에 위협적인 신호등 상태를 방지하기 위한 기능
- 교차로별 제어 절차 수행
- 연결된 검지기를 통한 교통자료 수집
- 제어기 내에서 수행되는 제어논리를 위한 교통자료 분석과 처리
- 상위 교통센터로의 전송을 위한 교통자료 분석과 처리

전자기술적인 장치의 설치와 운영에는 DIN VDE 0832-100, DIN EN 12675와 7장의 신호화를 위한 보완지침 '기술적인 납품과 운영(Technische Abnahme und Betrieb)'이 적용된다. 이와 함께 9장에 언급되는 규정과 기술 지침서들이 적용된다. 이 자료들은 본 지침서의 편집 종료일 기준까지 제시된 내용들을 반영한 것이다.

제어장치는 다양한 조직 형태로 운영된다.

- 다른 신호시설과의 연동화나 교통컴퓨터와의 연계 없는 독립 제어
- 통제를 위한 교통컴퓨터와 연결은 되어 있으나 다른 신호시설과는 미연동
- 다른 신호시설과 연동은 되어 있으나 교통컴퓨터와는 미연결
- 다른 신호시설과 연동, 교통컴퓨터와 연결

추가적으로 '도시부 신호제어 구성요소로서 교통컴퓨터에 관한 지침(Hinweisen zu Verkehrsrechnern als Bestandteil der innerörtlichen Lichtsignalsteuerung)'을 참고한다.

6.2 신호등

6.2.1 조명기술적인 규정

신호시설의 중요한 신호요소는 광학적인 신호등이다. 여기에는 차량신호등을 비롯해 보행자, 자전거, 노면전차, 노선버스와 보조신호등(점멸등)과 속도제어신호 등이 포함된다. 추가적으로 시각장애 보행자를 위한 방향안내와 녹색시간 조정을 위한 청각과 접촉식 신호등이 있다.

신호등의 조명기술적인 설치는 신호등의 시인성에 큰 영향을 미친다. 조도와 조도분포 및 조명 그림자 제한에 대한 지침은 DIN 67527-1에 포함된다. 여기에 관련되는 요구등급들이 DIN EN 12368에 제시되었다. 신호색채 적, 황과 녹에 대해서는 역시 DIN 12368을 참고로 한다. BOStrab에 따른 고정식 신호등의 백색 신호등에 대해서는 DIN 6163-5에 제시되었다. 레이저기술에 의한 차로신호제어 신호등에 대한 요구조건은 DIN EN 12966-1의 L3, R3, B2와 C2를 적용한다.

6.2.2 신호등 시인성

신호등의 시인성은 다음과 같은 요인에 영향을 받는다.

- 신호등의 설치위치
- 조도와 분포
- 조명 면(面)의 크기
- 주변과의 조명 대비

허용 최고속도가 50 km/h(70 km/h)일 경우 신호등은 정상적인 조건하에서 최소 35 m(80 m) 거리에서 볼 수 있어야 한다. 신호등의 시거 영역은 장애물로부터 벗어나 있어야 한다.

신호등의 시인성이 낮을 경우 높은 조도, 강한 대비와 조명등의 직경을 확대하여 보완할 수 있다. 신호등은 운전자 등이 신호등으로 통제되는 교통시설에 접근 시 자기에게 해당되는 신호등을 명확하게 인지할 수 있도록 설치되어야 한다. 이는 특히 다차로로 진입하는 교통류가 배분되거나 분류될 때와 정지선 바로 앞의 대기행렬에서 중요하다.

신호시설이 밀집되거나 차로신호제어의 가장 앞에 위치한 교차로신호에서는 야간 시에 신호가 착각되지 않도록 해야 한다. 하나의 도로축에서 다양한 직경의 신호등을 설치하거나 인접한 교차로 진입로에서 동일한 교통류에 대한 신호등 설치위치의 변경 시 이로 인한 착오가 발생하거나 시인성이 약화되는지의 여부를 검토해야 한다.

바로 앞의 신호등이 그 이후에 설치된 신호등보다 더욱 명확하게 인지되도록 한다.

6.2.3 조명 그림자

조명 그림자를 통해 시인성이 약화될 수 있다. 조명 그림자는 강력한 외부 빛이 신호등에 집중되어 반사될 때 발생한다. 특히 남쪽을 거쳐 동쪽에서 서쪽으로 설치된 신호등은 계절과 하루 시간대에 따라 태양광선 때문에 조명 그림자가 발생할 수 있다. 조명 그림자의 강도는 조명등의 설치방법과 신호등 함체의 크기와 설치에 영향을 받는다(6.2.14절). 조명 그림자의 강도는 특수 광학장비를 통해 약화될 수 있다.

6.2.4 조명등 규격

일반적으로 신호등의 조명체는 직경 200 mm를 사용한다.

사용되는 조명체와 무관하게 다음과 같은 경우에 조명등 규격이 300 mm인 신호등의 활용이 바람직하다.

- 지방부 도로, 최소한 주방향에 대해
- 신호등의 높은 시인성이 필요한 지역적인 여건을 갖는 도시부 지역에서 큰 규모의 교차로
- 허용 최고속도가 70 km/h인 도로
- 시간적으로 보호되는 좌회전 차로가 있는 교차로(녹색화살표, 황색 점멸등)
- 다른 대안으로 시인성이 확보되지 못하는 경우

자전거도로의 신호등에 있어서 조명체 규격이 100 mm가 적용된다.

6.2.5 운영 전압

점차적으로 LED가 조명체로 확산되고 있다. 이 경우 운영 전압은 230 V 또는 40 V이다. 40 V 대안으로 표준화된 인터페이스가 적용된다. 이와 관련하여 LED-신호등에 있어서 신호 안전의 구성요소로 전자적인 부품을 포함하고 있는지를 검토한다. 이를 위해 LED-신호등과 제어장치가 동일한 생산자로부터 공급되지 않는 경우에는 VDE 0832-300에 따른 시험과정을 거친다.

적은 전력소모 이외에 LED-기술은 내구연한이 길고, 조명 그림자에 안전하며, 보수 주기가 길다. 그러나 보수 주기는 정기적인 조명체의 청소를 위해 너무 길게 잡아서는 안 된다.

현재는 230 V와 10.5 V의 운영 전압을 갖는 기존의 신호램프도 사용되고 있다.

6.2.6 차량 신호등

일반적으로 차량 신호등을 위한 신호등은 적, 황, 녹의 3색 조명등을 사용한다. 적색등이 가장 위에, 황색등이 중간에, 녹색등이 아래에 설치된다. 특별한 경우에 2단 또는 1단 신호등이 사용된다.

차량 신호등이 특정한 차량진행 방향에만 적용될 경우 동일한 방향화살표 신호등을 모든 신호등에 표시한다. 이는 복합화살표 신호등에도 적용된다(그림 6.1, 6.2). 검정 바탕의 등(燈) 화살표는 반사효과가 좋으나 검정색 방향 화살표의 등으로서 조도는 낮다는 단점이 있다. 이러한 이유로 황색과 적색등에는 검정색 방향 화살표를 사용하고, 적색등에는 검정색 방향 화살표를 사용하며, 녹색등의 화살표는 검정색 바탕에 녹색등 화살표를 표시한다.

교차로 진입로의 모든 차로에서 동시에 녹색시간이 부여되지 않을 경우 신호등의 방향 화살표는 진행하는 차로가 구조적으로 명확하게 분리되어 어떤 진행방향에 어떤 신호등이 해당되는지 확실할 경우에 생략될 수 있다.

그림 6.1 방향 화살표

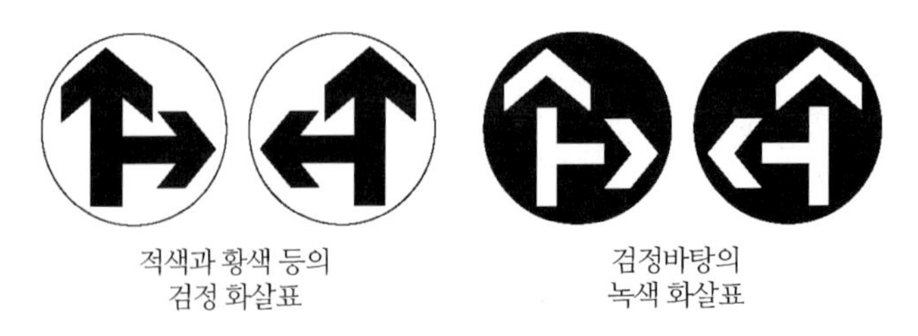

그림 6.2 차량 신호등의 조합 화살표

회전 교통류에 대하여 구조적인 분리가 되지 않는 회전차로가 있는 교차로 진입로에서는 회전 교통류에 대해서만 방향 화살표를 제시하는 것으로 충분하다.

6.2.7 보행자 신호등

보행신호등은 2단이나 3단으로 설치한다(2개의 적색등을 갖는). 녹색등은 아래에 설치한다. 적색등에는 정지한 모습이 녹색등에는 걸어가는 모습이 표현된다(그림 6.3). 다른 형태의 심볼(구 동독의 Ampelmälnnchen)도 사전 사용협약에 따라 적용 가능하다.

6.2.8 청각과 접촉식 신호등

시각과 청각 장애우를 위한 보조시설은 관련단체, 지자체와의 협의를 통해 설치될 수 있다. 이 시설들은 시각, 청각 장애인들의 통행이 많거나 특별히 위험하다고 판단되는 장소에 설치된다.

시각과 청각 신호등은 DIN 32981에 따른 '**도로교통－신호시설 시청각 장애인을 위한 보조시설－요구조건**(Zusatzeinrichtungen für Blinde und Sehbehinderte an Straßenverkehrs－Signalanlagen(SVA)－Anforderungen)'에 의해 설치된다.

청각 신호등에는 방향안내와 녹색신호로 구분된다. 방향안내 신호는 횡단보도와 신호등을 찾는 데 활용된다. 청각 녹색신호는 보행자에게 녹색시간을 표시하는 데 활용된다.

방향안내 신호등이 필요한지의 여부는 주변 여건을 고려하여 관련단체와의 협의에 의해 결정한다. 방향안내 신호등의 소음 정도가 거주자들에게 피해가 갈 경우 접촉식 연석등으로 대체하도록 한다.

청각 신호등의 파동발사기는 맞은편 보행자 신호등의 높이에서 차로 중앙을 향해 설치한다.

검정바탕의 적색 보행자
(a) 정지

검정바탕의 녹색 보행자
(b) 보행중

그림 6.3 보행신호등

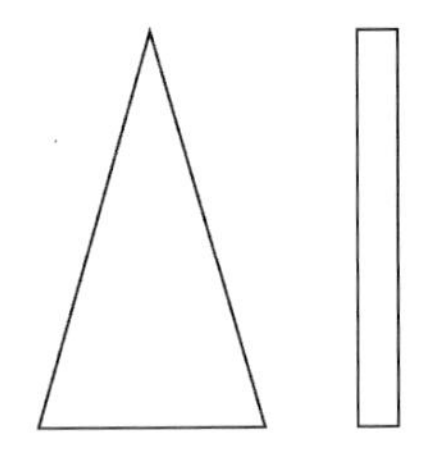

횡단보도의 방향 화살표

TRAM, 버스, 궤도 등 특수차로 신호가 포함되지 않은 연속된 횡단보도 방향 화살표

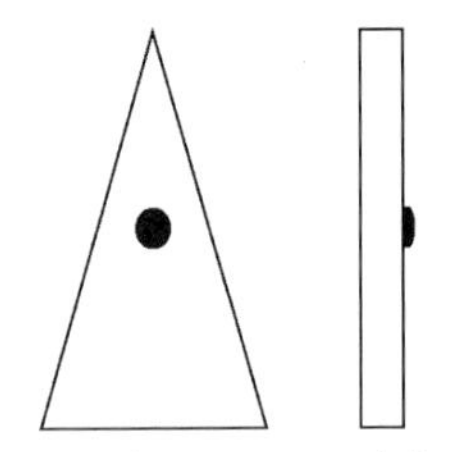

새로운 신호 요구를 포함하고 연속된 횡단보도의 분리된 신호등

보호섬이 있는 횡단보도 방향 화살표

그림 6.4 접촉식 신호등 예시

접촉식 신호등은 일반적으로 신호요구 버튼과 같이 설치하며, 하부에는 녹색시간 동안 진동판을 설치한다. 보행진행방향은 접촉식 화살표로 표시한다. 중앙분리대 등 특별한 경우에는 추가적인 접촉식 심볼을 활용한다(그림 6.4).

접촉식과 청각 신호등은 독립적 또는 복합적으로 사용될 수 있다.

6.2.9 자전거 신호등

자전거 신호등은 자전거와 차량간에 상충이 발생하는 지역 앞에 설치한다(3단 신호등). 표준 규격의 신호등에는 자전거 심볼(검정 바탕)이 표시된다(그림 6.5a). 적색등은 상부에 황색등은 중앙에 녹색등은 하부에 설치된다.

신호등이 특별한 진행방향에 적용될 경우 방향 화살표 등을 사용한다(그림 6.5b). 신호등이 축소된 형태로 설치될 경우(예를 들어, 100 mm 규격), 자전거 심볼은 검정 바탕에 백색 또는

검정바탕의 적색 보행자 (a) 기본형 | 검정바탕의 녹색 보행자 (b) 방향화살표와 함께

그림 6.5 자전거 신호등과 보행자/ 자전거 겸용 신호등

자전거 신호등 상부에 StVO 237의 추가표지판을 설치한다. 색채가 있는 등은 이 경우 심볼이나 방향 화살표를 넣지 않는다.

보행자와 같이 적용되는 자전거 신호등에서는 보행자와 자전거가 같이 표시된 등을 사용한다. 보행자와 자전거가 동시에 표시된 자전거 신호등은 상충영역 후면에 설치한다(2단 신호등).

6.2.10 대중교통 신호등

대중교통 차량을 위한 신호등은 상충지역 전면에 잘 보이게 일반적으로 우측에 설치한다. BOStrab의 규정을 따른다(그림 6.6).

신호안전과 다양하게 고려되어야 하는 Intergreen time 등의 이유로 각 방향별로 별도의 신호등을 사용하도록 한다.

대중교통 차량 가속을 가능하게 하는 신호등은 운전자들의 이해를 높이기 위해 추가적인 정보신호를 제공한다. 이 신호는 운전자에게 각각의 시설에 신호를 보냈는지를 보여 주게 된다. 서체는 운영기관별로 다양하게 적용할 수 있다.

6.2.11 보조신호등

위험에 대한 경고를 위해 황색 점멸등의 1단 신호등(심볼 유무 가능)이 사용된다. 상충지역(예를 들어, 횡단보도, 선로 변경하는 노면전차 궤도, 대중교통 전용차로의 횡단시설)이나 전방에 설치한다. 보행자 신호등으로서 상충영역 후면에 보조신호등을 설치한다(예를 들어, 선

그림 6.6 흑색바탕에 백색 조명의 BOStrab에 의한 노면전차 신호등

그림 6.7 보조신호등 심볼

그림 6.8 황색 점멸의 보조신호등

로의 횡단시설). 보조신호등은 너무 자주 사용하여 황색 점멸등의 경고 효과를 반감시켜서는 안 되며, 다른 수단으로 필요한 경고가 불가능할 경우에만 적용토록 한다.

보조신호등으로서 특별한 형태는 2단의 Spring light(예를 들어, 철도의 횡단시설)이다. 이때 겹치거나 옆으로 배치된 동일한 심볼을 갖는 2단 신호등이 설치된다. 운영 시 서로 바뀌며 점멸된다. 이를 통해 단순한 점멸등보다 더욱 효과적인 경고효과를 나타낸다.

보조신호등은 황색등에 검정색 심볼로만 허용되며, '보행자', '자전거', '노면전차', '승마' 등이다(그림 6.7).

신호등은 위험 장소 앞에서 명확하게 인식되도록 설치한다. 비보호로 운영되는 좌회전 교통류에게 대향 교통류에 대해 경고가 필요한(사선) 보조신호등은(그림 6.8) 황색 바탕에 검정 화살표를 부착하거나 안 할 수 있다. 녹색화살표등(사선 녹색)과 같이 설치할 수 있고, 2단 신호등으로 녹색화살표 상부에 설치할 수 있다.

6.2.12 차로제어 신호등

차로제어 신호등의 규격과 설치는 투입조건에 따라 결정된다. 동일한 구조의 원형 신호등과 교차로 신호화를 위해 일반적으로 300 mm의 직경을 갖는 신호등이 사용된다.

검정바탕의 적색 사선막대 / 검정바탕의 하향 녹색 방향 화살표 / 검정바탕의 황색 점멸등, 하향 방향 화살표

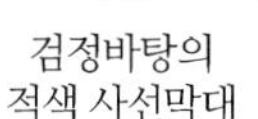

그림 6.9 4각형 표시면의 차로 신호등

차로신호 제어에는 4각 형태의 3종류의 정규규격이 활용된다.

- 최소규격 : 300×390 mm
- 정규규격 : 500×500 mm
- 최대규격 : 600×600 mm

차로의 통행은 아래로 향한 녹색 화살표에 의해 가능하다. 적색 X표시를 통해 통행이 금지된다. 옆으로 기울어져 아래로 향하는 황색 점멸등은 차로가 화살표 방향으로 비워져야 함을 나타낸다.

6.2.13 적정속도 제시 신호등

적정속도 제시 신호등은 적정 속도가 추천되는 도로축 시작지점 차로 우측에 설치된다.

추천되는 속도는 1단 또는 다단의 백색으로 나타나는 숫자나 4각 신호등 형태로 나타낸다(그림 6.10).

이러한 형태의 적정속도 제시 신호등은(필요할 경우 수정된 형태로) 대중교통 차량에도 적용될 수 있다. 차량 신호등과의 혼동을 방지하기 위해 대중교통 차량의 제시 속도는 십 단위의 앞 숫자만을 제시한다(예를 들어, 숫자 '3'은 추천속도가 30 km/h임).

검정바탕의 흰색 숫자

그림 6.10 적정속도 제시 신호등

6.2.14 조명의 통일적 설치

통일된 심볼을 보장하기 위해 BASt[9]에서는 심볼에 대한 데이터 뱅크를 제공하고 있다.

---

9 BASt(Bundesanstalt für Strassenwesen) : 독일연방교통연구소

6.2.15 신호등의 점멸

외부 빛을 차단하기 위한 신호등 덮개는 그림 6.11과 같이 설치한다. 덮개는 반사를 방지하기 위해 내부에 검정색으로 코팅한다.

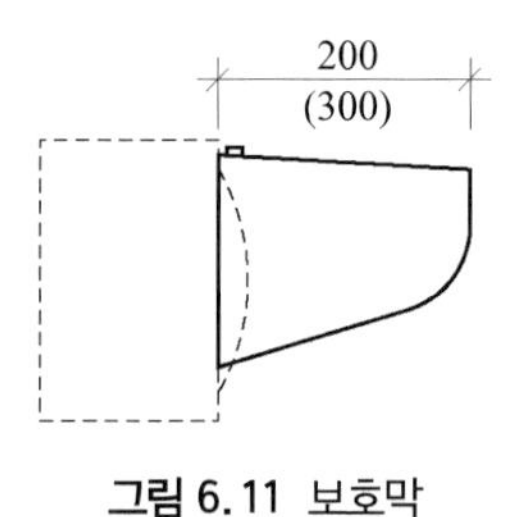

그림 6.11 보호막

6.2.16 신호등 대비조명

대비조명의 설치는 주변에 대하여 신호등이 명확하지 않을 경우－특히 밝을 경우에－추천된다. 대비조명의 내부는 검정색으로 하고 검정색 틀을 갖는 백색 모서리로 구성하여 신호등의 인지도를 제고토록 한다.

6.3 검지시설

검지기는 교통감응식 제어를 실현하기 위해 투입된다. 다양한 물리적 운영원리와 구조기술적으로 설치되는 검지기들이 다음 목적을 위해 투입된다.

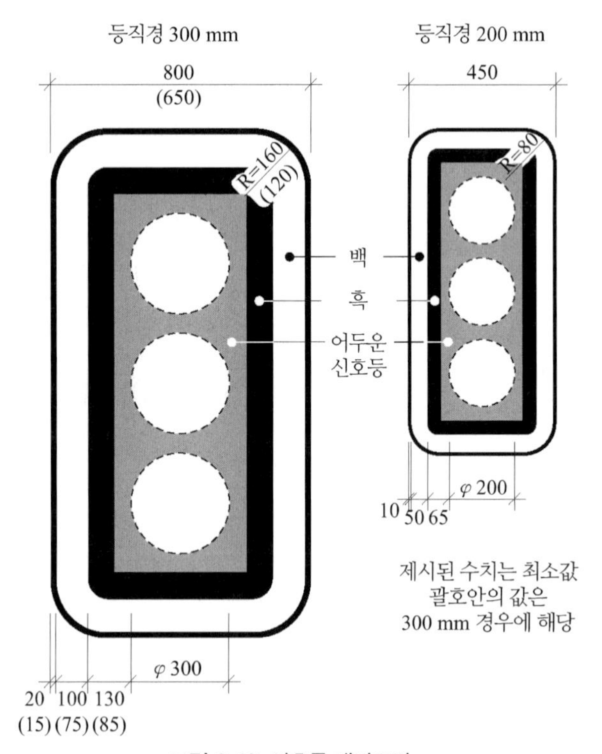

그림 6.12 신호등 대비조명

- 점유여부와 신호 요구
- 방향구분 신호 요구
- 대기행렬 검지
- 측정
- 녹색시간 설계
- 속도 산출

(FGSV의 '도로교통 검지기 지침(Merkblatt über Detektoren für den Strassenverkehr) 참조'

6.4 신호등의 수와 배치

6.4.1 교차로 시설

일반적으로 모든 교차로 진입부에는 2개의 차량 신호등이 설치된다. 교차로 진입로가 2차로 이상일 경우 추가적인 신호등이 필요하다.

주신호등은 일반적으로 우측에 설치한다. 반복되는 신호등은 좌측이나 차로 상부에 설치된다.

보행자를 위한 신호등은 상충지역 후방에 설치한다. 신호등 기둥은 일반적으로 횡단보도의 연장된 중심축에 하나의 축으로 설치한다. 좁은 횡단보도의 경우 신호등을 측면에 설치한다.

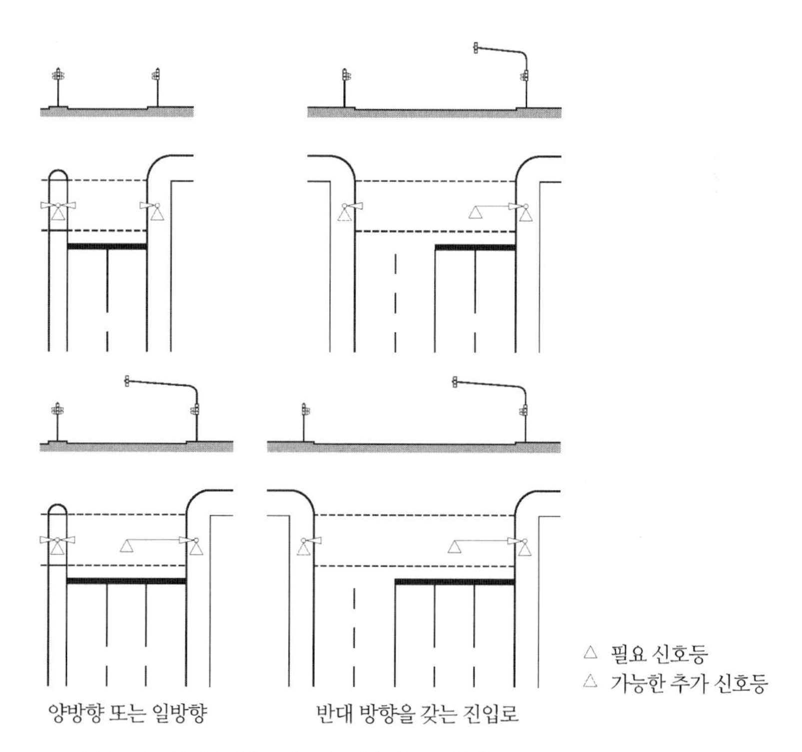

그림 6.13 중앙분리대 교차로의 차량신호등 설치

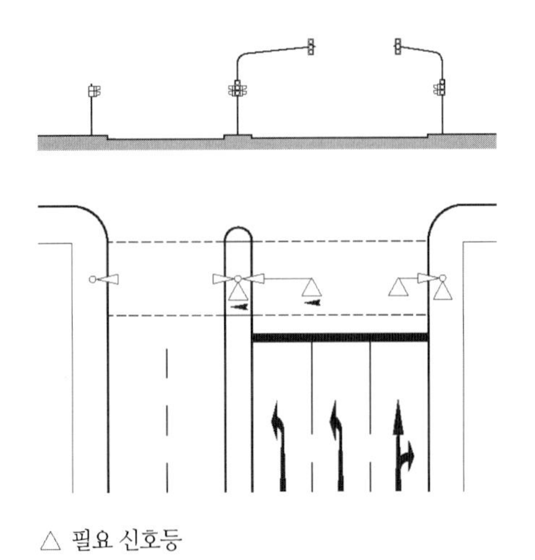

△ 필요 신호등

그림 6.14 중앙분리대의 2개 좌회전 차로 시 차량신호등 설치

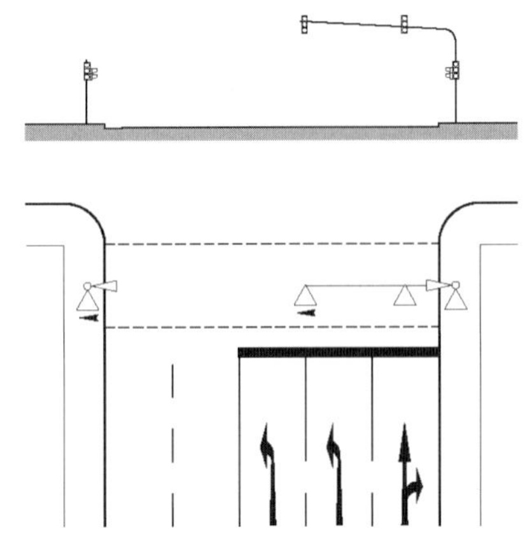

△ 필요 신호등

그림 6.15 중앙분리대가 없는 2개 좌회전 차로 시 차량신호등 설치

이 경우 신호등이 보도의 정지선 쪽으로 향하여 설치하게 되면 운전자가 횡단보도로부터 먼 곳에 정차하게 되어 보행자가 편안하게 느끼게 된다. 보행자와 자전거가 동시에 신호화될 경우 신호등은 양보도간의 경계에 설치한다.

교차로 진입부의 모든 차로가 동시에 녹색시간을 부여받지 않을 경우 별도의 신호를 받는 회전방향별로 최소 한 개의 신호등(방향화살표를 갖는)과 회전하지 않는 차로 방향에는 두 개의 신호등(방향 화살표가 없는)을 설치한다.

방향차로에는 방향신호등을 위한 신호등은 회전하는 방향의 차도에 설치한다. 다차로가 회전할 경우 방향신호등은 차로면에 걸쳐 반복하여 설치된다.

대향 교통류를 갖는 교차로 진입로는 좌회전 교통류를 위한 방향화살표를 갖는 신호등이 차로 상부에 설치된다. 신호등은 가능한 한 직진 교통류에 적용되는 신호등으로부터 비켜나게 설치한다. 동일한 신호등 행거에 두 개의 신호등을 쌍으로 설치해야만 할 경우 좌회전 교통류에 대한 방향신호등은 등(燈) 화살표를 설치한다.

시인성이 문제가 될 경우 방향화살표는 차도 좌측에 추가적인 신호등을 반복하여 설치한다.

방향신호등을 위한 두 번째 신호등이 교차로 진입부에 설치되지 못하고, 교차로 내부에 설치될 경우(예를 들어, 중앙분리대), 교차로 내부 통행규정에 따라 좌회전 교통류의 진행을 고려해야 한다(StVO 222, 그림 6.16). 어떤 경우에도 방향신호등은 진입하는 차로의 신호등 앞에서 잘못된 방향으로 회전하는 것을 방지해야 한다. 이는 구조적으로 분리된 연결램프의 접속부에서 위험하다.

좌회전 교통류를 위한 사전과 사후시간 제공 시 추가적인 신호등은 운전자가 좁은 교차로 내부에서 명확하게 인지하도록 설치한다. 좌회전 차량은 이 신호등을 준수함에 있어서 동시

에 대향 교통류도 주의할 수 있어야 한다. 신호등 기둥의 신호등은 대향 교통류 차로의 우측에 좌회전 교통류와 대각으로 설치하도록 한다.

시간적으로 보호받는 1, 2단 신호등을 갖는 우회전 교통류는 주교통류를 위한 3단 신호등의 우측에 배치한다(그림 6.18).

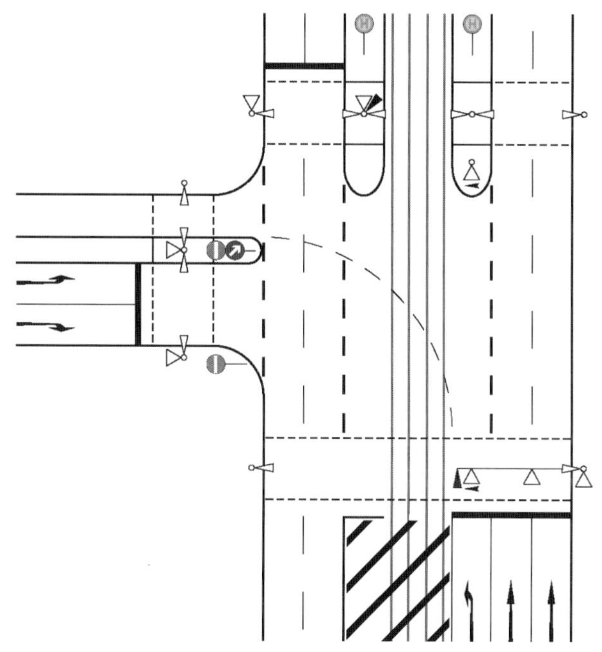

그림 6.16 교차로 내부 방향 신호등의 차선표식과 안내표지

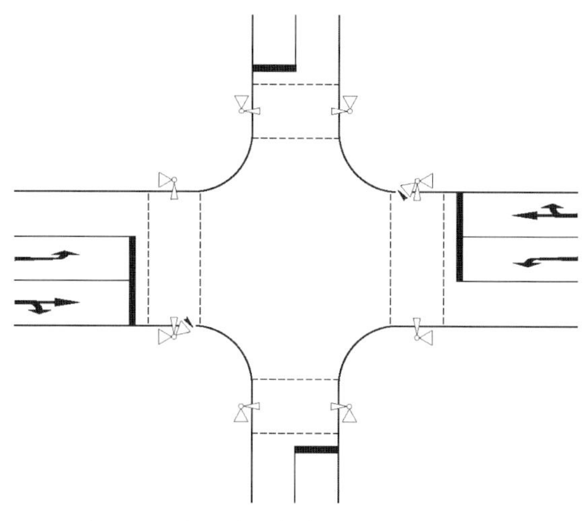

그림 6.17 좁은 교차로의 좌회전 방향 신호등의 설치

그림 6.18 우회전 차량의 2단 방향 신호등 설치

확장된 중앙분리대를 갖는 확장형 교차로에서는 좁은 교차로 내부에서의 안전하고 원활한 교통흐름을 위해 중앙분리대에 추가적인 신호등을 설치한다(그림 6.19).

이러한 신호화는 교차로 내 좌회전 교통류가 대향 방향의 직진 교통류 앞에서 정지해야 할 경우 자주 활용된다. 이때 차도축으로 가까운 곳에 3단 신호등을 사용하여 추가적인 신호등이 원거리에 설치되는 것을 방지한다.

그림 6.19는 직진차로를 갖는 돌출된 회전차로를 나타내고 있다. 이러한 신호 형태에서 신호등은 직진차로에 설치한다.

6.4.2 차로제어 신호등

방향별로 운영되는 도로에서 모든 차로에는 신호등을 설치한다.

직진차로의 경우 신호등 설치간격은 300 m를 초과해서는 안 된다. 터널, 교량과 연결도로에서는 간격이 더 작아야 한다. 운영 구간이 짧을 경우 최소 3개의 신호표시 단면을 설치해 구간의 특성을 잘 나타내도록 한다.

신호등은 차로 중앙에 옆으로 배열하여 중앙 좌측에 적색 X 사선막대와 중앙 우측에 녹색 화살표를 설치한다. 황색으로 점멸하는 화살표 신호등은 차량이 옆차로로 변경해야 하는 방향을 향해, 필요할 경우 양방향으로 설치한다. 사각형 신호등은 차로 중앙에 설치한다. 방향이 고정된 차로의 경우 1단의 신호등(적색 X 사선막대 또는 녹색 화살표)이면 된다.

교차로 전방 마지막 표시단면과 교차로 후방의 첫 번째 표시단면의 설치는 이러한 신호단면과 관련이 있다.

- 그림 5.8과 5.9에 나타난 바와 같이 교차로에서 표시단면과 신호시설은 복합적으로 설치한다. 이를 통해 차로의 방향별 통행허용이 교차로에서 직접 표시되는 것이 가능하다. 이는 통행허용 표시판 2679진입금지를 통해 가능하다.
- 고정된 차로제어 신호등이 적용될 경우 교차로 전방 마지막 표시단면과 교차로 후방의 첫 번째 표시단면의 설치는 두 가지 요구조건으로부터 도출된다. 교차로로 진입하는 교통류는 구간의 운영상황을 조기에 명확하게 파악해야 한다. 이는 교차로 후방에 차로제어 신호등이 촘촘히 설치되어야 함을 의미한다. 다른 측면에서는 구간으로 진입하는 교통류들이 차로제어신호와 교차로 신호간에 혼동을 갖게 되어서는 안 된다. 이러한 측면에서 교차로에서 멀리 이격된 전방에 설치하는 것이 바람직하다. 평균 간격으로 교차로 중심점까지 70 m 정도가 두 가지 조건을 만족하게 된다. 교차로 신호등과 차로제어신호등간의 간격은 최소한 50 m를 유지해야 한다.

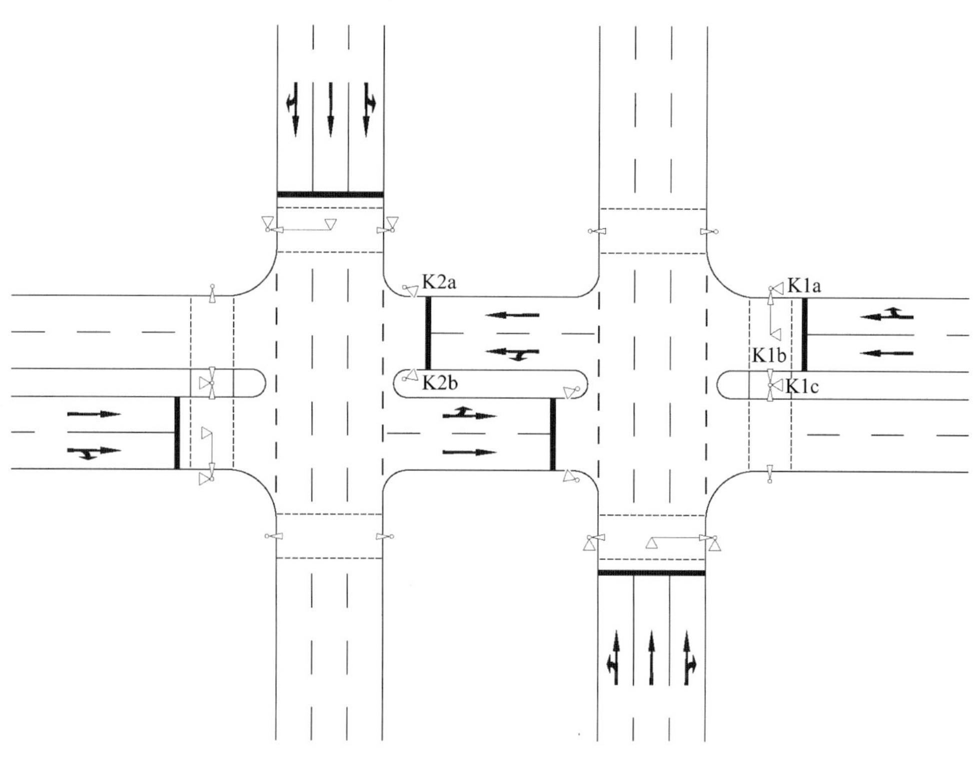

그림 6.19 확장된 교차로 중앙차로의 추가 신호등의 설치 예시

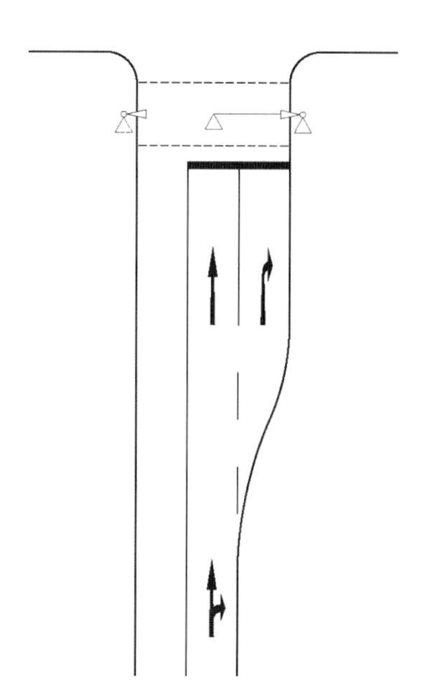

△ 필요 신호등
△ 가시상태에 따른 가능한 추가 신호등

그림 6.20 우회전 차로의 신호등 설치

6.5 설치

신호등은 해당되는 교통류가 명확하게 배정되고 운전자들에게 착각을 일으키지 않도록 설치되어야 한다.

신호등은 기둥이나 행거에 설치되며, 특별한 경우 신호등 교량과 차로돌출부에 설치한다. 신호등 교량은 설치 시 도시미관을 고려해야 한다. 선택된 설치구조는 최소한 하나의 도로축 내에서 동일해야 한다.

신호등은 운전자에게 방해 또는 위협이 되지 않도록 설치한다. 차로 상부의 최소 이격거리와 차도 측면으로의 최소 이격거리가 확보되어야 한다. 신호등의 하부 모서리는 보도로부터 최소 2.10 m, 자전거도로로부터 2.20 m와 차도로부터 4.50 m 간격이 확보되어야 한다.

보행자나 자전거를 위한 신호요구 버튼은 0.85 m 높이에 설치된다(DIN 18024-1).

차도로부터 신호등의 측면 간격 a는 연석높이에 제한이 있을 경우 도시부 도로에서 허용 최고속도와 관련이 있다(그림 6.21).

도시부 도로에서 허용 최고속도가 50 km/h이고, 좁은 여건일 경우 측면 간격은 0.20 m까지 축소될 수 있다. 이는 중앙분리대의 신호등에도 적용된다.

지방부 도로의 경우 차도 측면에서 신호등의 외측 모서리까지는 일반적으로 1.50 m를 유지한다.

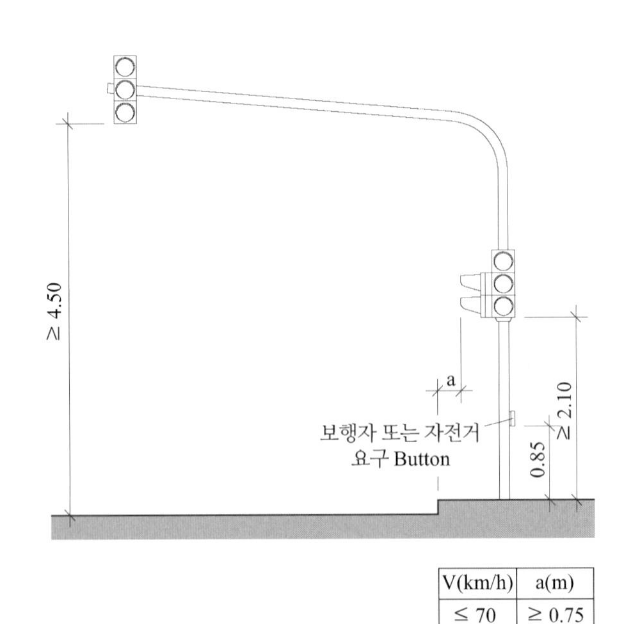

V(km/h)	a(m)
≤ 70	≥ 0.75
≤ 50	≥ 0.50

그림 6.21 신호등의 최소높이와 간격

Chapter 07

기술적 인수 및 운영

7.1 개요

신호시설의 실질적인 운영 이전에 모든 교통적인 기능을 점검하는 테스트사이트에서의 교통기술적인 인수과정이 이루어진다.

교통시설의 운영안전성은 품질관리 단계별로 운영 이전과 이후에 정기적으로 점검된다. 오류를 분석하거나 교통사고의 추후 문의에 대응하기 위해 운영자는 모든 신호시설에 대한 신호서류를 작성한다.

장비의 전기기술적인 요구조건, 특히 신호안정성과 품질관리에 대한 지침은 DIN VDE 0832를 준용한다.

7.2 기술적인 인수

새로운 신호시설의 인수로서 위험에 대한 책임은 제조자에서 운영자로 변경된다.

제조자는 신호시설의 인수 이전에 운영자에게 다음의 사항을 주의깊게 점검해 주어야 한다.

- 신호시설의 모든 부품이 계획서류와 동일한지
- 운영자로부터 요구된 시간적, 논리적 조건을 포함한 교통감응식 제어절차의 신호프로그램이 사전규격에 적합한지
- 안전대책이 작동하는지, 여기에는 모든 안전 사례가 개별적으로 통제되고 프로토콜이 되었는지를 포함함

신호시설의 운영자는 인수단계에서 다음 사항을 동의해야 한다.

• 인수된 서류가 완벽한지
• 교차로의 설치가 설계지침을 준수하였는지
• 필요한 교통표지판, 교통시설과 차선표식이 요구조건을 만족하였는지
• 신호등이 규정된 형태로 조립되어 설치되었는지
• 검지기의 위치와 설치가 규정을 준수하였는지
• 작동 중인 신호시간이 적법한 신호시간계획과 동일한지
• 안전과 관련된 규정-예를 들어, Intergreen time 등-이 준수되었는지
• Interface간에(예를 들어, 신호시설간 또는 센터와의) 기능성이 확보되었는지
• 안전시설이 표본에 의한 시뮬레이션에 의한 개별 오류검사를 수행하였는지

인수에 관하여 프로토콜을 작성하고 모든 관련자의 서명을 받은 후 신호서류로 보관된다. 신호시설이 변경되거나 확충될 경우 새로운 인수작업이 진행된다. 여기에도 동일하게 프로토콜과 신호서류가 작성된다.

7.3 운영

다음과 같이 운영상황이 구분된다.

• '정상운영'
• '신호 없음'
• 차량교통류의 '황색점멸등'(부도로에서만)

7.3.1 운영 상태

신호시설은 중단하지 않고(주야간 모두) 운영되어야 한다. 그러나 신호체계 설치에 근거가 되는 원인들이 특정시간대에 해소되고 신호시설이 작동하지 않을 때에도 안전한 교통흐름이 가능하거나 작동 중단으로 인해 어떠한 위험도 발생되지 않을 경우 신호체계 운영을 중단할 수 있다.

신호체계 중단은 사고발생 확률을 높일 수 있다. 특히 진입이나 교차사고의 위험성이 높아진다. 이로부터 발생되는 사회적인 손실은 신호체계 작동 중단에 따른 비용절감과 거주자의 소음피해나 교통흐름에 미치는 효과보다 클 수 있다.

교통량이 한산할 경우 신호체계 설치로 인한 단점들은 기술적인 대안을 통해 신호체계의 중단없이 보완될 수 있다. 예를 들어, 짧은 신호주기를 갖는 야간 시간대 신호프로그램이나 교통감응식 신호체계가 이에 해당한다.

7.3.2 작동

다음에 제시된 신호시설 작동에 대한 지침은 일반적인 경우에 해당한다. 안전측면을 고려해 운영자는 이로부터 예외를 적용할 수 있다.

신호시설은 부도로의 황/적 신호등을 시작으로 하여 작동된다(그림 7.1). 작동에 필요한 시간은 Intergreen time matrix의 가장 긴 Intergreen time으로부터 산출되며, 여기에 주도로의 최소녹색시간이 추가된다.

주도로의 모든 시작되는 신호그룹은 최장 Intergreen time 종료 이후 보행자의 진입시점을 고려해 신호등 흑으로부터 녹색신호로 허용된다.

차량의 주도로를 횡단하는 모든 보행자 신호등은 작동 시점에 흑에서 적으로 전환된다. 최장 Intergreen time이 종료된 후 차량 부도로의 보행자 신호등은 신호등 녹으로 전환된다.

전이시간은 2.4에 따라 전환된다. 자전거, 차량과 대중교통 차량을 위한 다양한 전이시간이 적용될 수 있다. 보조신호그룹들은 해당되는 주신호그룹에 연계하여 작동된다.

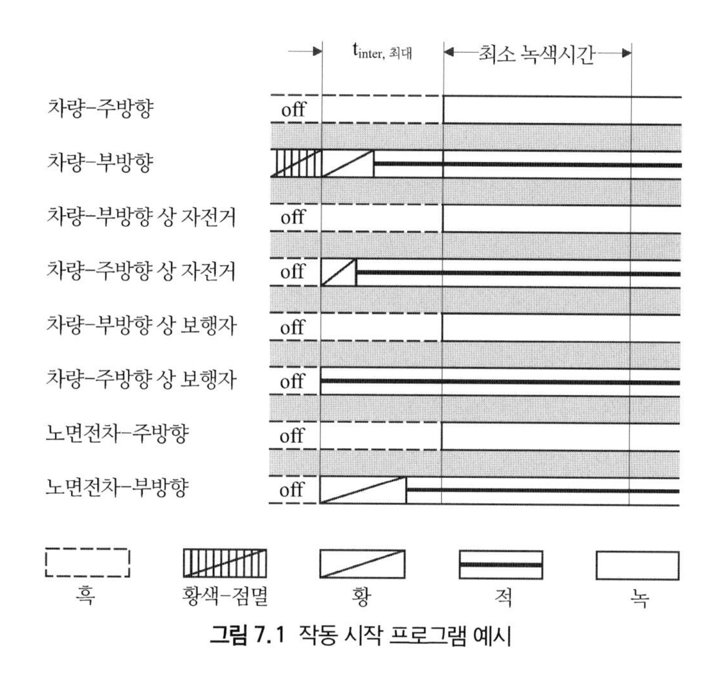

그림 7.1 작동 시작 프로그램 예시

7.3.3. 작동 중지

다음에 제시된 신호시설 작동 중지에 대한 지침은 일반적인 경우에 해당한다. 안전측면을 고려해 운영자는 이로부터 예외를 적용할 수 있다.

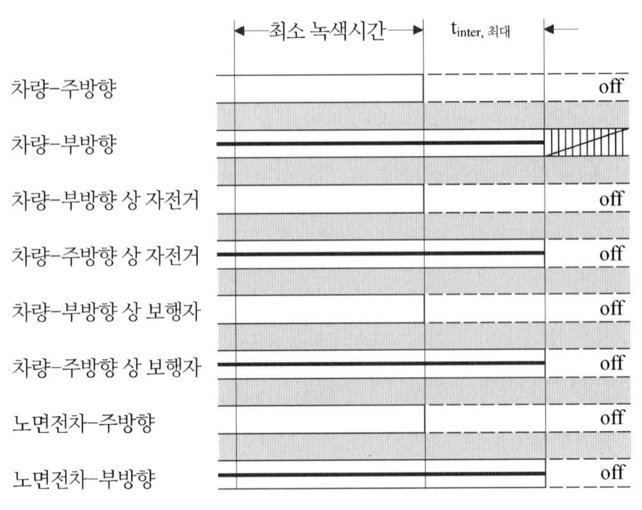

그림 7.2 작동 중지 프로그램 예시

작동 중지 길이는 주도로의 최소녹색시간으로부터 산출되며, 여기에 최장 Intergreen time 이 추가된다(그림 7.2).

모든 주도로의 작동 중지되는 신호그룹은 전이시간 없이 최소녹색시간 종료 이후 신호등 흑으로 전환된다. 차량교통 부도로의 횡단보도 신호등은 최소녹색시간 종료 이후 중지된다. 차량교통 주도로의 횡단보도 신호등은 최소녹색시간 종료 이후와 최대 Intergreen time 종료 이후 작동이 중단된다.

보조신호그룹들은 해당되는 주신호그룹에 연계하여 작동이 중지된다. 신호시설의 작동 중단 이후 부도로의 황색 점멸등은 즉시 또는 2초 후 이후에 작동되어야 한다.

7.3.4 신호안전

7.3.4.1 개요

신호시설의 기술적인 장애를 완전히 배제할 수는 없다. 따라서 정상적인 운영에서 오류가 발생할 수 있다. 여기에는 서로 상충되는 녹색 또는 전이 신호등의 동시 작동, 신호등의 고장, 신호시간 침범 또는 협의되지 않은 신호등이 - 예를 들어, 적과 황이 - 동시에 작동되는 것이 속한다. 이러한 장애가 안전대책(즉각적인 작동 중단)을 필요로 하는지의 여부는 교통기술적인 관점(그림 7.3)에서 결정된다. 정상적인 운영으로부터 장애발생은 자동적으로 신고되어 오류가 즉시 제거되도록 한다. 신호시설의 제어기에 대한 기능적인 안전요구 사항은 DIN EN 12675에 제시되었다.

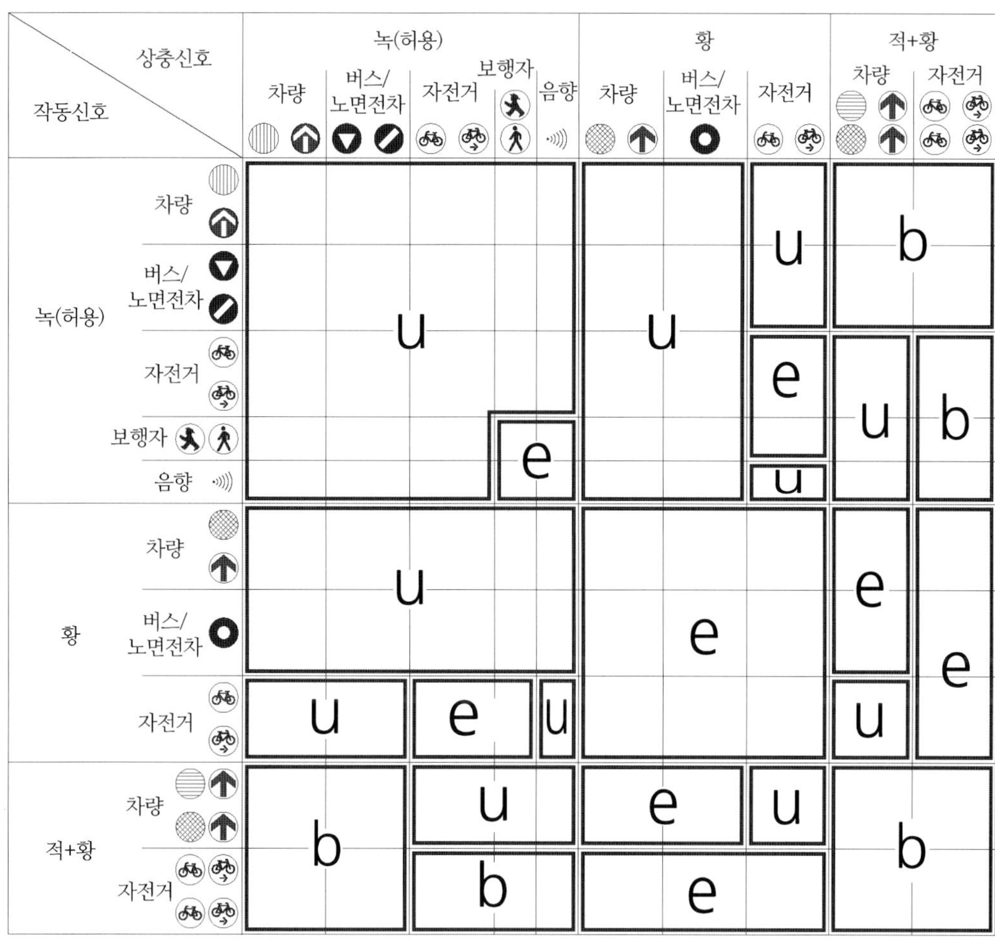

u: 안전장치 불필요
b: 안전장치 조건적 필요
e: 안전장치 필요

그림 7.3 안전대책 matrix

모든 다른 오류들은 통제되지 않은 작동 중단이나 작동 중단된 시설 자체가 교통흐름에 잠재적인 위험 요소가 되기 때문에 즉각적인 작동 중단을 초래해서는 안 된다. 정상운영으로부터의 오류를 제어기 내부에서 억제하는 것이 완전한 작동 중단보다 우선된다. 신호시설의 교통기술적인 측면에서 큰 의미가 없는 정의된 일부 장치만을 작동 중단하는 것이 완전한 작동 중단보다 장점이 있다.

다음에는 안전대책이 즉시 수반되어야 하는 오류, 조건부적으로 수반되어야 하는 것과 필요하지 않는 오류들로 구분한다.

정상운영으로부터 장애 시 심각한 교통위험으로 초래할 경우 안전대책은 즉시 필요하다. 신호시설은 즉시 작동 중단된다.

작동신호 \ 상충신호	지속 운행방향			대향방향		
	↓	↘	✕	↓	↘	✕
↓			u	u	u	
↘				u	u	
✕						

u: 안전장치 불필요

그림 7.4 차로별 신호제어 시 안전대책(DIN VDE 0832-100 참조)

신호등의 오류로 인해 교통위험 발생확률과 차량과 보행자의 적절한 행태가 어느 정도 용인이 될 경우 안전대책은 조건부적으로 필요하다. 운영자와 설치자 간에 어떤 경우에 안전대책이 필요한지에 대한 사전 결정이 필요하다. 개별 사항에 대하여 교통기술적인 측면에서 장단점이 검토된다.

정상운영으로부터의 다른 모든 오류들은 안전대책이 불필요하다. 교통위험을 초래하는 신호상황을 방지하기 위한 신호안전시설들이 DIN VDE 0832-100에 정의되었다. 제시된 요구조건을 만족하지 못하는 기존 시설은 내구연한을 고려하여 보완되어야 한다.

오류 영향을 방지하는 장비내부적인 보정은 신호시설의 효율성을 제고한다. 여기에는 Intergreen time과 최소녹색시간 준수를 위한 전환명령의 연기 또는 보조신호프로그램으로의 전환 등이 해당된다. 작동 중지 확률은 이중 reflector, 보행자 신호등에 대한 이중 폐쇄신호 또는 신호등 감시와 신고알람 기능의 LED 이용 등 신호등 보완장비를 통해 감소시킬 수 있다.

병목지역 신호안전과 차로신호제어의 경우 예외 규정 또는 부분적인 단순화 등이 적용된다.

의도되지 않은 신호등 상황에 대한 안전대책의 구분이 matrix, 안전대책에 종합적으로 제시되었다(그림 7.3과 7.4).

7.3.4.2 폐쇄신호의 작동 중단

모든 폐쇄신호는 고장에 대한 감시가 상시적으로 이루어져야 한다. 주신호등 폐쇄신호의 고장은 작동 중단으로 연결되어야 한다. 하나 또는 다수의 반복신호등의 고장에 대해 운영자는 어떤 조합일 경우 작동이 중단되어야 할지를 결정해야 한다.

작동 중단은 다음과 같은 폐쇄신호의 중단 시 필수적이다.

- 분리된 신호그룹에 의해 신호화되는 연속된 보도의 보행자신호등, 자전거신호등 또는 보행자/자전거신호등 조합에서 두 번째 보도의 녹색신호가 잘못 인식될 위험성이 있을 경

우. 이는 두 개의 연속된 차도 중 하나의 폭원이 좁거나 중앙분리대의 폭원이 좁을 경우에 해당된다.

- 분리된 신호그룹에 의해 신호화되는 연속된 보도의 보행자신호등, 자전거신호등 또는 보행자/자전거신호등 조합에서 방향신호등을 갖는 차량이 도로를 횡단할 경우

7.3.4.3 신호시간침범

교통위험 상황을 초래하는 현시전이 또는 신호프로그램의 변화는 일반적으로 차량이나 보행자에게 인지되지 않는다.

신호시간침범에 따른 작동 중단은 다음의 경우에 필수적이다.

- Intergreen time의 미준수
- 필히 준수되어야 할 최소녹색시간 또는 최소폐쇄시간의 미준수

7.3.4.4. 조화되지 않는 신호등

조화되지 않는 신호등의 발생으로 인한 작동 중단은 의도되지 않는 신호등에 따른 심각한 교통위험의 발생이 다른 오류원인에 따른 것이므로 꼭 필수적인 것은 아니다.

7.3.5 운영감시

모든 신호시설에 대해 운영자는 다음과 같은 정보가 포함된 문서를 작성해야 한다.

- 신호시설계획
- 신호프로그램/신호시간계획
- 작동 시작, 작동 종료와 전환프로그램
- Intergreen time matrix
- 최소녹색시간
- 최소폐쇄시간
- 신호안전표
- 선로계획
- 배분점유
- 신호프로그램의 전환시간
- 결과 프로토콜

그리고 제어기법과 관련하여

- 현시순서계획
- 현시전환
- 시간과 논리조건 제어논리
- 파라메터 리스트

신호시설의 중단, 변경, 확충으로 인해 무효화된 서류들은 '무효'로 표식하고, 최소 5년간 보관한다.

교차로 장비는 다음과 같은 서류들을 보관하고 운영자가 언제든지 접근할 수 있어야 한다.

• 신호시설계획
• 작동 시작, 작동 종료와 전환프로그램
• 최소녹색시간
• 신호안전표
• 배분점유
• 신호시간계획의 운영일시
• 신호프로그램/신호시간계획
• Intergreen time matrix
• 최소폐쇄시간
• 선로계획
• 전기기술적 서류
• 유지관리, 보수내용 일지

그리고

• 신호시간계획의 전환시간
• 시간과 논리적 조건
• 신호프로그램/신호시간계획
• 장비서류

이와 무관하게 모든 오류상황이 정확한 발생시점과 함께 등록되어야 한다. 특히 다음과 같은 사항을 정확히 표기한다.

• 신호시설의 작동과 작동 종료
• 장애
• 신호시간계획의 비상 전환
• 신호시설의 파손

모든 운영과 장애보수에 대한 서류들을 센터에서 보관하는 것이 바람직하다.

이에 대한 추가적인 사항들이 DIN VDE 0832, DIN EN 12675, DIN EN 12368과 DIN 32981에 제시되었다.

7.4 운영 중단 시 대응방안

7.4.1 경찰에 의한 교통통제

경찰은 신호시설의 운영 장애 시 StVO 36에 따른 표식과 유도로 교통을 통제한다. 예측되지 못한 장애와 짧은 운영 장애 시 경찰에 의해 수행되나, 장기간 신호시설을 대체하는 것은 불가능하다.

7.4.2 교통표지와 교통기구적인 대안을 통한 교통통제

단시간 내에 장애를 제거하지 못할 경우 4차로 이상 또는 복잡하거나 시인성이 불량한 신호교차로의 안전한 교통흐름을 확보하기 위해 보완대책이 필요하다. 지역 여건과 교통상황을 고려하여 다음과 같은 대책들이 강구된다.

- 교차로 진입부의 허용 최고속도 감소
- 차로통행 제한을 통한 상충교통류 감소(예를 들어, 좌회전 금지)
- Beacon, 경고등, 교통표식을 통한 차로 운영(StVO 표식 121)
- 우회구간 설치를 통한 교차로의 부분과 전면통제

다른 대안이 불가능할 경우 이동식 신호시설이 투입된다.

7.4.3 보완적 신호제어

운영 장애 시 이동식 신호시설이 투입된다.

이동식 신호시설의 제어기와 신호등간의 통신은 임시적인 유선망이나 무선망을 활용한다.

보완적 신호제어는 적정 수준의 품질을 확보해야 한다. 따라서 이동식 신호시설을 기존의 연동화에 연계하거나, 회전 신호를 우선하거나, 교통감응식 신호제어용 기존 검지기와 연계해야 한다.

유선망의 설치는 상대적으로 장시간을 요구한다. 따라서 장기간 운영되는 이동식 신호시설에 적합하다. 구조적인 계산이 필요하며, 풍하중에도 대비해야 한다.

무선통신은 신호등간에 케이블 연결이 불필요하다. 따라서 무선신호시설은 신호시설 파손과 짧은 운영기간일 경우 적절하다.

무선을 통한 제어명령의 전송 시 위험한 교통상황을 초래하는 신호상황을 방지하기 위해 DIN VDE 0832를 준수해야 한다. 이때 무선통신이 외부의 장애에도 노출될 수 있다는 점을 인식해야 한다. 따라서 이러한 시설은 교차로나 3지 교차로 적용 시 주의해야 한다.

이동식 신호시설의 신호등 수와 설치에 대한 요구는 고정식에 비하여 적다. 특히 이동식 신호시설은 운영시간 동안 효율적으로 감시되어야 한다. 이는 특히 설치위치, 신호등의 각도, 전원공급의 안전성, 보행자 이동공간에서의 케이블에 대한 높이 제한 등이 해당된다.

Chapter

08 품질관리

8.1 용어정의

신호시설의 품질관리는 도로교통시설의 설계에 기반한 교통제어와 계획과 전략적 여건을 고려한 신호시설의 기술적 요소들의 체계적인 품질검사와 품질개선이다.

품질관리는 신호시설의 내구연한 내 모든 단계, 즉 교통기술적인 프로젝트 계획에서 설치 및 운영단계에 적용된다.

신호시설 품질관리의 개별적인 단계들은 신호시설에 해당되지 않는 기존의 품질안전 절차와도 밀접한 관계에 있다. 예를 들어,

- VwV-StVO에 따른 지역적 사고분석
- 도로안전진단
- BImSchG[10]와 운영규정에 따른 배기가스검사

8.2 품질관리 목적

신호시설의 품질관리를 통해 교통안전과 교통흐름의 품질이 만족되어야 한다.

- 상위적인 교통계획과 교통관리 개념에 의한 계획적, 전략적 방침들이 준수되고 변화에 대응해야 한다.
- 변화된 요구사항들이 가능한 한 반영되어야 한다.

10 BImSchG(Gesetz zum Schutz vor schädlichen Umwelteinwirkungen durch Luftverunreinigungen, Geräusche, Erschütterungen und ähnliche Vorgänge(Bundes-Imissionsschutzgesetz) : 대기오염, 소음, 진동 등을 통한 환경피해 방지법

- 신호시설의 모든 구성요소들이 운영가능하고 장애 없이 작동되어야 한다.

여기에는 신호제어가

- 유지관리가 용이하여 오류를 방지하고, 쉽게 인지하며, 장애가 보수되어야 한다.
- 변화와 확충이 쉽게 구현되도록 운영해야 한다.
- 예측되지 않은 상황에 대하여 기능적인 장애가 발생하지 않도록 견고해야 한다.

8.3 전제조건

효율적인 품질관리의 중요한 전제조건은 아래 사항에 대한 완벽한 이해와 명확한 제시이다.

- 신호시설의 전략적 기능, 모든 교통참여자를 위한 요구되는 서비스 수준과 대중교통 차량 우선통행, 연동화와 보행자 통행우선 등의 교통당사자간 상충되는 목적을 고려한 제어목적
- 예를 들어, 장비기술간, 정보교류와 데이터 구성간 인터페이스에 대한 기술적 수준
- 발주처, 프로젝트 수행자, 구축사업자와 운영자 및 이들 그룹간의 책임과 담당업무

품질관리를 성공적으로 수행하고 결과의 실현을 용이하게 구축하기 위해 모든 단계별로 관련된 정보가 확보되고, 대안 수립에 필요한 정보들이 정확하게 제공되어야 한다. 여기에는 신호시설의 운영자뿐만 아니라 경찰, 도로교통기관, 계획기관, 교통운영기관과 유지관리기관이 해당된다.

품질관리는 분석에 필요한 모든 서류가 실질적이고 센터에 확보되어 명확한 정보관리가 필요하다. 서류에는 모든 목표, 품질검사 결과, 적용대책, 장애발생 현황, 기타 중요한 정보들이 일관된 용어로 명확하게 문서화되어야 한다.

품질은 다음의 측면에서 검사된다.

- 규정, 지침, 기준
- 책임과 요구의 만족, 완벽한 매뉴얼 작성
- 효과 분석

평가를 위한 지표들이 정의되고 평가절차가 정의되어야 한다. 여기에는 통일된 지침들을 고려한다. 지표들은 기술 발전 수준에 따라 높은 품질기준을 묘사해야 한다.

교통흐름의 수준을 분석하는 중요한 지표는 지체시간과 정지 횟수이다. 도로망의 통행시간, 연료소모와 소음 등과 같은 지표들은 이로부터 도출된다. 대기오염을 위한 지표들은 부분적으로 도출되거나 특별한 분석방법을 통해 이루어진다.

교통안전 지표는 사고건수와 사고 심각도이다. 사고비용(안전 수준)과 사고밀도(사고 빈도)가 이용된다.

이외에 장애빈도, 장애기간과 고장빈도 등의 시스템의 안전성을 평가하는 지표들이 산출된다.

8.4 교통기술적인 프로젝트 과정의 품질관리

도로망, 교통축과 교차로에서 목표하는 교통흐름의 수준에 도착하기 위한 전제조건은 신호시설의 전문적이고, 종합적인 교통기술적인 프로젝트 과정이다.

프로젝트 과정에서 세부사항 들은 명확히 정의되어 운영 중에 품질관리에 반영되고, 제어나 유지관리 중에 용이하게 활용되어야 한다.

세부사항에는 다음 사항들이 포함되어야 한다.

- 신호시설의 교통망적 기능, 인접 교차로와의 연계 정도와 진입제어와 배기가스 절감과 같은 특별한 기능
- 진입과 차로별 최대대기행렬 길이 또는 대중교통 차량의 흐름 장애를 막기 위한 지역적인 여건
- 신호시설의 전략적 기능, 모든 교통당사자 그룹들의 요구되는 품질수준, 교통당사자들간의 상충관계 등을 포함한 제어목적
- 제어기법 : 연동화 요구, 교통기술적인 요구사항, 필요한 또는 확보 가능한 장비와 통신기술, 신호프로그램의 수와 교통상황별 적용방안과 신호프로그램의 작동방법
- 현시 구분, 현시순서, 주기와 녹색시간 등의 신호프로그램 구성과 교통기술적인 파라메터 또는 자동화된 프로세스 데이터를 갖는 제어논리 등의 교통감응식 제어

신호시설의 문서화는 다음과 같은 내용을 포함한다.

- 계획된 제어의 목적과 절차 및 구성
- 관리 데이터(교차로명, 약어, 제어기 형식 등)
- 신호위치계획과 신호그룹 데이터
- 현시순서계획
- Intergreen time matrix
- 신호프로그램
- 적용제어기법의 교통기술적인 설명, 연동화와 대중교통 차량 우선통행
- 적용되는 모듈과 자동화 절차

- 작동과 중단 프로그램
- 검사절차
- 신호등, 검지기와 추가적인 시설 구성요소
- 개별 검지시설의 장야 시 보완방안

8.5 구축단계 품질관리

데이터 형태나 프로그램으로 제어개념이 프로젝트로 구축되는 과정은 구축단계뿐만 아니라 사후 보완 단계를 모두 포함한다. 구축 이전에 검사와 시험절차가 수행된다.

교통기술적인 제어가 장비기술로 구축됨에 있어서 데이터의 신뢰성이 지속적으로 보장되어 장비기술적인 품질에서 손실이 발생하지 않도록 한다.

구축에 있어서 프로그램밍이 필요하지 않은 컴퓨터에 기반한 운영과 제어절차에서 제어기법은 구현하고자 하는 소프트웨어에 명확하게 논리핵심의 변수들이 이미 구축되어 있어야 한다. 여기에 활용되는 소프트웨어들은 검토가 가능해야 한다. 초기 구축이나 안전과 관련된 변경 시 제어기법들이 구현하고자 하는 하드웨어에 적응이 되는지 지속적으로 시험해야 한다.

품질관리에 있어서 중요한 사항들은

- 구축 가능한 데이터와 프로그램들의 시험은 모든 시험되는 제어기능들이 완벽하고, 작동 시작과 중단, 전환 및 모든 형태의 장애들을 포함한 운영조건들을 포함해야 한다.
- 제어의 문서화는 실질적으로 운영되는 장비에 구축된 내용들을 설명해야 하고, 전문인력들이 이해할 수 있도록 구성되어야 한다.

운영 시점에서 도로상에서의 시험이 이루어져야 한다. 그 내용은 도로안전진단의 지침을 준수해야 한다.

8.6 운영 중 품질관리

교통제어의 수준 높은 품질이 지속적으로 확보되기 위해서는 신호시설의 운영 중에 지속적인 감시가 표 8.1에 의해 이루어져야 한다. 다음과 같은 품질관리가 정기적 또는 상황 발생 시마다 진행되어야 한다.

- 목표에 대한 검증과 달성도
- 목적하고자 하는 품질의 검사와 평가

• 장애 파악과 원인 분석
• 개선방안의 도출과 구현
• 효과 분석

모든 단계에 있어서 장래 품질검사를 위한 평가결과와 결정 기준을 마련하기 위해 완벽한 문서화가 필요하다.

이때 다음과 같은 정보들이 필요하다.

• 프로젝트 문서의 기본정보와 교통기술적인 상세 설명
• 사고 데이터
• 신호순서를 설명하는 제어기의 프로세스 데이터
• 운영과 장애 데이터
• 경험으로부터의 정보와 교차로에서의 유지관리와 관찰 정보

표 8.1 운영 중 품질관리의 작업 순서 시침

번호	빈도	작업순서
교통망 기반 종합적 차원		
1.1	한 번	교통망상 기본정보의 수집과 분석
1.2	정기	관련 변경 부분에 대한 교통망상 기본정보의 검사
1.3	1년	광역적 사고분석
1.4	정기	광역적 교통흐름 수준 분석
1.5	이벤트	교통흐름 분석의 심층 분석
1.6	정기	상세 분석 대상 교차로의 우선순위 결정
교차로 품질분석		
2.1	정기	관련 변경 부분에 대한 교차로 기반 기본 정보의 검사
2.2	이벤트	지역적 사고분석
2.3	정기, 보완	교통흐름 산출을 위한 교통과 프로세스 데이터의 분석
2.4	정기	운영과 장애 데이터의 분석
2.5	정기	도로망상의 변경된 내용
2.6	정기	교차로 교통흐름 분석
품질개선 확인과 대책		
3.1	정기	장애 원인 분석과 가능한 개선대안 서류 작성
3.2	정기	가능한 개선대안의 평가
3.3	정기	대안 선정과 구현 계획

정기적인 검사는 1~2년 단위로 이루어지며, 품질관리의 몇몇 단계에서는 더 큰 주기가 적용될 수도 있다. 기본적인 정적 또는 장기적으로 변경되는 정보들은 초기 품질검사에 파악된다. 다음 분석단계에 있어서는 관련된 내용 중 중요한 변경이 있는지를 파악하게 된다.

이벤트 기반 검사는 정기 검사와 무관하게 심각한 장애가 발생하거나 교통망상의 확충이나 변경으로 인해 요구조건이 변경되었을 때 수행된다. 이벤트 기반 검사의 범위는 장애나 변경의 종류와 정도에 따라 결정된다.

수집, 분석과 정보의 문서화에서 컴퓨터 기반 시스템의 투입은 분석 부담을 경감한다.

8.6.1 교통망 기반 종합적 차원

교통망 기반 종합적 차원 분석은 다음과 같은 목적을 갖는다.

- 상세 분석 시 높은 우선순위를 요구하는 문제지역의 파악
- 상위적 요구와 개별시설들의 품질간에 중요한 연관관계를 파악할 때
- 인접한 신호시설과의 비효율적인 상호작용으로 문제를 촉발하는 품질위험을 설명할 때
- 습관 등으로 인해 반복적으로 발생되는 장애를 파악할 때
- 상위적인 목적에 위반되거나 수립된 대안이 인접한 교차로에 상충을 발생시킬 경우

교통망상 기본정보의 수집과 분석에서 신호제어의 일반적인 여건과 상세사항들이 수집된다. 교통망상에서 복잡한 요구 프로필과 중요성을 갖는 신호시설은 파악되어야 한다. 이들은 다음과 같은 교차로에서 찾을 수 있다.

- 등급이 높은 도로나 교통량이 많은
- 특별한 전략적인 기능을 수행하는
- 연동화 교통축의 교차점에 위치한
- 대중교통, 자전거 또는 보행교통을 위한 특별한 기능을 갖는
- 민감한 거주지역 내 또는 인접한 곳에 위치한

광역적 사고분석은 사고발생이 특별한 안전상의 위험을 초래하는 신호교차로를 파악할 때 활용된다. 사고분석에는 '도로교통사고 분석 지침[11]'에서 제시된 사전조사 지침을 활용한다. 이는 다음과 같은 절차를 포함한다.

- 사고다발지점의 파악과 사고다발지점-카테고리의 정립
- 시간적인 사고발생 평가
- 우선순위 정립

11 Merkblatt für die Auswertung von Straßenverkehrsunfällen : 도로교통사고 분석 지침

광역적 교통흐름 수준 분석에서는 정기적으로 운영자의 경험이나 주민들로부터 접수되는 대기시간, 정체나 다른 장애가 심각한 교차로를 확인하게 된다. 주요 교통축의 통행시간을 측정하는 보완 정보가 수집될 수 있다. 전문가, 운전자나 다름 관심그룹을 대상으로 한 설문조사가 수집된다.

상세 분석 대상 교차로의 우선순위 결정은 교통망상의 조사결과에 기초하여 이루어진다. 사고분석 결과로부터 우선순위가 결정되거나 다른 요인에 의해 높은 우선순위를 갖게 되는지를 검토한다.

8.6.2 교차로 품질분석

관련 변경 부분에 대한 **교차로 기반 기본 정보의 검사**에서는 교차로에서 신호제어에 필요한 모든 관련되는 도시공학적, 교통계획적, 설계기술적, 교통기술적인 여건과 세부사항들이 8.4절에 따라 수집되고 문서화되어야 한다. 필요할 경우 초기 품질검사에서 누락된 정보들이 보완된다.

정보들은 장애원인과 개선대안의 확인을 위한 기초자료로 활용된다. 조사나 교통수요모형에서 산출된 교통량에 보완하여 도로용량편람이나 시뮬레이션에 따른 교차로 용량이나 포화도가 산출될 수 있다.

지역적 사고조사는 도로교통시설 설계의 안전 결핍과 교통제어를 확인하는 데 활용된다. 교통사고 분석은 광역적인 사고분석에 기초한다. '도로교통사고 분석 지침'에 따른 심층분석을 따르도록 한다. 이 경우 다음과 같은 사항들이 포함된다.

- 교통사고의 수집, 분석과 통계
- 1년-교통사고-카드와 3년-인피사고-카드는 물론 사고다발지점-카테고리에 기초한 사고다발지점으로서의 교차로 파악
- 5년 이상의 사고상황에 대한 시계열적 분석
- 교통사고의 구조적인 유형별 분석

동일 유형의 사고, 특히 회전 사고와 진입 교차 사고들은 신호나 교차로 설계상의 오류들과 관련이 있는 경우가 많다. 전형적인 장애들은

- 신호등의 시인성 불량
- 교차로의 시인성 불량
- 교통통제에 대한 인지성 부족
- 부분적으로 상충되는 교통류에 대한 적절치 못한 현시 구분
- 2.3절, 2.6절, 7.3절과 7.4절에 제시된 안전요구를 충분히 준수하지 못한 경우

• 적절치 못한 신호등이 제시되는 신호시설의 잦은 고장

이외에 신호 조건에 대한(프로그램 작동시간, 조명 등) 구조적인 동일성은 교통사고의 위험이 높다는 것을 암시한다.

분석기간 중 신호제어나 교차로 기하구조의 변경은 분석 시 고려되어야 한다.

분석기간 중 교차로에서 동일한 유형의 사고가 빈발할 경우 동일 유형의 사고발생과정 분석을 통해 교통제어상의 문제점들을 파악해야 한다. 이때 사고다이어그램이나 사고충돌도 등을 활용한다.

교통감응식 제어기법에서 지속적으로 처리되는 교통흐름 산출을 위한 **교통과 프로세스 데이터의 분석**을 통해 교통지표가 산출되고, 교통감응식 개선대안이 파악된다. 분석은 다음과 같은 분야를 포함한다.

- 교통량과 비례하는 녹색시간의 배분
- 방향별 교통류의 용량을 분석하고 녹색시간의 재배분 가능성을 파악하거나 녹색시간 중단조건을 검증하기 위한 비포화 녹색시간
- 연동화 녹색시간 진행 중 중단의 빈도
- 최대대기시간(대중교통 차량 도착 시 평균지체시간과 같은 경우에) 산출을 위한 녹색시간 요구와 실현까지의 시간
- 대기행렬 길이 초과와 차량진출의 어려움 등을 파악하기 위한 검지기 점유

이에 더하여 제어논리의 비교를 통해 개선에 대한 방향을 도출한다.

분석을 위하여 모든 위험한 교통용량 초과 상황에 대한 며칠 동안 초 단위의 프로세스 데이터가 수집된다. 방대한 데이터 양으로 인해 적절한 통계분석프로그램을 활용한다.

신호시설 장비의 정상적이며 비정상적인 운영상태에 대한 정보를 포함하는 **운영과 장애 데이터의 분석**은 운영 신뢰성의 평가와 기능상의 장애로부터 유발되는 교통류 품질장애의 원인을 분석하는 데 활용된다. 분석은 다음과 같은 내용을 포함한다.

- 비정상적인 운영과 사고발생 파악, 완벽하지 못한 시설기능 또는 원하지 않는 제어상황의 파악과 사고원인 파악 및 교통류 장애 파악
- 신뢰성과 개선 필요성을 도출하기 위한 검지기, 신호등과 대중교통 차량 구성요소 등과 같은 개별적인 시설구성 요소들의 장애 빈도와 평균기간
- 보완 기능의 장애원인을 파악하기 위한 장애로 인한 시설 작동 중단의 빈도와 기간
- 장애 제거의 작업절차

분석을 위해 고장서류와 시설 운영프로토콜이 분석된다. 최근에는 자동화된 프로토콜 기능이 포함되어 적은 부담으로 정보에 대한 접근이 가능하다.

교차로에서의 감시와 관측은 다음의 내용을 포함한다.

• 교통안전에 악영향을 미칠 수 있는 장애를 파악하기 위한 교차로 설계요소와 교차로 시설요소 상태
• 정성적, 정량적 교통흐름을 분석하기 위한 지표들의 관측

전문가의 자문을 통하여 개선대안이 도출되고 적정성 여부를 판단할 수 있다.
교차로 감시는 다음과 같은 내용을 확인하는데 활용된다.

• 교차로 설계가 지침을 만족하는지, 개정된 지침에 적합한지의 여부와 교통안전과 교통흐름 상의 요구사항들
• 교차로 시설 등이 이 요구조건을 만족하는지 여부

감시에는 확인된 사고다발지점의 사고원인을 파악하는 것이 무엇보다 중요하다.
운영 초기 시 감시가 수행되었으면 정기적인 감시에서는 변동되거나 일시적인 사항들에 국한한다. 여기에는 다음과 같은 내용들이 포함된다.

• 가시거리
• 신호등, 표지판, 차선표식과 기타 교차로 구성요소 들의 시인성과 인식성
• 표출 정보(예, 도로안내)

교통흐름의 관측은 교통지표를 산출한다. 관측의 주요내용은 다음과 같다.

• 2차 대기행렬이 발생하는 용량 부족
• 도착차량이 정지하는 연동화 장애
• 개별 교통수단들의 긴 대기시간: 비효율적으로 연동화된 긴 횡단시간의 발생과 대중교통-차량의 통행 장애
• 주정차 차량이나 연도변 시설 진출입 차량으로 인한 교통류 장애
• 교통통제 미준수나 교차로 꼬리물기 등 교통안전에 악영향을 미치는 교통흐름
• 대기오염 밀도를 높이는 교통흐름

감시는 따른 시간대에 특별한 장애가 발생하지 않는 한 오전, 오후 첨두시간에 실시하도록 한다.

품질개선 대안은 품질평가와 장애원인 분석에 기초하여 품질개선을 위한 적절한 방안이 유도된다. 다음에 구현에 어려움, 효과 정도와 구현시간 등에 따라 분류된 다양한 개선형태들이 설명된다.

유지보수 대안은 신호시설의 기술적인 목표상황을 다시 생성한다. 여기에는 검지기의 보수,

신호등의 신규 설치 또는 조명등의 교체와 교차로 시설 대안인 차선표식과 표지판에 대한 개선작업이 포함된다.

파라메터 보정은 차두시간, 최소녹색시간, 요구가능 시간 또는 Offset 등에 대한 임계값과 기준값 등 제어지표의 변경을 의미한다. 제어논리는 변경되지 않는다.

제어논리의 구조적인 변경은 고정식 프로그램의 경우 신호프로그램의 수와 현시 구분이 해당된다. 교통감응식 제어에서는 신호요구 시 논리적 절차와 녹색시간의 배정이 포함된다. 이외에 장애 시 대응방안이 포함된다.

신호시설에 대한 유지보수에는 신호등, 검지기와 제어기 또는 통신시설의 교체와 보완이 포함된다.

구조적인 대안은 교차로의 차선 폭원, 길이와 차로 배정은 물론 교차로의 차선, 표지판과 유도시설 등의 구성요소 등에 대한 내용이 포함된다.

교통계획적, 전략적인 요구조건의 변경은 이미 서술된 개선대안의 효용성이 없을 경우 다른 추가적인 대안이 필요할 경우 적용된다. 여기에는 교통망상의 교통배분, 도시구조적인 변경 또는 대중교통 우선과 같은 전략적인 결정 등이 포함된다.

장애 원인 분석과 가능한 개선대안 서류 작성은 교차로 설계 관련 정보, 신호시설의 기술적 구성요소와 계획적, 전략적 조건으로부터 조사된 정보에 기초하여 품질분석이 이루어진다.

가능한 개선대안의 평가에서는 효과가 추정된다. 일반적인 경우 정성적인 대안 비용과 기대되는 효과에 대한 비교가 이루어진다. 필요할 경우 경제성 분석 지침에 따른 평가가 이루어진다. 이때 유사 사례로부터의 경험 값이나 수학적 또는 시뮬레이션에 의한 교통지표 산출이 이루어진다.

대안선택과 구현계획을 위하여 효과분석에 따른 우선순위가 결정되고 구현방안이 구체화된다.

적용되는 대안의 종류와 규모는 위험 정도에 따라 결정된다. 적정 대안의 선택에 있어서 사전에 기존의 보다 단순한 대안으로 품질개선이 이루어질 수 있는지를 검토한다. 장기적인 계획과 구현단계가 요구되는 대안의 경우 즉각적인 대안으로 장애의 일부가 해소될 수 있는지를 파악한다.

효과감시는 대안 적용 이후에 수행된다. 따라서 정기적인 품질검사 이외에 대안 구현 직후에 품질검사가 수행된다. 교통지표가 산출되고 개선 대안 이전에 정립된 목표 교통지표 들과 비교한다. 목표하는 품질수준에 미달하거나 대안으로 말미암아 다른 장소에 장애가 발생할 경우 추가적인 개선대책을 수립한다.

분석결과는 문서화되고 추후 대안 수립 시 활용된다.

Chapter

09 규정과 기술 지침서

9.1 용어설명

구분		내용
DIN	DIN 6163-1	신호등 색채와 색채제한: 일반
	DIN 6163-5	신호등 색채와 색채제한: 대중교통 고정식 신호등
	DIN 18024-1	Barrier free 시설－1부: 도로, 광장, 대중교통-과 녹지와 공원; 계획
	DIN 32981	도로교통신호시설 시청각장애인을 위한 보조시설－요구조건
	DIN 49842-1	도로교통신호등 램프－1부: 고정식 신호등 약전압램프
	DIN 49842-2	도로교통신호등 램프－2부: 고정식 신호등 고전압램프
	DIN 55350-11	품질관리 정의－11부: DIN EN ISO 9000:2005에 대한 보완
	DIN 66001	정보처리: 심볼과 적용
	DIN 66001, 첨부 1	정보처리: 심볼과 적용; 샤블론을 활용한 심볼 규정
	DIN 66261	정보처리: Nassi-Schneidermann의 구조도 심볼
	DIN 67527-1	신호등 조명기술적 특성－1부: 고정식 신호등
	DIN VDE 0100	표준전압 1000 V 강전류 시설 정의
	DIN VDE 0832-100	도로교통-신호시설
	DIN V VDE V 0832-300	도로교통-신호시설: LED-신호등 기술지침
	DIN V VDE V 0832-400	도로교통-신호시설: 교통제어시설
	DIN VDE V 0832-500	도로교통-신호시설: 도로교통-신호시설 안전관련 소프트웨어
	DIN CLC/TS 50509 (VDE V 0832-310)	도로교통-신호시설 LED-신호등 사용
DIN	DIN EN 40-2	등 표시시설-등 기둥-2부: 일반요구 조건과 규격
	DIN EN 12353	교통제어시설－경고-와 안전등
	DINEN 12368	교통제어시설－신호등
	DIN EN 12675	신호시설 제어기－기능적 안전요구 조건

(계속)

구분		내용
DIN	DIN EN 12966-1	수직 교통표식－가변교통표식－1부: 생산기준
	DIN EN 50293	전자기적 적용성－도로교통-신호시설 생산기준(VDE 0832-200)
FGSV	EAOe	대중교통시설지침(FGSV 289)
	EFA	보행시설지침(FGSV 288)
	ERA	자전거시설지침(FGSV 284)
	ESAS	도로의 안전진단지침(FGSV 298)
	ESN	도로망의 안전진단지침(FGSV 383)
	EWS	도로경제성분석지침－RAS-W 86 개정(FGSV 132)
	HBS	도로교통시설용량편람(FGSV 299)
	H ZRA	진입제어시설지침(FGSV 318)
		가변차로제어지침-적용범위와 적용가능성(FGSV 384)
		도시부 신호시설 구성요소로서 교통컴퓨터 지침(FGSV 378)
		대중교통 우선통과지침(FGSV 361)
		교통기술적 이용에서 자료분석과 처리지침(FGSV 382)
	H SRa	자전거신호지침(FGSV 256)
		조명특성을 고려한 교통표식과 교통시설의 설치방법지침(FGSV 342)
	H WBV	도로교통사고분석지침, 1부: 사고형태-분석지도 운영방법(FGSV 316/1)
		도로교통사고분석지침, 2부: 사고다발지점 개선방안(FGSV 316/2)
		노면전차와 버스의 우선통과 방법 지침(FGSV 114)
		도로교통 검지기 지침(FGSV 312)
	RAS-K-1	도로시설지침, 부: 교차로(RAS-K) 1절: 평면교차로(FGSV 297/1)
	RASt	도시부 도로시설 지침(FGSV 200)
	R-FGUe	횡단보도 시설, 설치지침(FGSV 252)
	RMS	도로표식지침, 2부: 도로표식 적용(RMS-2) (FGSV 330/2)
	RSA	도로공사장 안전지침(FGSV 370)
	TL-Transportable Lichtsignalanlagen	이동식 신호시설의 기술적 납품조건(FGSV 368/9)
VkBL	BUeSTRA	철도횡단과 인접한 도로교차로 간 기술적 안전 지침
NW	TLS	도로구간 기술적 납품조건
VDV	VDV-Schrift 341	횡단 기술적 안전
	VDV-Schrift 344	BOStrab 21절의 차량신호시설
	BOStrab	노면전차 건설과 운영규정

(계속)

구분		내용
BGG	Gesetz zur Gleichstellung behinderter Menschen(교통약자 보호법)	www.bundesgestzblatt.de www.bundesrecht.juris.de
BImSchG	환경보호법	www.gesetz-im-internet.de
EBO	철도-건설-운영규정	www.bundesrecht.juris.de
StVO	도로교통-규정	www.gesetz-im-internet.de
StVZO	도로교통허가-규정	www.bundesrecht.juris.de
VwV-StVO	도로교통규정에 대한 일반행정지침	www.bundesrecht.juris.de

Part 2

교통신호체계론 사례집

Chapter

01 개 요

본 사례집은 독일 신호체계지침서상의 정의와 지침들이 어떻게 실제적으로 적용되고 응용되는지에 대한 개념을 나타낸다. 사례들은 주로 실제 상황으로부터 추출되어 정리되고 설명되었다. 프로젝트의 주요 관점들을 보여 주고 이해하기 쉽게 하기 위하여 세부적인 내용들이 생략된 경우가 많다.

기본원리부터 시작하여 감응식 신호를 실제 사례로부터 설명하기 위해 2장에서는 다양한 교차로에 대한 고정식 프로그램부터 설명되었다. 사례에서 설명된 다양한 교차로들로부터 다양한 신호프로그램 구조의 적용 가능성들이 명확해진다.

고정식프로그램에 대한 이해로부터 3장에서는 규칙기반 제어기법의 프로젝트를 위한 작업절차 및 이에 대한 제시형태를 설명하였다. 여기에 교통감응식 제어의 기본원리를 다시 한번 설명하기 위해 3.2~3.7절에는 Part1 표 1에서 도입된 제어기법들을 가상의 사례로 설명하였다. 이 사례들은 의도적으로 단순화되었으며 개별 교차로에 대한 최적 해법을 반영하는 것은 아니다. 반면에 3.8~3.17절에 포함된 사례들은 여러 도시로부터의 실제 해법을 제시하였고, 보행자, 자전거, 대중교통 등의 다양한 요구들을 종합적으로 고려한 규칙기반 제어기법의 적용가능성을 설명하였다.

모형기반 제어기법의 중요성은 4장에서 설명하였다. 여기에 제시된 기법들은 매우 단순화한 해법으로 구성되어 모형기반 제어기법의 기본적인 구성과 효용 등을 설명하였다. 이용자들은 제시된 모형공식과 입력자료를 기반으로 Excel Program 등을 활용하여 모형기반 기법에 대한 내용을 다시 한 번 숙지할 수 있다.

5장에는 도로축과 교통망 신호시설의 연동화에 대한 다양한 사례로 구성되었다. Green wave의 현시 구분에 대한 원칙적인 요구 이외에 자전거와 대중교통의 연동화 처리방안에 대해서도 설명하였다.

두 개 신호프로그램간의 전환에는 교통류에 가능한 장애가 없도록 전환과정이 필요하다. 6장에는 실제 상황에서 전환에 대한 사례분석을 통한 기법원리를 설명하였다.

7장에는 불완전신호의 투입사례와 운영원리가 제시되었다. 이외에 병목구간 신호체계에 대한 내용도 포함되었다.

8장에는 고정식제어의 교통량이 많고 복잡한 회전교차로와 규칙기반 교통감응식 제어 사례가 소개되었다.

모든 사례에는 위치계획에 통일된 심볼이 사용되어 신호시설의 요구 요소들에 대한 이해를 돕도록 하였으며, 이에 대한 설명이 9장에 제시되었다.

Chapter

02 고정식 신호프로그램

2.1 서 론

고정식 신호제어에 있어서 신호의 많은 요소들은 복잡한 교통감응식 신호제어와 동일하며, 고정식 신호제어의 단순성으로 이해하기 쉽다. 이에 따라 고정식 신호제어의 설계에 대해 보다 상세하게 설명된다.

2, 3현시 신호제어에 대해 단순한 기본적인 형태와 함께 사전과 추가신호 부여에 대한 설명이 이루어진다. 4현시 고정식 신호제어에 대한 설명도 이루어진다.

2.2 2현시 제어

2.2.1 현황

교통량이 적거나 중간수준의 좌회전 교통량이 있는 도시부 교차로에서 2현시 고정식 신호체계를 구축한다. 모든 교차로 진입로의 허용속도는 50 km/h이며, 자전거는 차도를 이용하며 차량-신호체계를 준수한다.

주기는 인접한 교차로의 신호시설로부터 제약을 받지 않아 적절한 주기의 산출이 가능하다.

2.2.2 Intergreen time

원칙적으로 회전 가능성과 교통수단으로부터 서로 상충되는 신호그룹의 모든 조합을 고려한다. 여기에서 산출된 Intergreen time 중 가장 큰 값을 적용한다.

'K1 진출-K2 진입'의 경우에 대해 표 2.1에 종합적으로 설명이 되었다.

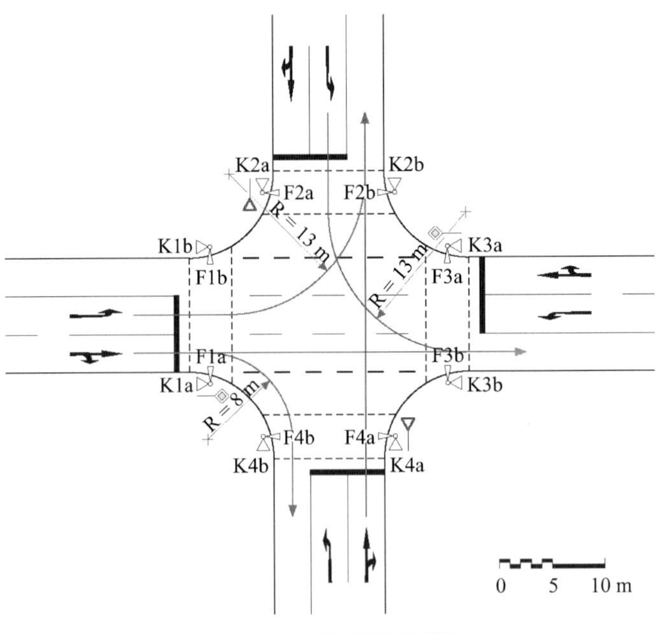

그림 2.1 신호시설위치계획

여기에서 자전거의 진입과정은 Part1 2.5.3에 의해 차량과 동일한 신호체계를 준수할 경우 중간시간이 고려되지 않는 것을 감안하였다. 가장 크며 따라서 기준이 되는 Intergreen time(6초)은 K1에서 직진방향으로 진출하는 자전거와 K2에서 좌회전 진입하는 차량과의 진출입과정에서 발생한다. Part1 2.5.2(Case 5)에 따를 경우 이 경우는 부분적으로 상충되는 교통류로

표 2.1 회전방향과 교통수단에 따른 Intergreen time 산출 예시

종료 교통량	시작 교통량	$t_{진입}$ (m)	$t_{차량}$ (m)	$t_{진출}$ (m)	$t_{진출}$ (m/s)	$t_{진출}$ (s)	$t_{전이}$ (s)	$t_{진입}$ (m)	$t_{진입}$ (m/s)	$t_{진입}$ (s)	$t_{전이}+t_{진출}$ - $t_{진입}$(s)	tinter (s)
K1 –차량, 직진 (Fall 1)	K1 –차량, 직진	10.0	6.0	16.0	10	1.6	3	18.0	11.1	1.6	3.0	3
–차량, 우회전 (Fall 2)	–차량, 직진	13.5	6.0	19.5	5	3.9	2	24.5	11.1	2.2	3.7	4
–차량, 좌회전 (Fall 2)	–차량, 직진	10.5	6.0	16.5	7	2.4	2	14.0	11.1	1.3	3.1	4
–차량, 좌회전 (Fall 2)	–차량, 좌회전	15.5	6.0	21.5	7	3.1	2	11.5	11.1	1.0	4.1	5
–차량, 직진 (Fall 1)	–차량, 좌회전	25.5	6.0	31.5	10	3.2	3	24.0	11.1	2.2	4.0	4
–자전거, 직진 (Fall 5)	–차량, 직진	10.0	0	10.0	4	2.5	1	18.0	11.1	1.6	1.9	2
–자전거, 우회전 (Fall 5)	–차량, 직진	13.5	0	13.5	4	3.4	1	24.5	11.1	2.2	2.2	3
–자전거, 좌회전 (Fall 5)	–차량, 직진	10.5	0	10.5	4	2.6	1	14.0	11.1	1.3	2.3	3
–자전거, 좌회전 (Fall 5)	–차량, 좌회전	15.5	0	15.5	4	3.9	1	11.5	11.1	1.0	3.9	4
–자전거, 직진 (Fall 5)	–차량, 좌회전	25.5	0	25.5	4	6.4	1	24.0	11.1	2.2	5.2	6
K1 –차량, 직진 (Fall 1)	F1 –보행자	3.5	6.0	9.5	10	1.0	3	0	1.5	0	4.0	4
–차량, 좌회전 (Fall 2)	–보행자	3.5	6.0	9.5	7	1.4	2	3.5	1.5	2.3	1.1	2
–차량, 우회전 (Fall 2)	–보행자	3.5	6.0	9.5	5	1.9	2	0	1.5	0	3.9	4
F1 –보행자 (Fall 6)	K1 –차량(모든 방향)	12.0	0	12.0	1.2	10.0	0	1.5	11.1	0.1	9.9	10

		시작 신호그룹							
		K1	K2	K3	K4	F1	F2	F3	F4
종료 신호 그룹	K1		6		6	4		7	
	K2	5		6			4		7
	K3		5		6	7		4	
	K4	6		5			7		4
	F1	10		8					
	F2		10		8				
	F3	8		10					
	F4		8		10				

그림 2.2 Intergreen time matrix

서 Intergreen time 산출에 있어서 고려하지 않아도 된다. 그러나 이 가능성은 이를 통한 시간 이득이 1초에 불과하므로 고려되지 않았다.

표 2.1은 'K1 진출－F1 진입'과 'F1 진출－K1 진입' 경우에 대한 내용도 포함한다. 회전이나 직진차량에 대한 다양한 전이시간과 진출속도는 두 경우에 대해 다양한 결과를 초래하며, 초 단위로 산출되었다. 좌회전 진출에 대해 여기에서는 보행자의 '진입과정'을 고려하여 최소의 중간시간이 산출되도록 하였다. 진출하는 직진 차량의 산출값은 4초이다.

진입하는 차량의 속도는 모든 경우에 대해 동일하게 가정하여 보행자 진출과 차량 진입(F1 진출－K1 진입)인 모든 경우에 대해 10초가 적용된다.

동일한 방법으로 다른 경우의 중간시간이 산출되며, 그림 2.2에 종합적으로 제시되었다.

2.2.3 교통량

교차로의 교통량은 첨두시간에 그림 2.3과 같으며, 괄호 안은 중차량의 비율이다.

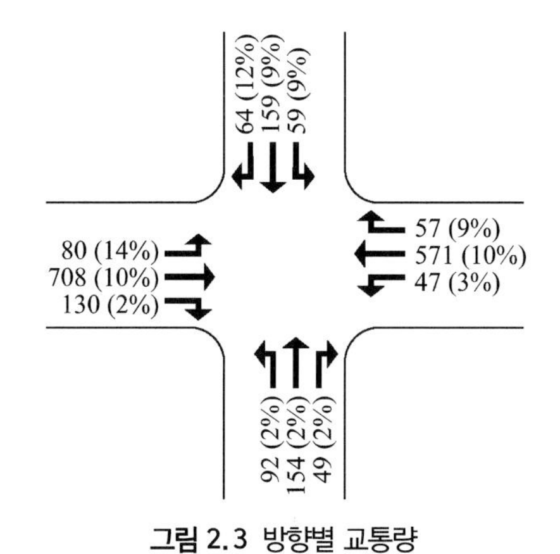

그림 2.3 방향별 교통량

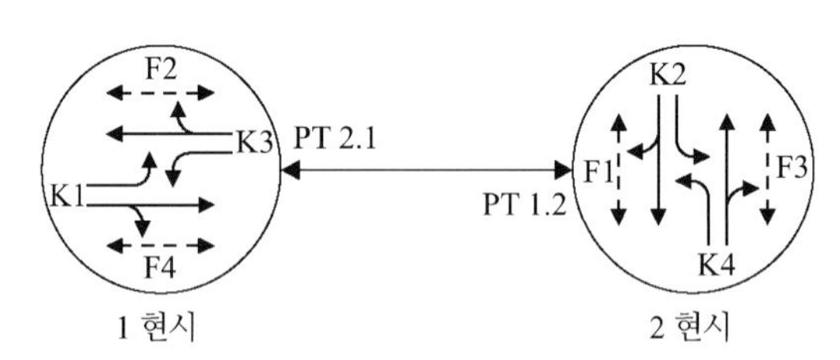

그림 2.4 현시순서계획

2.2.4 현시 구분

1현시에서 주도로(K1과 K3)와 2현시에서 부도로(K2와 K4) 교통류가 처리되며, 보행자는 평행하는 보도를 이용하는 2현시로 계획한다.

2.2.5 포화교통량

소요 녹색시간과 소요 주기의 산출을 위해 HBS에 따른 포화교통량이 필요하다. 기본값 2.000대/시를 기준으로 하여 최대 2개의 경감요소를 고려한다. 다음 예시에서는 교통량 구성(중차량 비율)과 회전반경이 고려된다. 짧은 녹색시간에 따라 포화교통량의 기본값을 높게 설정하는 것은 산출에서 무시한다.

다음에 사용되는 공식들은 HBS와 Part1(2절)에 따른다. 경우에 따라 개략적으로 표현하였다.

포화교통량 산출은 다음과 같은 약어와 공식이 활용된다.

$$q_{포화} = 2,000 \cdot f_1 \cdot f_2$$

여기서 $f_1 \cdot f_2$: 보정계수

HBS에 의해 최대 2개의 보정계수만이 반영되며, 예시에서는 다음과 같이 반영된다.

$$f_1 = f_{HV} \ ; \ f_2 = f_R$$

f_{HV} : 중차량 비율 보정계수

중차량 비율이 2 - 15% 범위일 경우

$$f_{HV} = 1 - 0.0083 \cdot e^{0.21 \cdot 중차량비율}$$

f_R : 회전반경 보정계수

K1 우회전 : $f_{HV} = 1 - 0.0083 \cdot e^{0.21 \cdot 2} = 0.9874$

$$f_R = 0.85$$

$$q_s = 2,000 \cdot 0.9874 \cdot 0.85 = 1,679 \text{대/시}$$

K1 직진 : $f_{HV} = 1 - 0.0083 \cdot e^{0.21 \cdot 10} = 0.9322$

$$f_R = 1.0$$

$$q_s = 2,000 \cdot 0.9322 \cdot 1.0 = 1,864\text{대/시}$$

K2 우회전 : $f_{HV} = 1 - 0.0083 \cdot e^{0.21 \cdot 12} = 0.8968$

$$f_R = 0.85$$

$$q_s = 2,000 \cdot 0.8968 \cdot 0.85 = 1,525\text{대/시}$$

K2 직진 : $f_{HV} = 1 - 0.0083 \cdot e^{0.21 \cdot 9} = 0.9451$

$$f_R = 1.0$$

$$q_s = 2,000 \cdot 0.9874 \cdot 1.0 = 1,890\text{대/시}$$

K3 우회전 : $f_{HV} = 1 - 0.0083 \cdot e^{0.21 \cdot 9} = 0.9451$

$$f_R = 0.85$$

$$q_s = 2,000 \cdot 0.9451 \cdot 0.85 = 1,607\text{대/시}$$

K3 직진 : $f_{HV} = 1 - 0.0083 \cdot e^{0.21 \cdot 10} = 0.9322$

$$f_R = 1.0$$

$$q_s = 2,000 \cdot 0.9322 \cdot 0.85 = 1,864\text{대/시}$$

K4 우회전 : $f_{HV} = 1 - 0.0083 \cdot e^{0.21 \cdot 2} = 0.9874$

$$f_R = 0.85$$

$$q_s = 2,000 \cdot 0.9874 \cdot 0.85 = 1,679\text{대/시}$$

K4 직진 : $f_{HV} = 1 - 0.0083 \cdot e^{0.21 \cdot 2} = 0.9874$

$$f_R = 1.0$$

$$q_s = 2,000 \cdot 0.9874 \cdot 1.0 = 1,975\text{대/시}$$

직진 교통류와 우회전 교통류가 동일한 차로를 이용하므로 겸용차로에 대한 포화교통량을 유도한다. 이는 HBS에 따른다.

$$q_{\text{겸용포화}} = \frac{1}{\sum_{i=1}^{k} \frac{a_i}{q_{\text{포화},i}}}$$

$q_{\text{겸용포화}}$: 겸용차로 포화교통량(대/시)　　a_i : 겸용차로의 i 교통류의 비율

$q_{\text{포화},i}$: i 교통류의 포화교통량(대/시)　　K : 겸용차로의 교통류수

목표하는 최대 포화도에 대한 허용 포화교통량을 허용 교통량으로 환산한다. 허용 포화도는 0.8 - 0.9 사이에서 선택하며, 아래에서는 0.85로 한다.

$$q_{겸용포화,허용} = 0.85 \cdot q_{겸용포화}$$

$q_{겸용포화,허용}$: 겸용차로의 허용 포화교통량(대/시)

이에 따라 겸용차로에 대한 다음과 같은 허용 포화교통량이 산출된다.

K1 겸용차로

$$a_1 = \frac{130}{708+130} = 0.155 \ ; \ a_2 = \frac{708}{708+130} = 0.845$$

$$q_{겸용포화} = \frac{1}{\frac{0.155}{1,679}+\frac{0.845}{1,864}} = \frac{1,000}{0.0923+0.4533} = 1,833(대/시)$$

$$q_{겸용포화,허용} = 0.85 \cdot 1,833 = 1,558(대/시)$$

K2 겸용차로

$$a_1 = \frac{159}{159+64} = 0.713 \ ; \ a_2 = \frac{64}{159+64} = 0.287$$

$$q_{겸용포화} = \frac{1}{\frac{0.713}{1,890}+\frac{0.287}{1,525}} = 1,769(대/시)$$

$$q_{겸용포화,허용} = 0.85 \cdot 1,769 = 1,504(대/시)$$

K3 겸용차로

$$a_1 = \frac{571}{571+57} = 0.909 \ ; \ a_2 = \frac{57}{571+57} = 0.091$$

$$q_{겸용포화} = \frac{1}{\frac{0.909}{1,884}+\frac{0.091}{1,607}} = 1,855(대/시)$$

$$q_{겸용포화,허용} = 0.85 \cdot 1,855 = 1,577(대/시)$$

K4 겸용차로

$$a_1 = \frac{154}{157-49} = 0.759 \ ; \ a_2 = \frac{49}{154+49} = 0.241$$

$$q_{겸용포화} = \frac{1}{\frac{0.759}{1,975}+\frac{0.241}{1,679}} = 1,855(대/시)$$

$$q_{겸용포화,허용} = 0.85 \cdot 1,855 = 1,610(대/시)$$

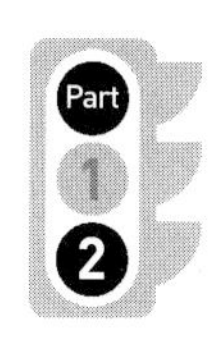

2.2.6 최적 주기의 산출

일반적으로 주기는 인접한 신호교차로의 영향을 받으나 여기에서는 적절한 주기를 결정하도록 한다.

Part1에서 주기에서 세 가지 정의를 포함하고 있다.

- $t_{주기,\ 최소}$ =최소 주기
- $t_{주기,\ 필요}$ =필요 주기
- $t_{주기,\ 적정}$ =최소지체시간 주기

최소주기는 교통수요를 처리할 수 있는 범위 내에서 가장 작은 주기이다. 포화율은 모든 현시의 기준 교통류에 대해 1.0이다. 교통흐름의 수준은 제한되었다. 필요주기는 모든 교통류에서 최대 포화율을 초과하지 않는 범위 내에서 최소 주기이다. 다음 예시에서는 0.85를 기준으로 한다. 최소지체시간주기는 교차로를 통과하는 모든 교통류의 대기시간의 합을 최소화하는 주기이다.

최소주기 미만으로 주기가 설정되면 필요한 교차로 용량을 확보하지 못하게 된다. 필요주기는 원하는 교통흐름의 수준을 고려하여 준수되어야 한다. 최소지체시간주기로부터 최종 주기결정값이 너무 차이가 나서는 안 된다.

좌회전 교통류는 직진 교통류와 부분적으로 상충되며 운행되므로 포화교통량 산출에 반영되지 않았다. 즉, 일부는 대향 교통류의 차두간격을 이용해 교차로를 통과하게 된다. 많은 부분은 현시 변경 시에 교차로를 통과하게 된다. 따라서 횡단하는 교통류의 녹색시간 시작 전의 Intergreen time은 안전뿐만 아니라 교차로에 대기하고 있는 좌회전 차량이 모두 통과할 수 있을 만큼 추가해야 한다. 교차로 내부에서 2대의 좌회전 차량이 대기할 수 있으므로 현시 교체 시 4초를 적용한다. 이 시간은 필요 주기나 추가적인 Intergreen time 산출 시 반영된다.

필요 주기에 기준이 되는 교통류는 K1과 K2 겸용차로의 직진과 우회전 교통류이다. 이에 따라 Part1 2.6에 따라 필요 주기는 다음과 같이 산출된다.

$$t_{주기,\ 필요} = \frac{\sum_{i=1}^{p} t_{inter,필요\ i}}{1 - \sum_{i=1}^{p} \frac{q_{차로,설계,i}}{q_{포화,허용,i}}}$$

여기서 p : 현시수

$t_{inter,필요\ i}$: 현시의 설계 교통류간 필요 Intergreen time

$q_{차로,설계,i}$: 현시 설계 차로 교통량(겸용차로)

$q_{포화,허용,i}$: 현시 설계 차로 허용 포화교통량

이에 따라

$$\sum t_{inter,필요} = 6+6+2\cdot 4 = 20$$

$$\sum \frac{q_{차로,설계}}{q_{포화,허용}} = \frac{708+130}{1,588} + \frac{159+64}{1,504} = 0.5379 + 0.1483 = 0.6862$$

$$t_{주기,필요} = \frac{20}{1-0.6862} = 63.7\ s$$

필요주기는 64초이다.

지체시간 최적 주기 공식에서 필요 Intergreen time의 합은 필요주기에서와 동일한 값을 적용한다. 분모에는 허용 포화교통량 대신에 포화교통량이 적용된다.

$$\sum \frac{q_{차로,설계}}{q_{포화}} = \frac{708+130}{1,833} + \frac{159+64}{1,769} = 0.4572 + 0.1261 = 0.5833$$

$$t_{주기,필요} = \frac{15\cdot 20+5}{1-0.5833} = \frac{35}{0.4167} = 83.99\ s \approx 84\ s$$

이 공식에 의한 지체시간 최적화는 완전히 신호적으로 보호되는 교통류를 기준으로 한다. 부분적으로 상충되는 좌회전 교통류는 고려되지 않는다. 이 교통류는 현시 변경 시에 처리된다. –대향교통류를 통과해야 하는 차량의 비율은 이 교통량 상황에서 적음– 그리고 이때 좌회전 교통류는 시간당 주기의 수가 늘어날수록 용량은 증대한다. 교차로 내에서 각 방향별로 좌회전 차량이 2대씩 대기하여 현시 변경 시 빠져나갈 수 있으며, 교통량이 많은 방향의 시간당 대수가 100대이므로 주기는 72초로 결정하여 시간당 주기가 50회로 한다.

2.2.7 필요 녹색시간

필요 녹색시간은 Part1 2.7.1에 따라 다음 공식에 의한다.

$$t_{녹,필요,i} = t_C \cdot \frac{q_{차로,설계,i}}{q_{포화,허용,i}}$$

선택된 주기 72초를 기준으로 필요 녹색시간은

$$t_{녹,K1,i} = 72\cdot \frac{708+130}{1,588} = 38.7 \approx 39\ s$$

$$t_{녹,K2,i} = 72\cdot \frac{159+64}{1,504} = 10.7 \approx 11\ s$$

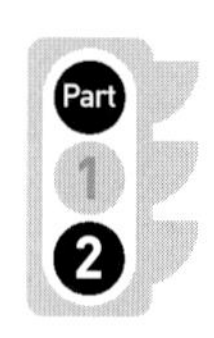

2.2.8 신호시간계획

주기가 완전히 소진되지 않고 2초의 여유가 있으므로 양현시에 1초씩 추가 배정한다.

$$t_{여유} = 72 - 20 - 39 - 11 = 2\,\mathrm{s}$$

따라서 그림 2.5에 제시된 고정식 프로그램의 현시 구분에 따른 신호시간계획이 완성된다.

필요 녹색시간을 만족하거나 상회하는 녹색시간의 선택을 통해 신호프로그램은 필요한 용량을 확보하게 된다. 포화도 85%를 기준으로 한 최소녹색시간의 산출은 원활한 교통흐름과 단기적인 교통량의 변화에 효율적으로 대응할 수 있는 여유용량을 확보하게 된다.

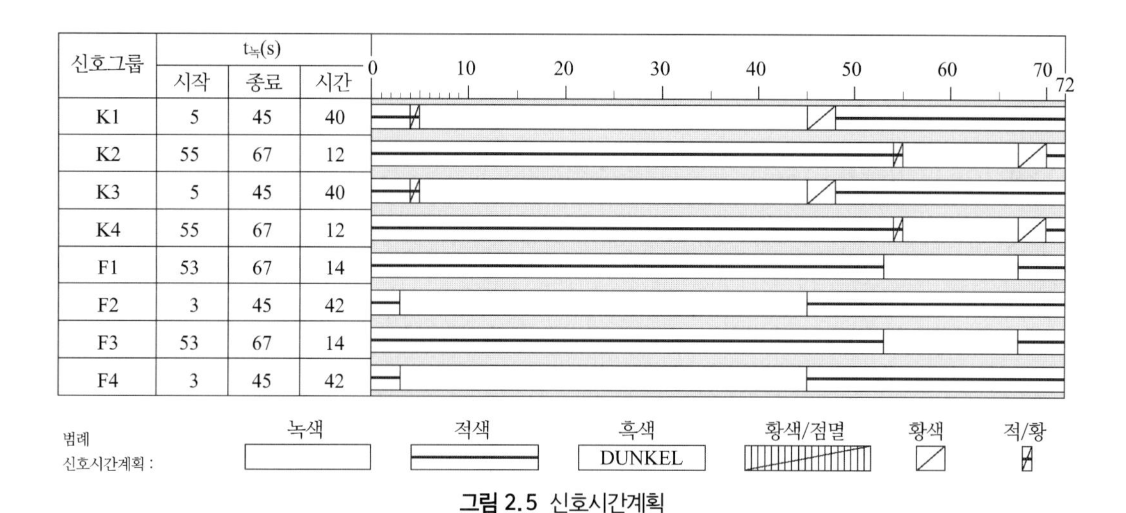

신호그룹	$t_{녹}$(s)		
	시작	종료	시간
K1	5	45	40
K2	55	67	12
K3	5	45	40
K4	55	67	12
F1	53	67	14
F2	3	45	42
F3	53	67	14
F4	3	45	42

그림 2.5 신호시간계획

작동 프로그램

신호그룹	$t_{녹}$(s)		
	시작	종료	시간
K1	10		16
K2		0	0
K3	10		16
K4		0	0
F1		0	0
F2	10	0	16
F3		0	0
F4	10	0	16

중단 프로그램

$t_{녹}$(s)		
시작	종료	시간
	6	16
16		0
	6	16
16		0
16		0
	6	16
16		0
	6	16

그림 2.6 신호 작동시작과 종료 시 프로그램

2.3 3현시 제어

2.3.1 현황

중앙분리대가 있는 4차로 주간선도로의 2차로 진입로가 있는 3지 교차로에 신호시설을 설치한다. 3현시의 고정식 신호체계를 계획한다. 주기는 첨두시간대에 모든 신호시설에서 90 s로 설정되었다.

주도로의 허용속도는 60 km/h이고, 부도로는 50 km/h이다. 주도로 양측에는 자전거도로가 설치되었고 보행자와 같이 신호를 받는다. 진입로에의 자전거는 차도를 이용하며 차량-신호등과 연계되었다.

양방향도로를 횡단하는 횡단보도와 자전거 횡단로는 점진적으로(progressive) 신호화된다.

2.3.2 Intergreen time

Intergreen time 산출 입력자료는 표 2.2에 정리되었다. 예제 1과 같이 진출과 진입하는 신호그룹의 모든 조합에 대한 (회전방향, 교통수단) 가능성이 분석되었다. 추가적으로 여러 차로를 이용하여 상충점이 달라지는 경우에 대한 분석도 수행되었다. 모든 경우에 있어서 표에 굵은 체로 표시된 가장 긴 Intergreen time이 기준이 된다.

기준이 되는 Intergreen time은 그림 2.8에 정리되었다.

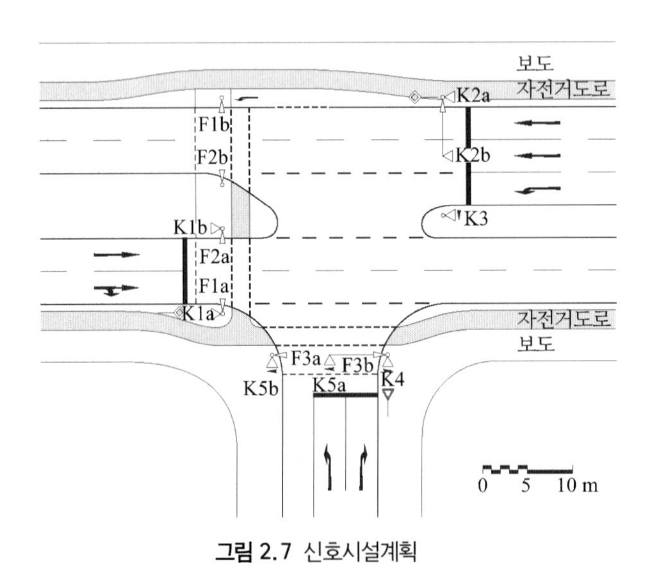

그림 2.7 신호시설계획

종료 신호그룹 \ 시작 신호그룹	K1	K2	K3	K4	K5	F1	F2	F3
K1			4	6	5	4	4	
K2					4	7	7	
K3	6				4			8
K4	4							4
K5	4	7	4			8	8	2
F1	6	4			3			
F2	6	4			3			
F3			7	10	7			

그림 2.8 Intergreen time matrix

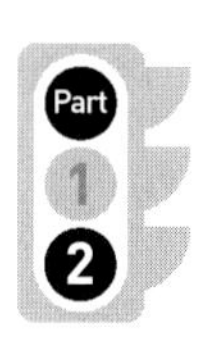

표 2.2 Intergreen time 산출

종료 교통량	시작 교통량	$s_{진입}$ (m)	$l_{차량}$ (m)	$s_{진출}$ (m)	$v_{진출}$ (m/s)	$t_{진출}$ (s)	$t_{전의}$ (s)	$s_{진입}$ (m)	$v_{진입}$ (m/s)	$t_{진입}$ (s)	$t_{전이}+t_{진출}-t_{진입}$(s)	t_{inter} (s)
K1 －차량, 직진, l. Str. (Fall 1)	K3 －차량, 좌회전	17.0	6.0	23.0	10	2.3	3	19.0	11.1	1.7	3.6	4
－차량, 직진, r. Str. (Fall 1)	－차량, 좌회전	15.0	6.0	21.0	10	2.1	3	22.5	11.1	2.0	3.1	4
－차량, 우회전 (Fall 2)	－차량, 좌회전	16.0	6.0	22.0	5	4.4	2	28.5	11.1	2.6	3.8	4
K1 －차량, 직진, r. Str. (Fall 1)	K4 －차량, 우회전	29.0	6.0	35.0	10	3.5	3	16.0	11.1	1.4	5.1	6
K1 －차량, 직진, r. Str. (Fall 1)	K5 －차량, 좌회전	17.5	6.0	23.5	10	2.4	3	12.5	11.1	1.1	4.3	5
－차량, 직진, l. Str. (Fall 1)	－차량, 좌회전	17.0	6.0	23.0	10	2.3	3	12.5	11.1	1.4	3.9	4
K1 －차량, 직진 (Fall 1)	F1 －보행자**	3.5	6.0	9.5	10	1.0	3	0	1.5	0	3.1	4
K2 －차량, 직진, r. Str. (Fall 1)	K5 －차량, 좌회전	30.0	6.0	36.0	10	3.6	3	36.0	11.1	3,2	3.4	4
－차량, 직진, l. Str. (Fall 1)	－차량, 좌회전	22.0	6.0	28.0	10	2.8	3	28.5	11.1	2.6	3.2	4
K2 －차량, 직진 (Fall 1)	F1 －보행자	30.0	6.0	36.0	10	3.6	3	0	1.5	0	6.6	7
K3 －차량, 좌회전 (Fall 2)	K1 －차량, 직진, l. Str.	19.0	6.0	25.0	7	3.6	2	17.0	11.1	1.5	4.1	5
－차량, 좌회전 (Fall 2)	－차량, 직진, r. Str.	22.5	6.0	28.5	7	4.1	2	15.0	11.1	1.4	4.7	5
－차량, 좌회전 (Fall 2)	－차량, 우회전	28.5	6.0	34.5	7	4.9	2	16.0	11.1	1.4	5.5	6
K3 －차량, 좌회전 (Fall 2)	F3 －보행자	32.0	6.0	38.0	7	5.4	2	0	1.5	0	7.4	8
K3 －차량, 좌회전 (Fall 2)	K5 －차량, 좌회전	18.0	6.0	24.0	7	3.4	2	16.0	11.1	1.4	4.0	4
K4 －차량, 우회전 (Fall 2)	K1 －차량, 직진, r. Str.	16.0	6.0	22.0	5	4.4	2	29.0	11.1	2.6	3.8	4
K4 －차량, 우회전 (Fall 2)	F3 －보행자	3.5	6.0	9.5	5	1.9	2	0	1.5	0	3.9	4
K5 －차량, 좌회전 (Fall 2)	K1 －차량, 직진, r. Str.	12.5	6.0	18.5	7	2.6	2	17.5	11.1	1.6	3.0	3
－차량, 좌회전 (Fall 2)	－차량, 직진, l. Str.	15.5	6.0	21.5	7	3.1	2	17.0	11.1	1.5	3.6	4
K5 －자전거, 좌회전 (Fall 5)	K1 －차량, 직진, r. Str.	12.5	0	12.5	4	3.1	1	17.5	11.1	1.6	2.5	3
－자전거, 좌회전 (Fall 5)	－차량, 직진, l. Str.	15.5	0	15.5	4	3.9	1	17.0	11.1	1.5	3.4	4
K5 －차량, 좌회전 (Fall 2)	K2 －차량, 직진, r. Str.	36.0	6.0	42.0	7	6.0	2	30.0	11.1	2.7	5.3	6
－차량, 좌회전 (Fall 2)	－차량, 직진, l. Str.	28.5	6.0	34.5	7	4.9	2	22.0	11.1	2.0	4.9	5
－자전거, 좌회전 (Fall 5)	－차량, 직진, r. Str.	30.0	0	30.0	4	7.5	1	17.0	11.1	1.5	7.0	7
－자전거, 좌회전 (Fall 5)	－차량, 직진, l. Str.	26.5	0	26.5	4	6.6	1	16.5	11.1	1.5	6.1	7
K5 －차량, 좌회전 (Fall 2)	K3 －차량, 좌회전	16.0	6.0	22.0	7	3.1	2	18.0	11.1	1.6	3.5	4
K5 －차량, 좌회전 (Fall 2)	F1 －보행자	36.0	6.0	42.0	7	6.0	2	0	1.5	0	8.0	8
K5 －차량, 좌회전 (Fall 2)	F3 －보행자	3.5	6.0	9.5	7	1.4	2	3.5	1.5	2.3	1.1*	2
F1 －보행자 (Fall 6)	K1 －차량, 직진	7.0	0	7.0	1.2	5.8	0	1.5	11.1	0.1	5.7	6
F1 －보행자 (Fall 6)	K2 －차량, 직진	7.0	0	7.0	1.2	5.8	0	27.5	11.1	2.5	3.3	4
F1 －보행자 Fall 6)	K5 －차량, 좌회전	7.0	0	7.0	1.2	5.8	0	34.0	11.1	3.1	2.7	3
F3 －보행자 (Fall 6)	K3 －차량, 좌회전	11.5	0	11.5	1.2	9.6	0	29.0	11.1	2.6	7.0	7
F3 －보행자 (Fall 6)	K4 －차량, 우회전	11.5	0	11.5	1.2	9.6	0	1.5	11.1	0.1	9.5	10
F3 －보행자 (Fall 6)	K5 －차량, 좌회전	8.0	0	8.0	1.2	6.7	0	1.5	11.1	0.1	6.6	7

(경우 x) = Part1 2.5.2의 진출 경우
l. Str. = 좌회전 차로, r. Str. = 우회전 차로
* 조건 $t_{전이}+t_{진출} \geq t_{황}+1$이 적용($t_{황}+1=4$).
** F_1과 F_2 inregreen time 은 동일, 따라서 F_1에 대해서만 계산됨

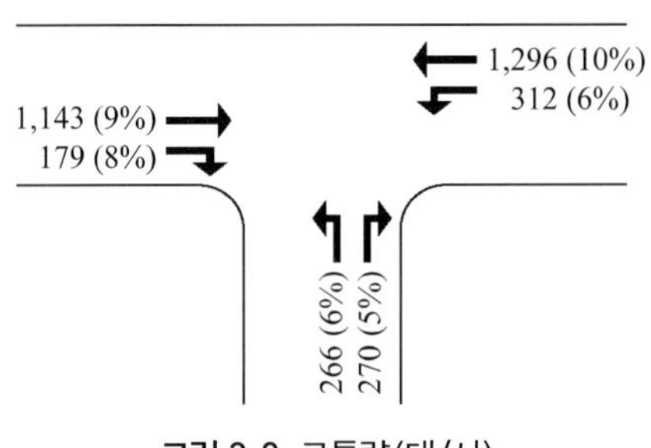

그림 2.9 교통량(대/시)

2.3.3 교통량

첨두시간대에 진입로에는 그림 2.9와 같은 교통량이 발생한다. 괄호 안의 숫자는 중차량비율이다.

2.3.4 현시 구분

3현시로 계획되어 1현시에는 주도로의 양방향 교통류와 부도로로의 우회전이 통행한다. 2현시에는 주도로의 좌회전 교통류와 부도로의 우회전 교통류가 처리된다. 3현시에는 부도로의 좌회전과 우회전 교통류가 처리된다.

부도로의 횡단보도(F3)는 주도로의 차량-교통류와 같이 1현시에 통행한다.

주도로의 차도 양쪽 보도는 연결된 보도로 간주하여 2현시에 한 번에 통행하도록 한다. 남측 횡단보도의 3현시 통행 가능성은 많은 보행자가 중앙분리대에서 대기할 수 있는 가능성을 배제하기 위해 금지한다.

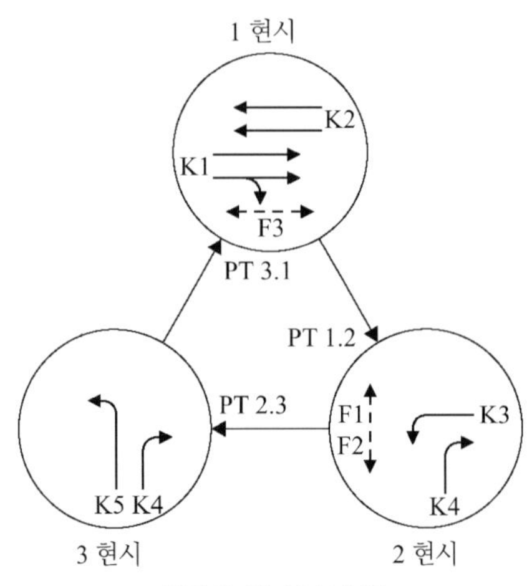

그림 2.10 현시순서

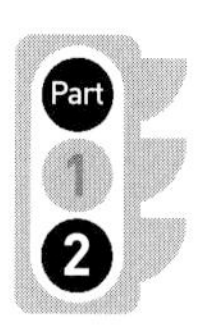

2.3.5 포화교통량과 허용교통량

소요 녹색시간의 산출을 위해 모든 교통류 및 겸용차로에 대한 개별적인 포화교통량를 산출한다. K1 신호에 대해 추가적으로 직진과 우회전 교통류의 교통량이 배정된다.

첫 번째 산출과정에서 한 차로에 하나의 교통류만이 있는 경우에 대한 포화교통량이 산출된다.

K1(우회전) : $f_{HV} = 1 - 0.0083 \cdot e^{0.21 \cdot 8} = 0.9555$

$$f_R = 0.85(r = 7\ m)$$

$$q_{포화} = 2{,}000 \cdot 0.9555 \cdot 0.85 = 1{,}624(대/시)$$

K1(직진) : $f_{HV} = 1 - 0.0083 \cdot e^{0.21 \cdot 9} = 0.9451$

$$f_R = 1.0$$

$$q_{포화} = 2{,}000 \cdot 0.9451 \cdot 1.0 = 1{,}890(대/시)$$

K2(직진) : $f_{HV} = 1 - 0.0083 \cdot e^{0.21 \cdot 10} = 0.9322$

$$f_R = 1.0$$

$$q_{포화} = 2{,}000 \cdot 0.9322 \cdot 1.0 = 1{,}864(대/시)$$

K3(좌회전) : $f_{HV} = 1 - 0.0083 \cdot e^{0.21 \cdot 6} = 0.9707$

$$f_R = 1.0(r > 15\ m)$$

$$q_{포화} = 2{,}000 \cdot 0.9707 \cdot 1.0 = 1{,}941(대/시)$$

K4(우회전) : $f_{HV} = 1 - 0.0083 \cdot e^{0.21 \cdot 5} = 0.9783$

$$f_R = 0.85(r = 7\ m)$$

$$q_{포화} = 2{,}000 \cdot 0.9783 \cdot 0.85 = 1{,}663(대/시)$$

K5(좌회전) : $f_{HV} = 1 - 0.0083 \cdot e^{0.21 \cdot 8} = 0.9707$

$$f_R = 1.0(r > 15\ m)$$

$$q_{포화} = 2{,}000 \cdot 0.9707 \cdot 1.0 = 1{,}941(대/시)$$

K1의 두 개 진입차로에 대한 교통량의 배분은 두 개 차로의 교통량이 엇비슷하게 한다. 우회전 차로를 이용하는 직진 교통류의 비율을 a라 하면

$$\frac{q_{1우}}{q_{s1우}} + \frac{a \cdot q_{1직}}{q_{s1직}} = \frac{(1-a) \cdot q_{1직}}{q_{s1직}}$$

여기서 $q_{1우}$ =K1 우회전 교통류 교통량

$q_{1직}$ =K1 직진 교통류 교통량

$q_{포화1우}$ =K1 우회전 교통류 포화교통량

$q_{포화1직}$ =K1 직진 교통류 포화교통량(1차로)

$$\frac{179}{1,624} + a \cdot \frac{1,143}{1,890} = (1-a) \cdot \frac{1,143}{1,890}$$

$$0.1102 + a \cdot 0.6048 = (1-a) \cdot 0.6048$$

$$a = 0.4089$$

따라서 우측 차로에는 179대의 우회전 교통량이 0.4984 · 1,143=467대의 직진교통량과 1,143 - 467=676대의 좌회전 교통량이 좌측차선에 배정된다.

K1 겸용 차로의 포화교통량은

$$a_1 = \frac{179}{179+467} = 0.2771 \ ; \ a_2 = \frac{467}{179+467} = 0.7229$$

$$q_{포화,\ 겸용} = \frac{1}{\frac{0.2771}{1,624} + \frac{0.7229}{1,890}} = \frac{1,000}{0.1706 + 0.3825} = 1,808(대/시)$$

허용교통량은 두 개의 앞선 예제와 같이 포화교통량에 경감계수 0.85를 고려하여 산출한다.

K1(좌측 차로) $q_{포화,\ 허용} = 0.85 \cdot 1,890 = 1,607(대/시)$

K1(우측 차로) $q_{포화,\ 허용} = 0.85 \cdot 1,808 = 1,537(대/시)$

K2(모든 차로) $q_{포화,\ 허용} = 0.85 \cdot 1,864 = 1,584(대/시)$

K3 $q_{포화,\ 허용} = 0.85 \cdot 1,941 = 1,650(대/시)$

K4 $q_{포화,\ 허용} = 0.85 \cdot 1,663 = 1,414(대/시)$

K5 $q_{포화,\ 허용} = 0.85 \cdot 1,941 = 1,650(대/시)$

2.3.6 소요 녹색시간

따라서 주어진 주기 90초에 대한 소요 녹색시간은

$$t_{녹,K1,필요} = 90 \cdot \frac{376}{1,607} = 37.9\ s \approx 38\ s\ (좌측\ 차로)$$

$$t_{녹,K1,필요} = 90 \cdot \frac{646}{1,537} = 37.8\ s \approx 38\ s\ (우측\ 차로)$$

$$t_{녹,K2,필요} = 90 \cdot \frac{648}{1,584} = 36.8\ s \approx 38\ s$$

신호그룹	t녹(s) 시작	종료	시간
K1	4	44	40
K2	4	43	39
K3	48	67	19
K4	50	88	38
K5	71	87	16
F1	50	68	18
F2	50	56	6
F3	2	40	38

그림 2.11 신호시간계획

신호그룹	t녹(s) 시작	종료	시간
K1	10		16
K2	10		16
K3		0	0
K4		0	0
K5		0	0
F1		0	0
F2		0	0
F3	10	0	16

작동 프로그램

신호그룹	t녹(s) 시작	종료	시간
K1		6	16
K2		6	16
K3	16		0
K4	16		0
K5	16		0
F1	16		0
F2	16		0
F3		6	16

중단 프로그램

그림 2.12 시작과 종료 프로그램

$$t_{녹,K3,필요} = 90 \cdot \frac{312}{1,650} = 17.0\ \mathrm{s} \approx 17\ \mathrm{s}$$

$$t_{녹,K4,필요} = 90 \cdot \frac{270}{1,414} = 17.2\ \mathrm{s} \approx 18\ \mathrm{s}$$

$$t_{녹,K5,필요} = 90 \cdot \frac{266}{1,650} = 14.5\ \mathrm{s} \approx 15\ \mathrm{s}$$

2.3.7 신호시간계획

신호시간계획은 이 경우에 차량-교통류뿐만 아니라 보행 교통류를 고려하여 결정된다. F3은 K1 이전에 2초의 time spring을 갖는다.

보행신호 F1에는 18초의 녹색시간이 주어진다. 이 시간은 녹색시간 시작 시에 횡단을 시작하면 두 개의 보도를 통과할 수 있는 시간이다. 많은 보행자가 중앙교통섬에 대기하는 것을 방지하기 위해 F2 신호는 F1 신호보다 먼저 종료된다. 이 offset 크기는 F1 녹색시간 종료시점에 첫 번째 차도와 중앙교통섬을 통과하지 못할 경우 F2 적색신호에 정지하게끔 결정된다. 이때의 거리는 14 m로서 1.2 m/s의 보행속도일 경우 12초의 offset이 산출된다.

2.4 좌회전 추가시간과 우회전 사전시간의 3현시 제어

2.4.1 현황

회전교통량이 많은 도시부 교차로에 신호시설을 설치한다. 이때 통과 교통류는 개별 현시로 처리하며, 좌회전 교통류는 추가시간을 부여하고, 대향방향의 우회전 교통류는 사전시간으로 3현시에 처리한다.

자전거는 차도를 이용하며 차량-신호등을 준수한다. 모든 진입로의 허용속도는 50 km/h이다.

주기는 인접교차로와 연동하여(첨두시간) 85초로 결정한다.

2.4.2 Intergreen time

Intergreen time은 다른 예제와 유사하게 다양한 회전방향과 자전거 진출을 고려해 산출한다. 그림 2.14에 정리되었다.

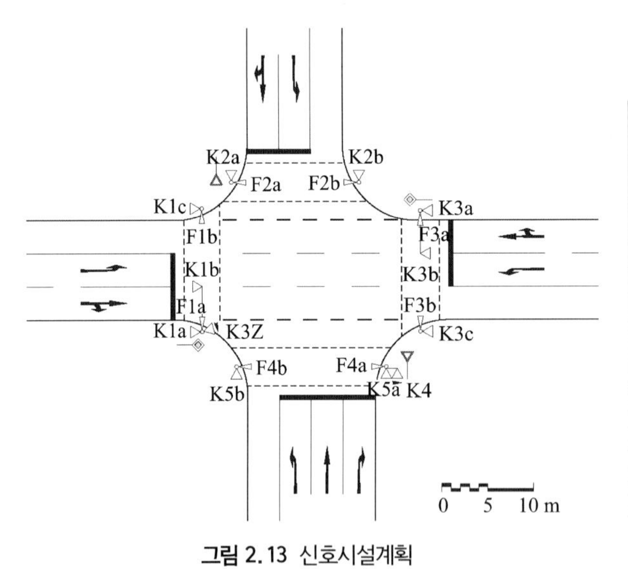

그림 2.13 신호시설계획

		시작 신호그룹									
		K1	K2	K3	K3Z	K4	K5	F1	F2	F3	F4
종료신호그룹	K1		6		5	7	5	4		7	
	K2	5							4		6
	K3		6				6	7		4	
	K3Z	6									5
	K4	4								6	4
	K5	5		5					6		4
	F1	10		7							
	F2		10				9				
	F3	7		9		8					
	F4		11		12	13	13				

그림 2.14 Intergreen time matrix

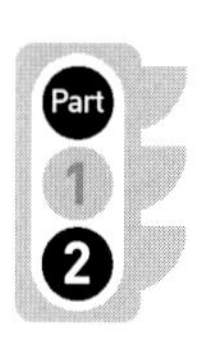

2.4.3 교통량

그림 2.15에 교차로 교통량이 중차량 비율과 같이 제시되었다.

2.4.4 현시 구분

3현시로 운영되어 1현시에는 주도로의 양방향 교통류가 처리된다(K1과 K3). 주도로로부터의 회전 교통류와 부분적으로 상충되는 두 개의 평행한 보행보도 F2와 F4도 처리된다. 원칙적으로 이 현시에 K3의 좌회전 교통류도 대향 교통류를 주의하며 처리된다. 그러나 대향 교통류가 많기 때문에 소수의 차량이 이에 해당된다.

2현시에는 K3Z의 사선녹색신호등에 의해 이 좌회전 교통류가 보호로 처리된다. 동시에 대향방향으로 우회전하는 교통류도 K4에서 처리된다. K3의 교통류와 F2의 보행자는 타 교통류와의 상충이 없으므로 이 현시에 처리된다.

3현시에는 부도로의 양방향과(K2와 K5) 이와 평행하는 보도(F1과 F3)가 처리된다. K5 신호가 방향신호등이 아니기 때문에 2현시에서 K4 신호에 의해 처리되는 우회전 교통류는 3현시에도 처리되며, 이때 F3의 보행자가 우선권이 있다는 것을 주의해야 한다.

2.4.4 포화교통량과 허용교통량

녹색시간 산출을 위한 기초자료로서 HBS에 따른 모든 교통류에 대한 포화교통량이 산출된다.

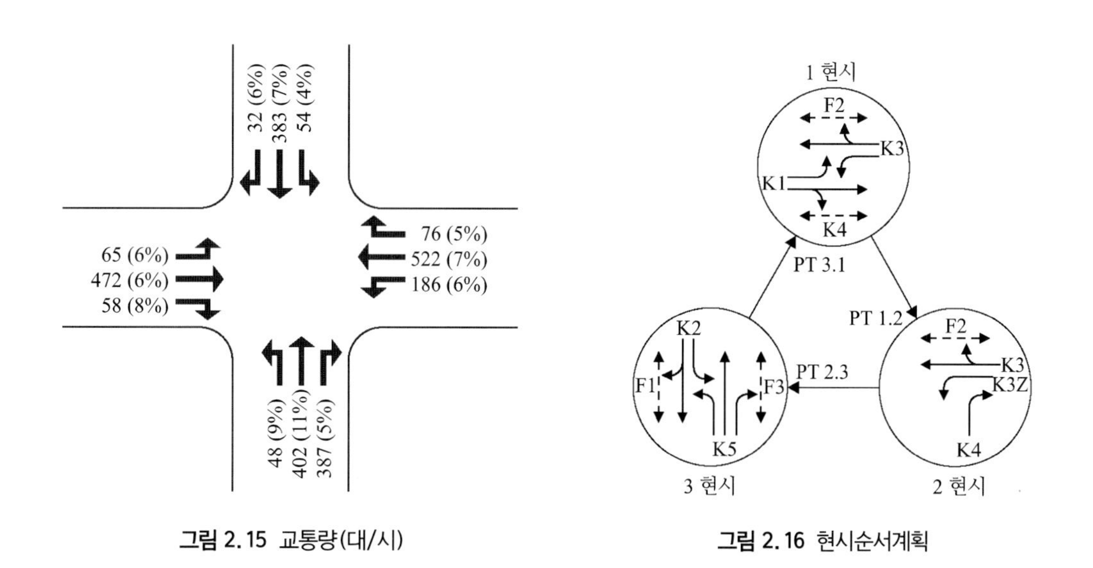

그림 2.15 교통량(대/시)

그림 2.16 현시순서계획

K1(우회전) : $f_{HV} = 1 - 0.0083 \cdot e^{0.21 \cdot 8} = 0.9555$

$$f_R = 0.85$$

$$q_{포화} = 2,000 \cdot 0.9555 \cdot 0.85 = 1,624(대/시)$$

K1(직진) : $f_{HV} = 1 - 0.0083 \cdot e^{0.21 \cdot 8} = 0.9707$

$$f_R = 1.0$$

$$q_{포화} = 2,000 \cdot 0.9707 \cdot 1.0 = 1,941(대/시)$$

K2(우회전) : $f_{HV} = 1 - 0.0083 \cdot e^{0.21 \cdot 8} = 0.9707$

$$f_R = 0.85$$

$$q_{포화} = 2,000 \cdot 0.9707 \cdot 0.85 = 1,650(대/시)$$

K2(직진) : $f_{HV} = 1 - 0.0083 \cdot e^{0.21 \cdot 7} = 0.9639$

$$f_R = 1.0$$

$$q_{포화} = 2,000 \cdot 0.9369 \cdot 1.0 = 1,928(대/시)$$

K3(우회전) : $f_{HV} = 1 - 0.0083 \cdot e^{0.21 \cdot 7} = 0.9639$

$$f_R = 1.0$$

$$q_{포화} = 2,000 \cdot 0.9639 \cdot 1.0 = 1,928(대/시)$$

K3Z(좌회전) : $f_{HV} = 1 - 0.0083 \cdot e^{0.21 \cdot 6} = 0.9707$

$$f_R = 0.90$$

$$q_{포화} = 2,000 \cdot 0.9707 \cdot 0.90 = 1,747(대/시)$$

K4(우회전) : $f_{HV} = 1 - 0.0083 \cdot e^{0.21 \cdot 5} = 0.9763$

$$f_R = 0.85$$

$$q_{포화} = 2,000 \cdot 0.9763 \cdot 0.85 = 1,660(대/시)$$

K5(직진) : $f_{HV} = 1 - 0.0083 \cdot e^{0.21 \cdot 11} = 0.9164$

$$f_R = 1.0$$

$$q_{포화} = 2,000 \cdot 0.9164 \cdot 1.0 = 1,833(대/시)$$

K1, K2와 K3에서는 우회전 교통류와 직진 교통류가 겸용 차로를 이용하므로 이에 대한 포화교통량을 산출한다. 포화교통량으로부터 허용교통량을 산출하며, 다른 예제와 같이 허용포화도 0.85를 적용한다.

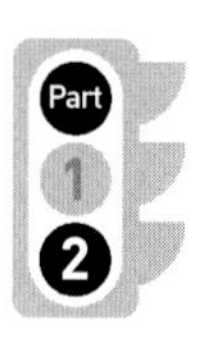

K1 겸용 차로

$$a_1 = \frac{58}{58+472} = 0.1094\ ;\ a_2 = \frac{472}{58+472} = 0.8906$$

$$q_{겸용포화} = \frac{1}{\frac{0.1094}{1,624} + \frac{0.8906}{1,941}} = \frac{1,000}{0.0674 + 0.4588} = 1,900(대/시)$$

$$q_{겸용포화,허용} = 0.85 \cdot 1,900 = 1,615(대/시)$$

K2 겸용 차로

$$a_1 = \frac{32}{32+383} = 0.0771\ ;\ a_2 = \frac{383}{32+383} = 0.9229$$

$$q_{겸용포화} = \frac{1}{\frac{0.0771}{1,650} + \frac{0.9229}{1,928}} = 1,903(대/시)$$

$$q_{겸용포화,허용} = 0.85 \cdot 1,903 = 1,618(대/시)$$

K3 겸용 차로

$$a_1 = \frac{76}{76+522} = 0.1271\ ;\ a_2 = \frac{522}{76+522} = 0.8729$$

$$q_{겸용포화} = \frac{1}{\frac{0.1271}{1,660} + \frac{0.8729}{1,928}} = 1,889(대/시)$$

$$q_{겸용포화,허용} = 0.85 \cdot 1,889 = 1,650(대/시)$$

K3Z 좌회전

$$q_{포화,허용} = 0.85 \cdot 1,747 = 1,485(대/시)$$

K4 우회전

$$q_{포화,허용} = 0.85 \cdot 1,660 = 1,411(대/시)$$

K5 직진

$$q_{포화,허용} = 0.85 \cdot 1,833 = 1,558(대/시)$$

2.4.5 소요 녹색시간

주기 85초에 대한 개별 신호그룹별 필요 녹색시간은 Part1 2.7.1에 따라 산출된다. 시간적으로 보호받으며 처리되는 좌회전 교통류의 사전시간과 비교하여(2.5절의 K4Z 신호그룹 참조) 추가시간에는 좌회전 교통류에 대한 추가적인 진출이 좌회전 신호 시작시점에 대향 교통류의 차두간격을 활용한다는 것을 무시할 경우 불가능하다. 따라서 K3Z의 소요 녹색시간은 교통량 전체 값을 추가적인 통행가능성에 대한 경감 없이 고려한다.

이와 반대로 K4와 K5 신호그룹 진입부로부터의 우회전 교통류는 두 신호그룹의 녹색시간 동안 통행이 가능하다. 산출된 녹색시간은 두 신호그룹 녹색시간의 합에 기초한다. 신호그룹 K5의 녹색시간은 이 진입로의 직진 교통류의 교통량만을 기준으로 산출한다. K5에 대해 필요 녹색시간이 부여된다고 가정할 때 K4는 24 - 22 = 2 s의 녹색시간이 필요하다. 하지만 기준이 되는 것은 최소녹색시간 5 s이다.

$$t_{녹,K1} = 85 \cdot \frac{530}{1,615} = 27.9\ s \approx 28\ s$$

$$t_{녹,K2} = 85 \cdot \frac{415}{1,618} = 21.8\ s \approx 22\ s$$

$$t_{녹,K3} = 85 \cdot \frac{598}{1,605} = 31.7\ s \approx 32\ s$$

$$t_{녹,K3Z} = 85 \cdot \frac{186}{1,485} = 10.6\ s \approx 11\ s$$

$$t_{녹,K4/5} = 85 \cdot \frac{387}{1,411} = 23.3\ s \approx 24\ s$$

$$t_{녹,K5} = 85 \cdot \frac{402}{1,558} = 27.9\ s \approx 22\ s$$

2.4.6 신호시간계획

3현시의 기준이 되는 신호그룹은 K1, K3과 K5이다. 이 현시순서에 의하면 최소 필요 Intergreen time의 합은

$$\sum t_{inter} = 5 + 6 + 5 + 2 \cdot 4 = 24\ s$$

$$t_{여유} = 85 - 28 - 11 - 22 - 24 = 0\ s$$

$\sum t_{inter}$에는 K1, K2와 K5의 좌회전 교통류 진출에 필요한 추가적인 소요 녹색시간이 포함된다. 여기에는 매 현시전이마다 진입부별로 2대의 좌회전 차량이 진출하는, 즉 4 s가 필요하다. K3Z과 K5간의 Intergreen time은 정의되지 않았다; K3과 K3Z의 녹색시간이 동시에 종료되기 때문에 공식에 K3 - K5 Intergreen time이 반영된다. 따라서 85 s 주기는 충분하나 현시에 추가적으로 부여할 여유시간은 확보되지 않는다. 그림 2.17에 신호시간계획이 제시되었다.

신호그룹	t녹(s)		
	시작	종료	시간
K1	5	33	28
K2	59	81	22
K3	5	49	44
K3Z	38	49	11
K4	40	52	12
K5	59	81	22
F1	56	80	24
F2	3	49	46
F3	58	81	23
F4	3	26	23

그림 2.17 신호시간계획

작동 프로그램

신호그룹	t녹(s)		
	시작	종료	시간
K1	13		19
K2		0	0
K3	13		19
K3Z			0
K4			0
K5		0	0
F1		0	0
F2		0	6
F3		0	0
F4		0	6

중단 프로그램

신호그룹	t녹(s)		
	시작	종료	시간
K1		6	19
K2	19		0
K3		6	19
K3Z	19		0
K4	19		0
K5	19		0
F1	19		0
F2		6	19
F3	19		0
F4		6	19

그림 2.18 시작과 종료 프로그램

2.5 좌회전 교통류 사전시간 3현시 제어

2.5.1 현황

지금까지 도시부 고정식 신호프로그램의 2현시 제어에서 양방향의 회전교통량이 급격히 증가하였다. 우회전 교통류가(위치계획의 하측 좌) 자체의 진입차로를 활용하여 문제없이 진출할 수 있으나, 대향 교통류 좌회전 교통류는 일부 시간에 용량을 초과할 경우가 있다.

좌회전 교통류 처리에 도움을 주고자 K4 신호에 좌회전 교통류는 시간적으로 보호되어 처리한다. K4 회전차로의 길이가 상대적으로 짧아 좌회전 교통류에 대한 추가시간 제공에는 과포화되어 대향 교통류의 흐름에 장애를 줄 수 있는 위험이 있다. 따라서 2현시 시작시간에 K4 좌회전과 직진 교통류의 동시 처리를 가능하게 하기 위해서는 단지 사전시간만이 고려된다.

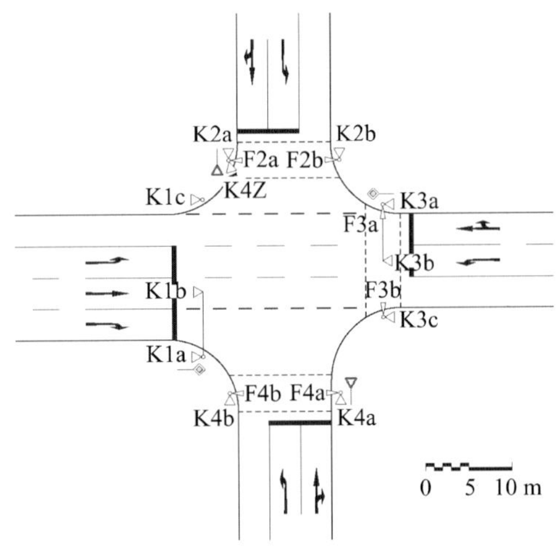

그림 2.19 신호시설계획

사전시간의 작동은 안전측면에서 Part1 2.3.1.2에 따라 2단 사선신호 K4Z를 설치한다(좌측 녹색신호와 점멸등).

자전거는 모든 진입로에서 도로를 이용하며 차량-신호등을 준수한다.

회전 시 곡선반경은 Part1 2.4절의 교차로에서와 동일하다. 차량궤적과 곡선반경은 생략하였다.

작동 중인 첨두시간 주기 80 s는 지속한다.

2.5.2 Intergreen time

Intergreen time은 -앞 예제와 같이- 다양한 회전 교통류와 진출하는 자전거를 고려하여 산출한다. K4에서는 좌회전 교통류가 원칙적으로 K4Z의 녹색시간 이외에도 가능하기 때문에 좌회전 교통류를 Intergreen time 산정 시 반영한다.

		시작 신호그룹							
		K1	K2	K3	K4	K4Z	F2	F3	F4
종료 신호 그룹	K1		5		6			6	
	K2	7		6		5	4		7
	K3		7		5			4	
	K4	6		6			7		4
	K4Z		3						
	F2		10		8				
	F3	8		10					
	F4		8		10				

그림 2.20 Intergreen time matrix

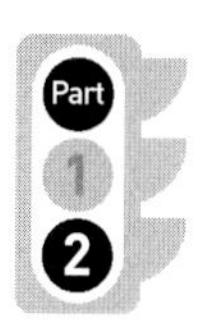

2.5.3 교통량

4지 교차로는 첨두시간대에 그림 2.21과 같은 교통량을 나타낸다. 괄호 안은 중차량 비율이다.

2.5.4 현시 구분

그림 2.22에 제시된 바와 같은 3현시로 운영하여 1현시에는 주방향(K1과 K3), 3현시에는 부방향(K2와 K4)을 처리한다. 2현시에는 K2가 금지되는 동안 K4와 K4Z 신호가 허용된다.

2.5.5 포화교통량

필요 녹색시간 산출을 위해 모든 교통류에 대한 포화교통량을 산출한다. HBS에 따른다.

K1(직진) : $f_{HV} = 1 - 0.0083 \cdot e^{0.21 \cdot 11} = 1 - 0.0836 - 0.9164$

$$f_R = 1.00$$

$$q_{포화} = 2,000 \cdot 0.9164 \cdot 1.0 = 1,833(대/시)$$

K2(우회전) : $f_{HV} = 1 - 0.0083 \cdot e^{0.21 \cdot 11} = 1 - 0.0836 - 0.9164$

$$f_R = 0.85$$

$$q_{포화} = 2,000 \cdot 0.9164 \cdot 0.85 = 1,558(대/시)$$

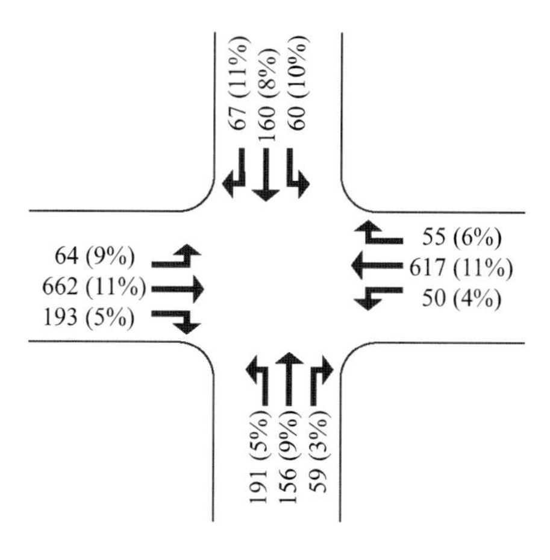

그림 2.21 교통량(대/시)

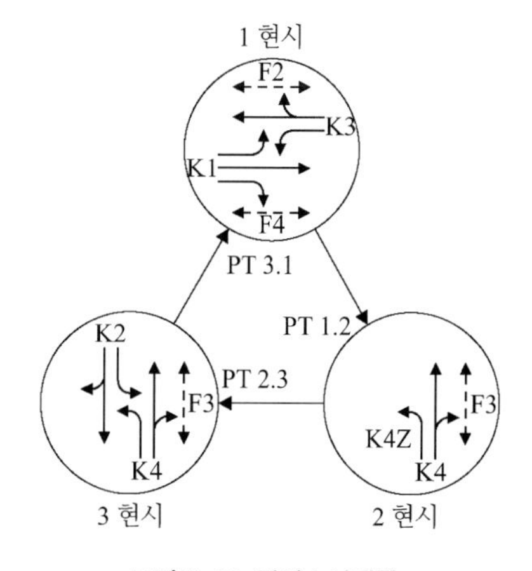

그림 2.22 현시순서계획

K2(직진) : $f_{HV} = 1 - 0.0083 \cdot e^{0.21 \cdot 8} = 1 - 0.0445 = 0.9555$

$$f_R = 1.0$$

$$q_{포화} = 2,000 \cdot 0.9555 \cdot 1.0 = 1,911(대/시)$$

K3(우회전) : $f_{HV} = 1 - 0.0083 \cdot e^{0.21 \cdot 6} = 1 - 0.0293 - 0.9707$

$$f_R = 0.85$$

$$q_{포화} = 2,000 \cdot 0.9707 \cdot 0.85 = 1,650(대/시)$$

K3(직진) : $f_{HV} = 1 - 0.0083 \cdot e^{0.21 \cdot 11} = 0.9164$

$$f_R = 1.00$$

$$q_{포화} = 2,000 \cdot 0.9164 \cdot 1.00 = 1,833(대/시)$$

K4(우회전) : $f_{HV} = 1 - 0.0083 \cdot e^{0.21 \cdot 3} = 1 - 0.0156 - 0.9844$

$$f_R = 0.85$$

$$q_{포화} = 2,000 \cdot 0.9844 \cdot 0.85 = 1,673(대/시)$$

K4(직진) : $f_{HV} = 1 - 0.0083 \cdot e^{0.21 \cdot 9} = 1 - 0.0549 - 0.9451$

$$f_R = 1.00$$

$$q_{포화} = 2,000 \cdot 0.9451 \cdot 1.0 = 1,890(대/시)$$

K4Z(좌회전) : $f_{HV} = 1 - 0.0083 \cdot e^{0.21 \cdot 5} = 1 - 0.0237 - 0.9763$

$$f_R = 1.90$$

$$q_{포화} = 2,000 \cdot 0.9763 \cdot 0.90 = 1,757(대/시)$$

K2, K3과 K4 진입로의 우회전과 직진 교통류는 겸용 차로로 운영된다. 따라서 겸용 차로의 포화교통량으로 산출한다. 이어서 포화교통량을 최대포화도를 고려한 경감계수를 반영하여 허용 포화교통량으로 환산한다. 다른 예제에서와 같이 허용 포화도는 85%로 한다.

K2 겸용 차로

$$a_1 = \frac{67}{67+160} = 0.0295 \ ; \ a_2 = \frac{160}{67+160} = 0.705$$

$$q_{겸용포화} = \frac{1}{\frac{0.0295}{1,558} + \frac{0.705}{1,911}} = \frac{1,000}{0.1893 + 0.3689} = 1,791(대/시)$$

$$q_{겸용포화,허용} = 0.85 \cdot 1,791 = 1,522(대/시)$$

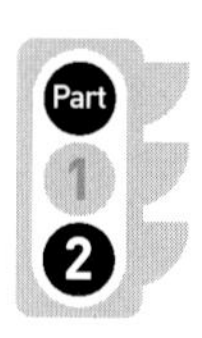

K3 겸용 차로

$$a_1 = \frac{55}{55+617} = 0.082 \ ; \ a_2 = \frac{617}{55+617} = 0.918$$

$$q_{겸용포화} = \frac{1}{\frac{0.082}{1,650} + \frac{0.918}{1,833}} = \frac{1,000}{0.0497 + 0.5008} = 1,817(대/시)$$

$$q_{겸용포화,허용} = 0.85 \cdot 1,791 = 1,522(대/시)$$

K4 겸용 차로

$$a_1 = \frac{59}{59+156} = 0.274 \ ; \ a_2 = \frac{156}{59+156} = 0.726$$

$$q_{겸용포화} = \frac{1}{\frac{0.274}{1,673} + \frac{0.726}{1,890}} = \frac{1,000}{0.1638 + 0.3841} = 1,825(대/시)$$

$$q_{겸용포화,허용} = 0.85 \cdot 1,825 = 1,551(대/시)$$

K1 직진

$$q_{포화,허용} = 0.85 \cdot 1,825 = 1,551(대/시)$$

K4Z 좌회전

$$q_{포화,허용} = 0.85 \cdot 1,757 = 1,493(대/시)$$

2.5.6 필요 녹색시간

필요 녹색시간 산출에 있어서 K4Z 신호를 유의한다. K4의 좌회전 교통류가 K4Z 녹색시간이 아닌 현시전이 시에 처리되므로 필요 녹색시간 산출에 있어서 감소된 차량수를 반영한다. 현시전이 시에 2대의 차량이 진출할 수 있으므로 80초 주기일 경우 2·45=90대/시가 가능하다. 모든 교통류에 있어서 허용 포화도가 85%로 결정되었기 때문에 이를 감안하여 좌회전 교통류 중 0.85·90=76대/시를 K4Z 신호의 좌회전 교통류의 교통량에서 줄이도록 한다. 따라서 다음과 같은 필요 녹색시간이 개별 교통류에 대해 산출된다.

$$t_{녹,K1,필요} = 80 \cdot \frac{622}{1,558} = 31.9 \text{ s} \approx 32 \text{ s}$$

$$t_{녹,K3,필요} = 80 \cdot \frac{55+617}{1,554} = 34.8 \text{ s} \approx 35 \text{ s}$$

$$t_{녹,K2,필요} = 80 \cdot \frac{67+160}{1,552} = 11.9 \text{ s} \approx 12 \text{ s}$$

$$t_{\text{녹},K4Z,\text{필요}} = 80 \cdot \frac{191-76}{1,493} = 6.2\ \text{s} \approx 7\ \text{s}$$

$$t_{\text{녹},K4,\text{필요}} = 80 \cdot \frac{156+59}{1,551} = 11.1\ \text{s} \approx 12\ \text{s}$$

2.5.7 신호시간계획

현시 1에 적용되는 신호그룹은 K3으로서 35초의 녹색시간이 필요하다. 2현시에는 K4Z가, 3현시에는 K2가 기준이 된다. K1, K2와 K3에서 많은 차량이 현시전이 시에 진출하므로, Intergreen time에 대기 중인 좌회전 차량이 진출하는 시간을 고려해야 한다. 교통량과 교차로의 대기공간을 고려하여 현시 전이당 2대의 좌회전 진출차량을 가정하여 현시전이 시마다 4초의 추가시간을 배정한다.

$$\sum t_{\text{inter}} = 5+3+6+2\cdot 4 = 22\ \text{s}$$

$$t_{\text{여유}} = 80-35-12-7-22 = 4\ \text{s}$$

따라서 산출된 최소녹색시간과 80초의 주기에서 4초의 여유시간이 발생하여 이를 K2, K3와 K4Z의 녹색시간에 추가 배정한다. 그림 2.23과 같은 신호시간계획이 작성된다.

신호그룹	$t_{녹}$(s) 시작	종료	시간
K1	5	40	35
K2	61	74	13
K3	4	41	37
K4	50	74	24
K4Z	50	58	8
F2	1	42	41
F3	46	74	28
F4	1	40	39

그림 2.23 신호시간계획

작동 프로그램

신호그룹	$t_{녹}$(s) 시작	종료	시간
K1	10		16
K2		0	0
K3	10		16
K4		0	0
K4Z			0
F2	10	0	16
F3		0	0
F4	10	0	16

중단 프로그램

신호그룹	$t_{녹}$(s) 시작	종료	시간
K1	0	6	16
K2	16		0
K3		6	16
K4	16		0
K4Z	16		0
F2		6	16
F3	16		0
F4		6	16

그림 2.24 시작과 종료 프로그램

2.6 4현시 제어

2.6.1 현황

회전교통량이 많은 도시 내 교차로에서 4현시의 신호제어를 계획한다. 진입로에는 회전 방향별로 회전 차로가 확보되어 있으며, 주방향에는 2개 좌회전 차로가 확보되었다. 교차로 바깥 부분에는 2차로와 4차로가 교차하고 있다. 이 도로축에는 공간측면에서 직진방향으로 1개 차로의 진입로만 확보되고, 많은 회전교통량과 이에 따른 신호제어 측면에서 겸용 차로를 설치하지 않았다.

도로 양측에는 자전거도로가 확보되어 있으며 도로횡단 시에는 보도에 인접한 자전거 횡단도를 활용한다. 자전거 횡단도는 보행보도와 동시에 신호화된다. 좌회전하는 자전거는 간접적으로 회전한다. 허용속도는 50 km/h이다.

대상 교차로는 연동화가 계획된 교통축에 있는 주요교차로이다. 연동화를 위해 선택되는 주기는 이 교차로의 상황과 밀접한 관계에 있다. 교차로에 대한 최적 신호주기를 산출한다.

2.6.2 Intergreen time

Intergreen time은 Part1 2.5에 따라 산출한다. 모든 회전 교통류가 자체의 신호그룹에 의해 보호되므로 회전 교통류의 다양한 조합에 대한 검증은 생략된다. 진출하는 자전거에 대한 고려도 자전거가 차량과 분리되어 처리되므로 생략된다. 2차로로 처리되는 좌회전 교통류는 각 차로별로 분석한다. Intergreen time은 그림 2.26에 종합하였다.

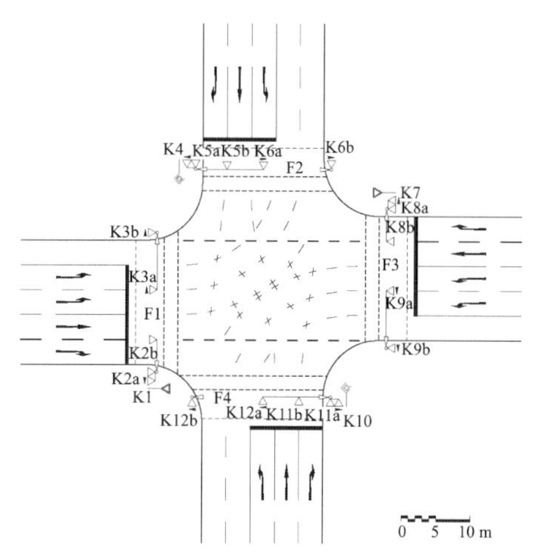

그림 2.25 신호시설계획

종료 신호그룹 \ 시작 신호그룹	K1	K2	K3	K4	K5	K6	K7	K8	K9	K10	K11	K12	F1	F2	F3	F4
K1					2				3				4			5
K2					3	5			4	6	5	5	4		8	
K3					3	6	8	6			5			9		
K4								3				5	6	4		
K5	7	5	5					3	4			4		4		8
K6		5	3					4		6	5			4	8	
K7			3								3			5	4	
K8			4	6	5	5					2	5	8		4	
K9	8	6			5						3	6				9
K10		3				3									6	4
K11		3	4			4	7	5	5					8		4
K12		4		3	5			5	3				8			4
F1	16	13		14				12				13				
F2			13	16	13	10	14				13					
F3		12				13	16	13		14						
F4	14				13				13	16	13	10				

그림 2.26 Intergreen time matrix

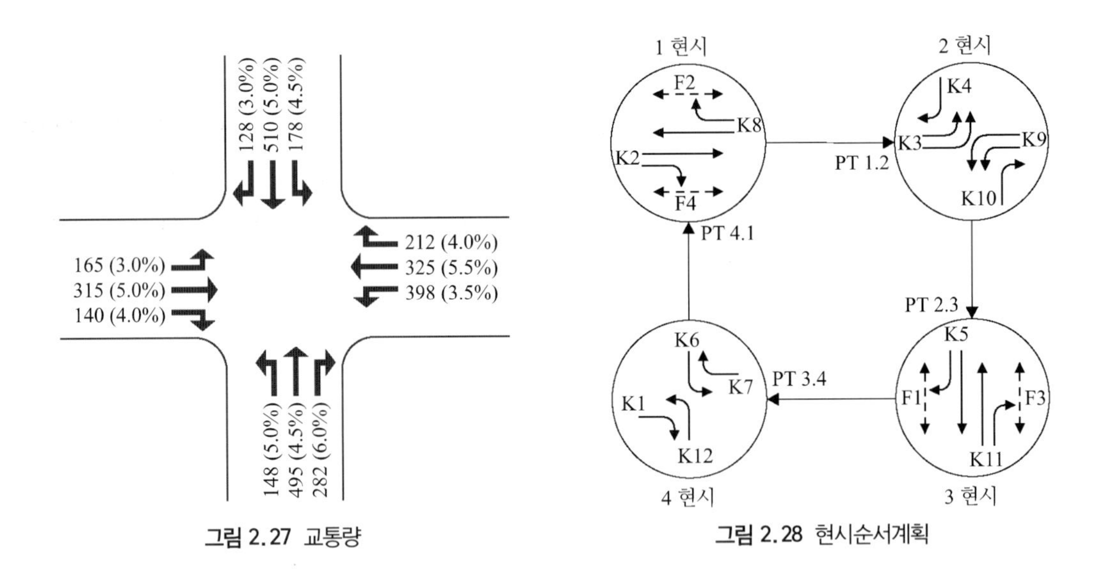

그림 2.27 교통량

그림 2.28 현시순서계획

2.6.3 교통량

교차로는 첨두시간대에 그림 2.27에 중차량 비율과 같이 제시되었다.

2.6.4 현시 구분

4현시로 운영되며, 1, 3현시에는 직진과 두 개 교차하는 도로의 우회전 교통류 및 이와 평행하는 부분적으로 상충하는 보행자와 자전거가 처리된다. 2, 4현시에는 두 도로로부터의 좌회전 교통류가 처리된다. 이 두 현시에는 대향방향에서 우회전하는 교통류에 대해 추가적인 녹색시간을 부여한다. 여기에는 2단의 방향신호가 K1, K4, K7과 K10에 제공된다.

2.6.5 포화교통량과 적정 주기

적정 주기와 필요 녹색시간 산출의 기초자료로서 HBS에 따른 모든 교통류에 대한 포화교통량이 산출된다. 우회전 교통류의 곡선반경은 11 - 12 m, 좌회전 교통류는 15 m 이상이다. 따라서 우회전 교통류의 경감계수 $f_R = 0,9$ 그리고 좌회전 교통류의 경감계수는 $f_R = 1,0$을 적용한다.

보행교통량이 적으므로 자체 우회전 신호(K1, K4와 K10)로 운영되는 우회전 교통류는 K2, K5, K8과 K11과 같이 동일한 포화교통량이 적용된다.

다른 예제에서와 같이 허용 포화도는 85%를 적용한다.

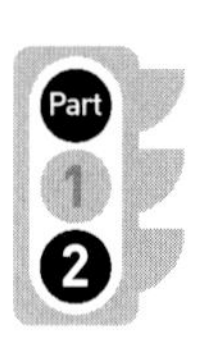

K1(우회전) : $f_{HV} = 1 - 0.0083 \cdot e^{0.21 \cdot 4} = 1 - 0.0192 = 0.9808$

$$f_R = 0.90$$

$$q_{포화} = 2{,}000 \cdot 0.9808 \cdot 0.90 = 1{,}765(대/시)$$

$$q_{포화,\ 허용} = 0.85 \cdot 1{,}900 = 1{,}500(대/시)$$

K2(직진) : $f_{HV} = 1 - 0.0083 \cdot e^{0.21 \cdot 5} = 1 - 0.0237 = 0.9763$

$$f_R = 1.0$$

$$q_{포화} = 2{,}000 \cdot 0.9763 \cdot 1.0 = 1{,}953(대/시)$$

$$q_{포화,\ 허용} = 0.85 \cdot 1{,}953 = 1{,}660(대/시)$$

K3(좌회전) : $f_{HV} = 1 - 0.0083 \cdot e^{0.21 \cdot 3} = 1 - 0.0156 = 0.9844$

$$f_R = 1.0$$

$$q_{포화} = 2{,}000 \cdot 0.9844 \cdot 1.0 = 1{,}969(대/시)$$

$$q_{포화,\ 허용} = 0.85 \cdot 1{,}989 = 1{,}674(대/시)$$

K4(우회전) : $f_{HV} = 1 - 0.0083 \cdot e^{0.21 \cdot 3} = 1 - 0.0156 = 0.9844$

$$f_R = 0.9$$

$$q_{포화} = 2{,}000 \cdot 0.9844 \cdot 0.9 = 1{,}772(대/시)$$

$$q_{포화,\ 허용} = 0.85 \cdot 1{,}772 = 1{,}506(대/시)$$

K5(직진) : $f_{HV} = 1 - 0.0083 \cdot e^{0.21 \cdot 5} = 1 - 0.0237 = 0.9763$

$$f_R = 1.0$$

$$q_{포화} = 2{,}000 \cdot 0.9763 \cdot 1.0 = 1{,}953(대/시)$$

$$q_{포화,\ 허용} = 0.85 \cdot 1{,}953 = 1{,}660(대/시)$$

K6(좌회전) : $f_{HV} = 1 - 0.0083 \cdot e^{0.21 \cdot 4.5} = 1 - 0.0214 = 0.9786$

$$f_R = 1.0$$

$$q_{포화} = 2{,}000 \cdot 0.9786 \cdot 1.0 = 1{,}957(대/시)$$

$$q_{포화,\ 허용} = 0.85 \cdot 1{,}957 = 1{,}663(대/시)$$

K7(우회전) : $f_{HV} = 1 - 0.0083 \cdot e^{0.21 \cdot 4} = 1 - 0.0192 = 0.9808$

$$f_R = 0.90$$

$$q_{포화} = 2{,}000 \cdot 0.9808 \cdot 0.90 = 1{,}765(대/시)$$

$$q_{포화,\ 허용} = 0.85 \cdot 1{,}765 = 1{,}500(대/시)$$

$$K8(직진) : f_{HV} = 1 - 0.0083 \cdot e^{0.21 \cdot 5,5} = 1 - 0.0263 = 0.9737$$

$$f_R = 1.0$$

$$q_{포화} = 2,000 \cdot 0.9737 \cdot 1.0 = 1,947(대/시)$$

$$q_{포화,\ 허용} = 0.85 \cdot 1,947 = 1,655(대/시)$$

$$K9(좌회전) : f_{HV} = 1 - 0.0083 \cdot e^{0.21 \cdot 3,5} = 1 - 0.0549 = 0.9451$$

$$f_R = 1.00$$

$$q_{포화} = 2,000 \cdot 0.9451 \cdot 1.0 = 1,890(대/시)$$

$$q_{포화,\ 허용} = 0.85 \cdot 1,965 = 1,670(대/시)$$

$$K10(우회전) : f_{HV} = 1 - 0.0083 \cdot e^{0.21 \cdot 6} = 1 - 0.0293 = 0.9707$$

$$f_R = 0.90$$

$$q_{포화} = 2,000 \cdot 0.9707 \cdot 0.90 = 1,747(대/시)$$

$$q_{포화,\ 허용} = 0.85 \cdot 1,747 = 1,485(대/시)$$

$$K11(직진) : f_{HV} = 1 - 0.0083 \cdot e^{0.21 \cdot 4,5} = 1 - 0.0214 = 0.9786$$

$$f_R = 1.0$$

$$q_{포화} = 2,000 \cdot 0.9786 \cdot 1.0 = 1,957(대/시)$$

$$q_{포화,\ 허용} = 0.85 \cdot 1,957 = 1,663(대/시)$$

$$K12(좌회전) : f_{HV} = 1 - 0.0083 \cdot e^{0.21 \cdot 5} = 1 - 0.0237 = 0.9763$$

$$f_R = 1.0$$

$$q_{포화} = 2,000 \cdot 0.9763 \cdot 1.0 = 1,953(대/시)$$

$$q_{포화,\ 허용} = 0.85 \cdot 1,953 = 1,660(대/시)$$

모든 현시 중 기준이 되는 교통류는 교통량과 포화교통량간 관계에서 가장 큰 비율을 나타내는 교통류이다. 가장 큰－기준이 되는－값이 다음에 굵은체로 표현되었다.

Phase 1	K2 : 315/1,660=0.190
	K8 : 325/1,655=**0.196**
Phase 2	K3 : 165/(1,691 · 2)=0.049
	K9 : 398/(1,670 · 2)=**0.119**
Phase 3	K5 : 510/1,660=**0.307**
	K11 : 495/1,663=0.298

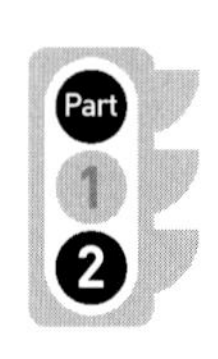

Phase 4 K6 : 178/1,663 = 0.107

K12 : 148/1,660 = **0.089**

신호그룹 K3과 K9 좌회전 교통류에는 2개의 차로가 확보되었다. 포화교통량은 - 개별차로에 기준하여 - 2를 곱한다. 우회전 교통류는 각각 2개의 현시에 처리되고, 4현시에 K1이, 1현시에 K2가 처리된다. 이들의 녹색시간은 다른 교통류에 비해 월등히 길어 여기에서 제시된 교통량비에 대하여는 '기준 교통류'로 간주하지 않는다.

기준 교통류는 신호그룹 K8, K9, K5와 K6에 대한 교통류이다. 필요 Intergreen time의 합은 다음과 같다.

$$\sum t_{inter,\,필요} = 5 + 4 + 5 + 4 = 18\ s$$

$$\sum t_{inter},\ 필요$$

여기서

$$\sum \frac{q_{차선,설계}}{q_{포화,허용}} = 0.196 + 0.119 + 0.307 + 0.107 = 0.729$$

녹색시간은 다음과 같이 산출된다.

$$\sum t_{녹,\,필요} = \frac{18}{1-0.729} = 66.4 \approx \mathbf{67\ s}$$

지체시간 최소화 주기의 산출은 허용 포화교통량 $q_{포화,\,허용}$이 아닌 포화교통량 $q_{포화}$로부터 산출한다.

이로부터 지체시간 최소화 주기는

$$\sum \frac{q_{차로,기준}}{q_{포화,허용}} = 0.167 + 0.101 + 0.261 + 0.092 = 0.621$$

$$t_{주기,\,적정} = \frac{1.5 \cdot 18 + 5}{1-0.621} = 84.4 \approx \mathbf{85\ s}$$

와 같다.

지체시간 최소화 주기에 따른 85초가 신호시간계획 작성에 반영된다.

2.6.6 필요 녹색시간

개별 현시에서 기준 교통류에 대한 필요 녹색시간은 다음과 같다.

$$t_{녹,\,K6} = 85 \cdot \frac{178}{1,663} = 9.1\ s \approx 10\ s$$

$$t_{녹,\,K8} = 85 \cdot \frac{325}{1,655} = 16.7\ \mathrm{s} \approx 17\ \mathrm{s}$$

$$t_{녹,\,K9} = 85 \cdot \frac{325}{2 \cdot 1,670} = 10.1\ \mathrm{s} \approx 11\ \mathrm{s}$$

$$t_{녹,\,K5} = 85 \cdot \frac{510}{1,660} = 26.1\ \mathrm{s} \approx 27\ \mathrm{s}$$

2.6.7 신호시간계획

기준 신호그룹에 대한 필요 Intergreen time과 녹색시간에 대해 85초의 주기에는 2초의 여유시간이 발생한다.

$$t_{여유} = 85 - 18 - 10 - 17 - 11 - 27 = 2\ \mathrm{s}$$

이 여유시간은 1현시에 추가 배분하여 F2와 F4 횡단보도의 상황을 개선하는 데 활용한다. 이를 통한 녹색시간 10초로서 녹색시간 시작 시에 횡단보도를 출발한 보행자가 녹색시간 종료 시에 보도의 2/3을 횡단토록 한다. 3현시의 긴 시간으로 인해 F1과 F3에는 이러한 문제가 발생하지 않는다. 이 경우 녹색시간 시작 시에 횡단을 시작한 보행자는 녹색시간 동안에 전체 보도를 횡단할 수 있다.

신호그룹	$t_{녹}$(s)		
	시작	종료	시간
K1	75	81	6
K2	2	21	19
K3	25	36	11
K4	27	34	7
K5	41	68	27
K6	72	82	10
K7	75	81	6
K8	2	21	19
K9	25	36	11
K10	27	34	7
K11	41	68	27
K12	72	82	10
F1	40	59	19
F2	1	11	10
F3	40	59	19
F4	1	11	10

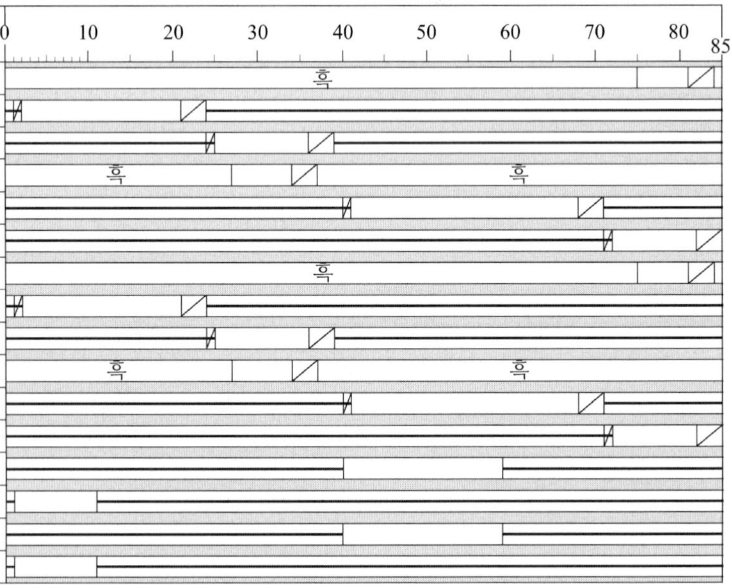

그림 2.29 신호시간계획

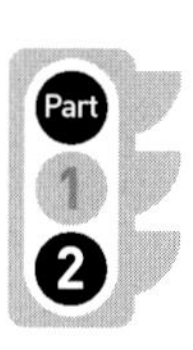

신호그룹	$t_{녹}$(s)			0 10 20
	시작	종료	시간	
K1			0	흑
K2		0	0	
K3		0	0	
K4			0	흑
K5	16		22	흑
K6		0	0	
K7			0	흑
K8		0	0	
K9		0	0	
K10			0	흑
K11	16		22	흑
K12		0	0	
F1		0	6	흑
F2		0	0	
F3		0	6	흑
F4		0	0	

작동 프로그램

$t_{녹}$(s)			0 10 20
시작	종료	시간	
22		0	흑
22		0	
22		0	
22		0	흑
	6	22	흑
22		0	
22		0	흑
22		0	
22		0	
22		0	흑
	6	22	흑
22		0	
	6	6	흑
22		0	
	6	6	흑
22		0	

중단 프로그램

그림 2.30 작동과 종료 프로그램

Chapter 03

규칙기반 신호제어

3.1 개요

3.1.1 사례 구성

3.2절에서 3.7까지는 Part1 표 1에서 제시된 제어기법들을 명확히 하는 가상적인 사례를을 포함한다. 이 사례들은 인위적으로 단순화된 것으로 특정 교차로에 대한 최적의 대안을 제시하는 것은 아니다.

3.1.2 표현 방식

실제 구축 시 순서도를 표현하는 데에는 다양한 형태가 있다. Part1에서는 세 가지 표현 형태인 순서도, 구조도와 조도가 제시되었다. 하나의 사례는 결정표를 포함하고 있다.

순서도의 사용에 있어서 Yes일 경우 우측으로 No일 경우 아래로 향함을 주의해야 한다. 순서도는 물론 구조도도 초 단위로 진행된다.

다음 사례들은 논리적, 시간적 그리고 기타 조건과 행동 요소들을 나타낸다.

논리적 조건들은 Booleschen Algebra 규칙에 의하여 연계될 수 있다. 이때

^ and

∨ or

/ no

를 의미한다.

논리적 조건의 종합적인 구성은 다수의 질의가 동시에 진행되어 이들의 전체적인 배경에 대한 직관적인 이해를 어렵게 하기도 한다. 이해도를 높이려는 목적으로 약어/설명들이 활용될 수 있다(그림 3.2 참조).

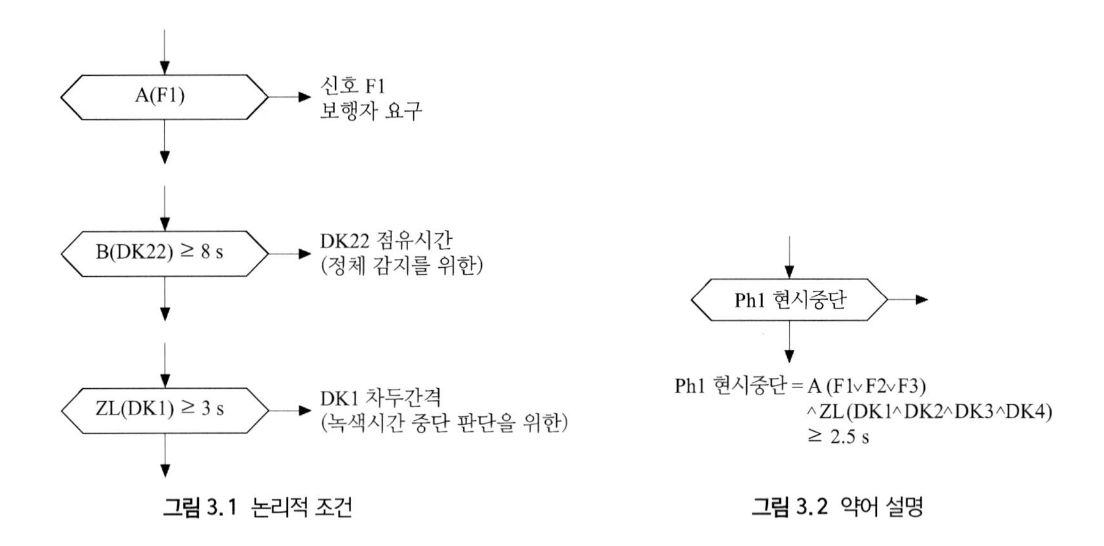

그림 3.1 논리적 조건

그림 3.2 약어 설명

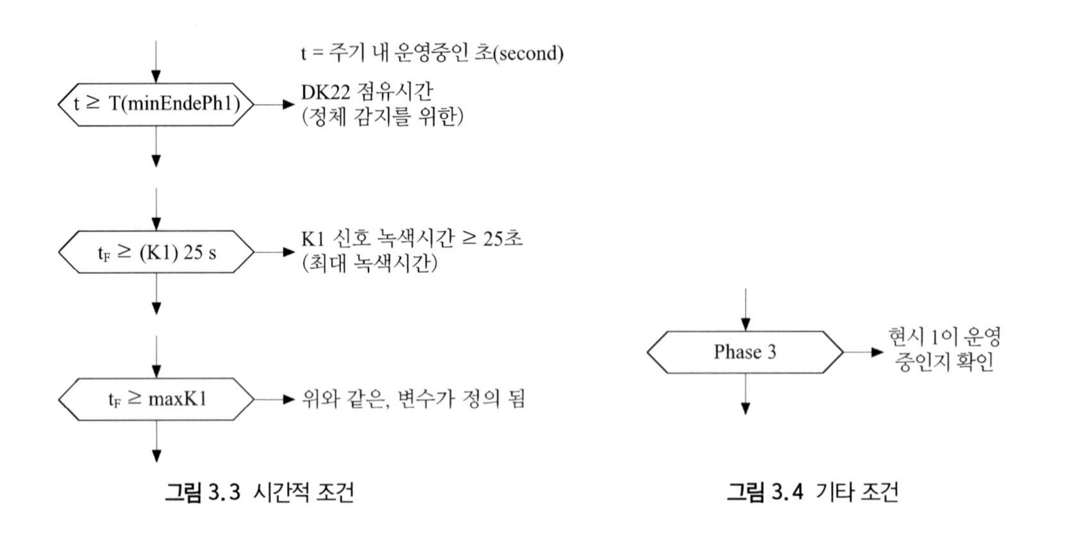

그림 3.3 시간적 조건

그림 3.4 기타 조건

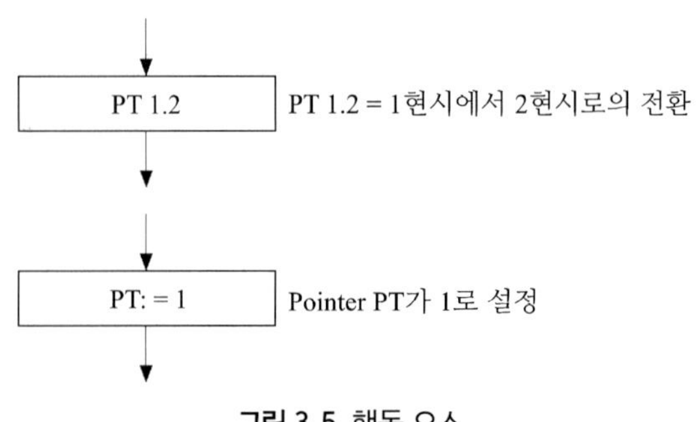

그림 3.5 행동 요소

3.2 녹색시간 보정

3.2.1 현황

신호교차로는 다른 교차로와 무관하게 운영된다. 교통량은 오후 첨두시간대에 어느 정도 편차를 나타낸다. 최소녹색시간과 최대 현시길이를 고려하여 실제 교통량에 대응하는 신호제어를 운영토록 한다. 허용속도는 50 km/h이다.

3.2.2 제어개념과 자료검지

제어기법 녹색시간 보정(Part1, 4.1, 표 3.1, 위계번호 B2)이 적용된다.

3현시로 계획되어 순차적으로 작동된다. 선택된 주기는 90초이다. 모든 진입로에는 실제 요구에 대한 차두시간 제어로 녹색시간이 보정된다. 작동 중인 현시가 종료되는 기준으로서 차두시간값 HW(Headway)은 1현시에서 2초 또는 3초 그리고 3현시에서는 2초이다. 정지선으로부터 검지기까지의 적정거리는 다음과 같은 공식으로 산출한다.

$$l_{검지기} = HW \cdot V/36$$

$$l_{검지기1,2,5} = 3 \cdot 50//3.6 = 42\text{ m}$$

$$l_{검지기3,4} = 2 \cdot 50/36 = 28\text{ m}$$

정지선으로부터 40 m 또는 30 m 간격에 검지기가 위치한다.

주방향의 차량-신호그룹에 대한 최소녹색시간은 10초이며, 부도로와 횡단보도 F1은 5초이다. F2와 F3 양 보도에 대한 최소녹색시간 길이는 녹색시간 시작 시에 출발하는 보행자가

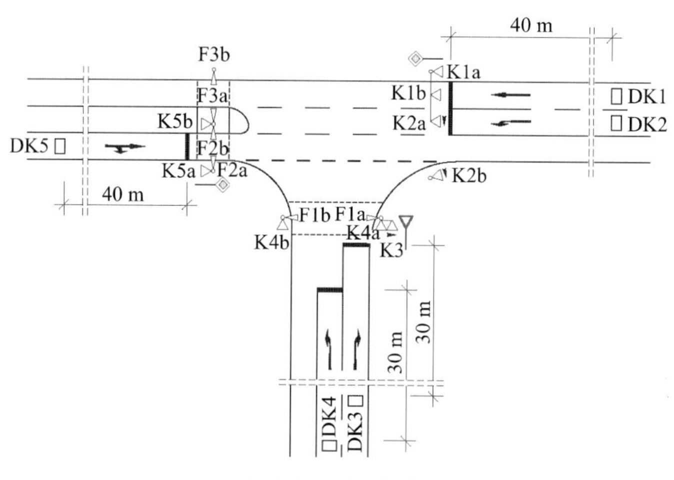

그림 3.6 신호시설계획

1.2 m/s로 녹색시간 종료 시까지 두 번째 보도의 중간지점에 도달할 수 있도록 한다. 종합적으로 표 3.1에 개별 신호그룹에 대한 최소녹색시간이 제시되었다.

Intergreen time matrix로부터 3개의 현시 전이가 제시되었다. 현시의 최소길이는 개별 신호그룹별 최소녹색시간을 고려한다.

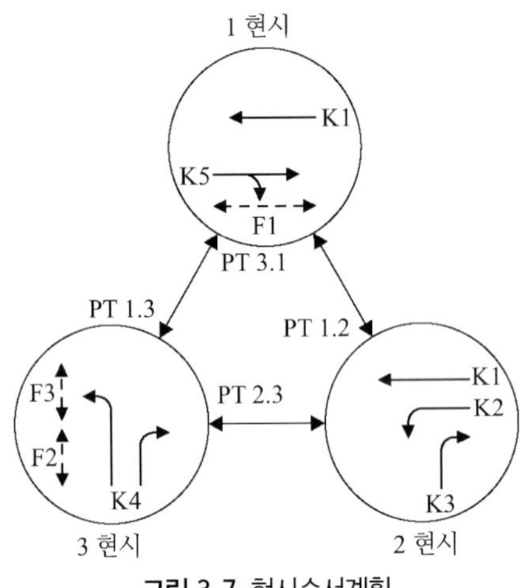

그림 3.7 현시순서계획

표 3.1 최소녹색시간

신호그룹	최소녹색시간
K1, K5	10 s
K2, K3, K4	5 s
F1	5 s
F2, F3	7 s

		시작 신호그룹							
		K1	K2	K3	K4	K5	F1	F2	F3
종료 신호그룹	K1				4				6
	K2				5	5	6		
	K3					4	4		
	K4	5	5			5	4		
	K5		5	6	6			4	
	F1		9	10	10				
	F2					4			
	F3	2							

그림 3.8 Intergreen time matrix

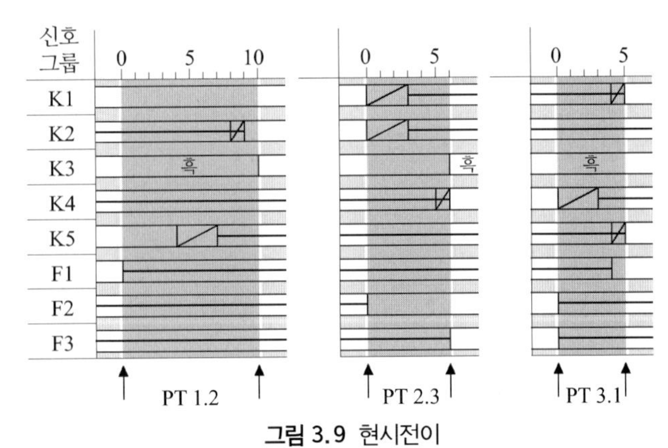

그림 3.9 현시전이

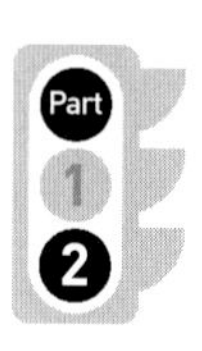

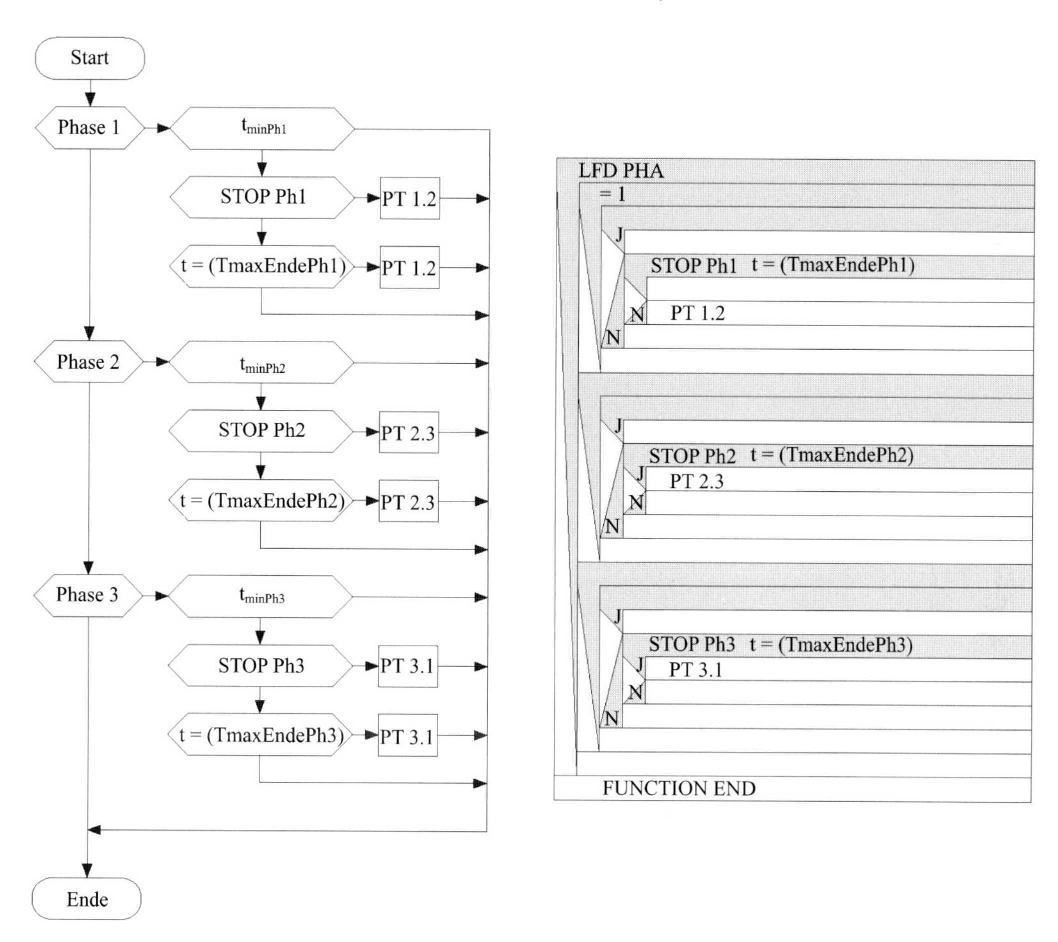

그림 3.10 순서도와 구조도

3.2.3 순서도와 구조도

논리적 조건으로 개별 현시에 대한 중단조건이 정의되었다.

$$\text{STOP Ph1} = \text{HW(DK5)} \geq 3.0\ \text{s}$$

$$\text{STOP Ph2} = \text{HW(DK1)} \geq 3.0\ \text{s} \wedge \text{HW(DK2)} \geq 3.0\ \text{s}$$

$$\text{STOP Ph3} = \text{HW(DK3} \wedge \text{DK4)} \geq 2.0\ \text{s}$$

시간적 조건은 개별 현시의 최소녹색시간 유지와 현시길이에 대한 중단기준을 만족하도록 한다. 현시의 최후종료시간 정의에는 한 현시가 최종 시점에 종료될 경우 그 다음 현시가 최소녹색시간을 준수하도록 길 정도여야 함에 주의한다. 모든 신호그룹의 녹색시간이 적어도 최소녹색시간 길이만큼 보장되었을 때 현시의 최소길이는 해당되는 최소녹색시간보다 짧다.

이는 개별 신호그룹이 현시전이 시간에 허용될 경우에 해당된다. 이 예제에서 현시의 최소시간은 3초이다.

$$t_{minPh1} = t_{Phase1} \leq 10\ s$$
$$t_{minPh2} = t_{Phase2} \leq 4\ s$$
$$t_{minPh3} = t_{Phase3} \leq 7\ s$$
$$T(maxEndPh1) = 50\ s$$
$$T(maxEndPh2) = 70\ s$$
$$T(maxEndPh3) = 90\ s$$

3.3 현시 교체

3.3.1 현황

신호교차로는 연동화된 도로축에 포함된다. 연동방향은 좌우 양방향이다. 교통량은 오후 첨두시간대에 어느 정도 일정하다. 부도로로부터 노선버스가 교차로로 진입하여 좌회전한다. 이 노선버스를 우선 통과토록 한다. 허용속도는 50 km/h이다.

3.3.2 제어개념과 자료검지

제어기법 현시교체(Part1, 4.1, 표 2.1, 위계 B3)를 적용한다.

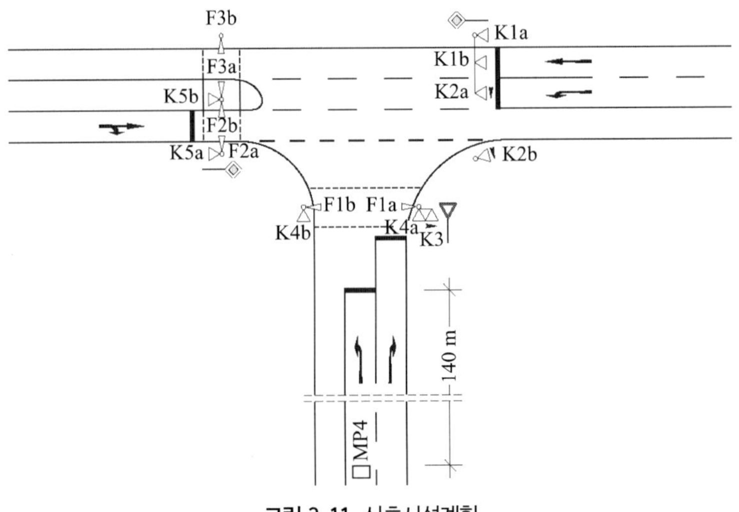

그림 3.11 신호시설계획

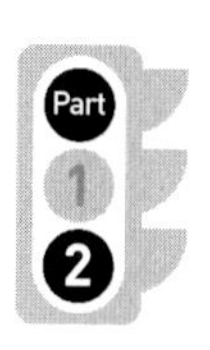

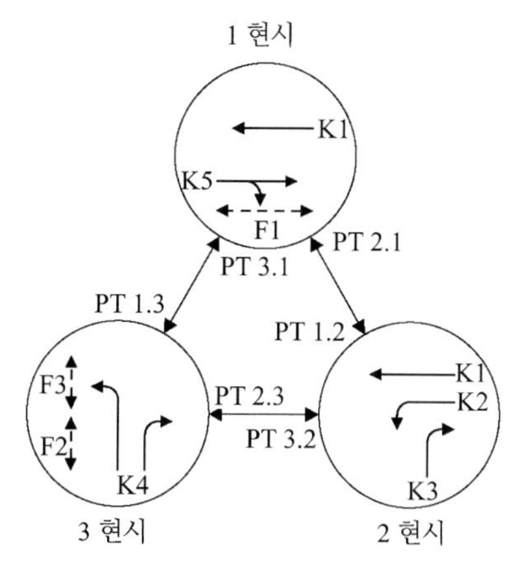

그림 3.12 현시순서계획

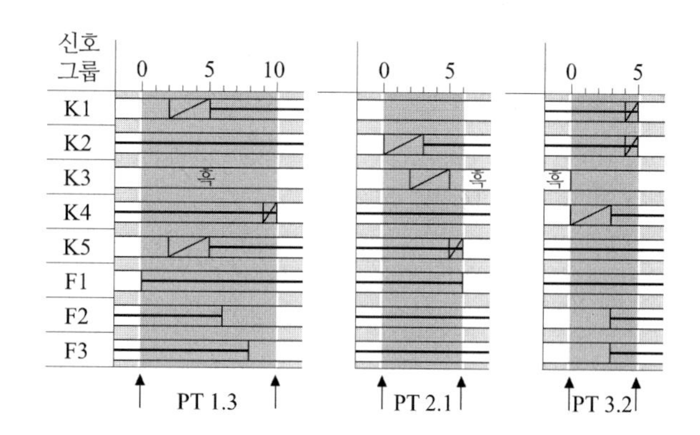

그림 3.13 현시전환

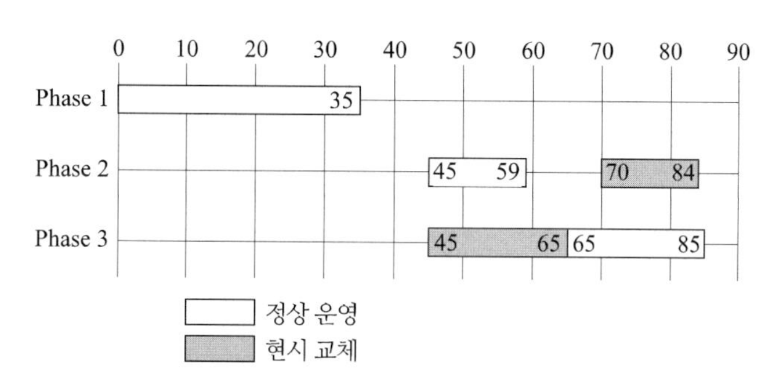

그림 3.14 다양한 현시순서에 대한 가능한 신호흐름

3현시로 계획하여 순차적으로 고정식으로 운영된다. 90초를 주기로 한다. 버스의 교차로 우선통과를 위해 버스는 녹색시간을 요구할 수 있다. 이 요구가 1현시에 발생하면 3현시로 직접 전환된다. 다음은 3현시, 1현시를 고쳐 기존 현시순서 1－2－3－1로 반복된다.

버스의 신호요구는 교차로로부터 멀리 떨어진 곳에서 발생하여 차량이 접근하는 시간 동안 1현시에서 3현시로 전환하도록 한다. 현시 전환시간은 10초이다.

$$l_{MP} = v \cdot t$$

$$l_{MP} = 50/3.6 \cdot 10 = 138 \text{ m}$$

신호요구 장소를 정지선 전방 140 m에 위치토록 한다.

3.2(녹색시간 요구 예제)에 제시된 Intergreen time matrix와 현시 전이와 교차로 기하구조가 동일하게 적용된다. 추가적으로 현시순서 1－3－2－1에 대한 현시전환이 정의된다. 특이사항으로 신호그룹 F2가 신호그룹 F3와 평행하게 적으로 전환하여 보행자가 보행섬에서 대기하지 않고 '따라가지' 않는 효과를 나타내도록 한다.

가능한 현시순서는 그림 3.14에 제시된 신호흐름이다.

3.3.3 순서도와 구조도

논리적 조건으로 버스 신호요구가 정의된다.

A(MP4): Request K4

주기 중 현시의 종료시점은 시간적인 조건으로 정의된다.

T(EndPh1)=35 s

T(EndPh2normal)=59 s : 정상운영 시

T(EndPh2PT)=84 s : 현시교체 시

T(EndPh3normal)=85 s : 정상운영 시

T(EndPh3PT)=65 s : 현시교체 시

Pointer를 정의하여 현시전환 작동 시 1, 그렇지 않을 경우 0으로 한다.

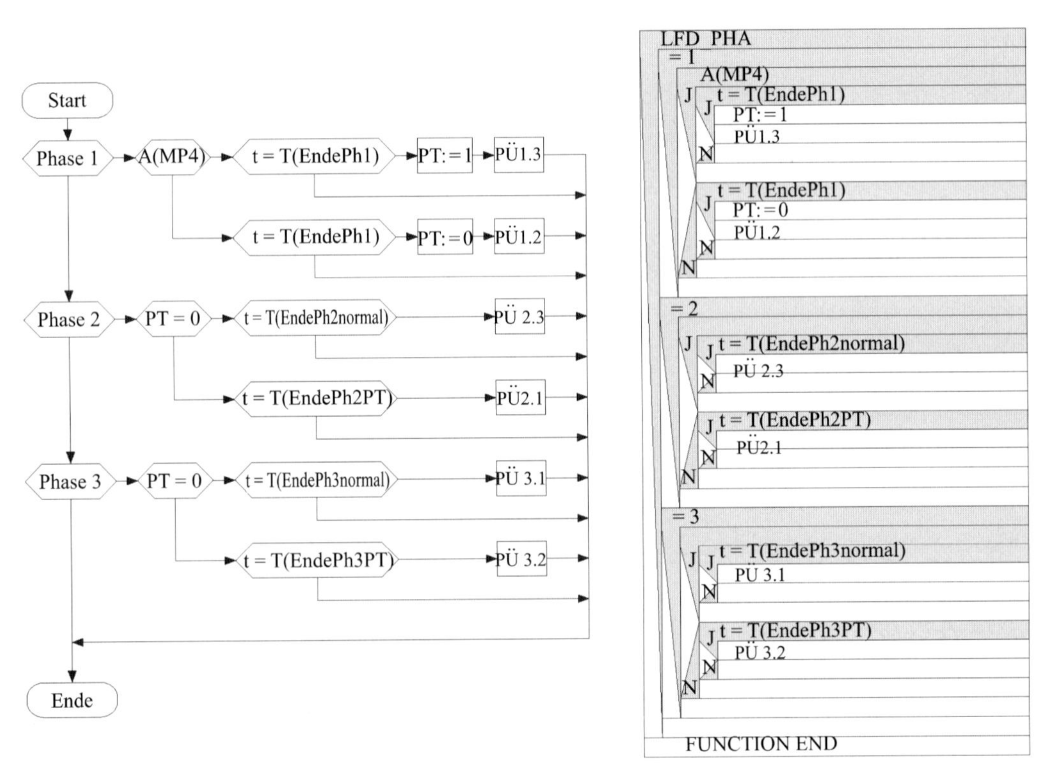

그림 3.15 순서도와 구조도

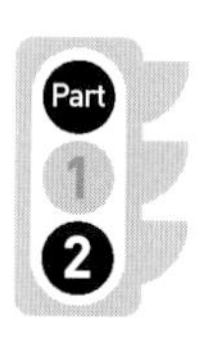

3.4 현시 요구

3.4.1 현황

신호교차로는 다른 교차로와 무관하게 운영된다. 교통량은 오후 첨두시간대에 비교적 일정하다. 주도로의 보행자는 별로 없다. 이에 따라 보행자 요구 시 신호를 주도록 한다.

허용속도는 50 km/h이다.

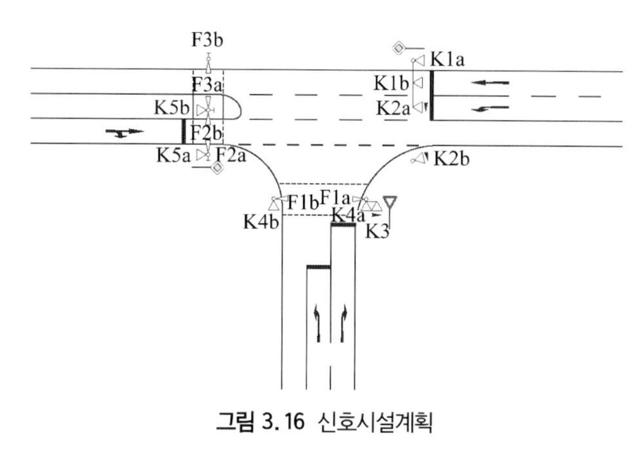

그림 3.16 신호시설계획

3.4.2 제어개념과 자료검지

제어기법 현시요구(Part1, 4.1, 표 2.1, 위계 B4)가 적용된다.

4현시로 운영된다. 대부분은 앞 예제의 현시 구분을 적용하나, 3현시에서 보행은 허용되지

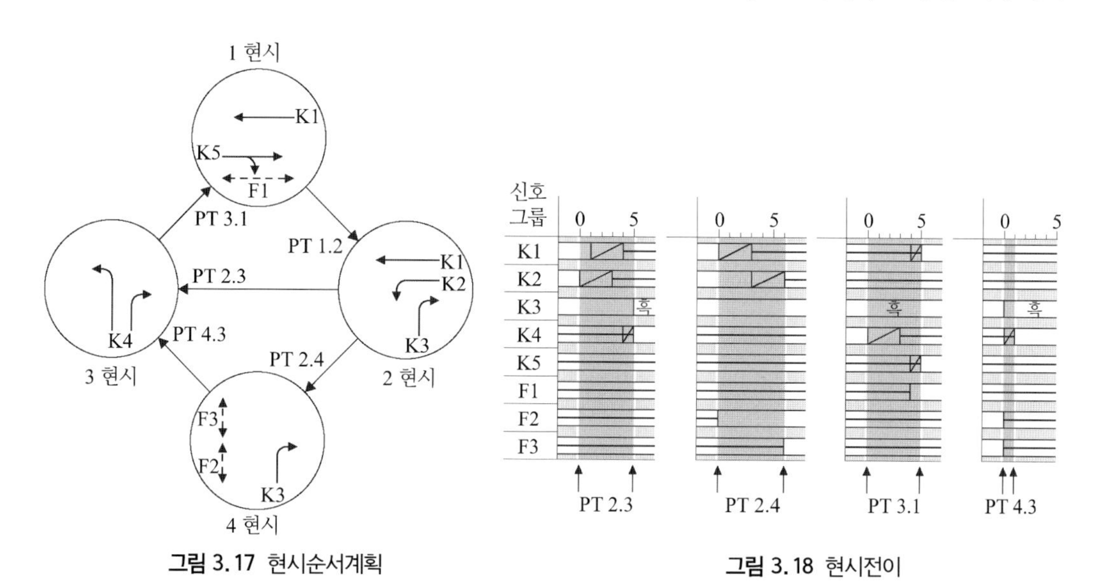

그림 3.17 현시순서계획

그림 3.18 현시전이

않는다. 보행자 요구 시 2현시 종료 후에 4현시가 작동하며, 이때 보행자와 신호그룹 K3이 허용된다. 요구가 없을 경우 현시길이는 주기가 90초가 되도록 선택된다.

3.2의 Intergreen time과 현시전환 1.2가 적용된다. Intergreen time matrix에는 추가적으로 F3 진출/ K4 진입이 고려된다. 긴 진입거리로 인해 Intergreen time은 1초이다. 또한 현시 전이 2.3과 3.1은 약간 보정되고, 현시전이 2.4와 4.3이 추가적으로 정의된다.

3.4.3 순서도와 구조도

논리적 조건으로 신호그룹 F2 또는 F3의 요구가 정의된다.

$$A(F2 \vee F3)$$

추가적인 조건으로 개별 현시의 현시작동 시간을 중지기준으로 활용한다.

$$tPh1 = 35\ s \qquad tPh2 = 10\ s$$

$$tPh3 = 25\ s \qquad tPh = 47\ s$$

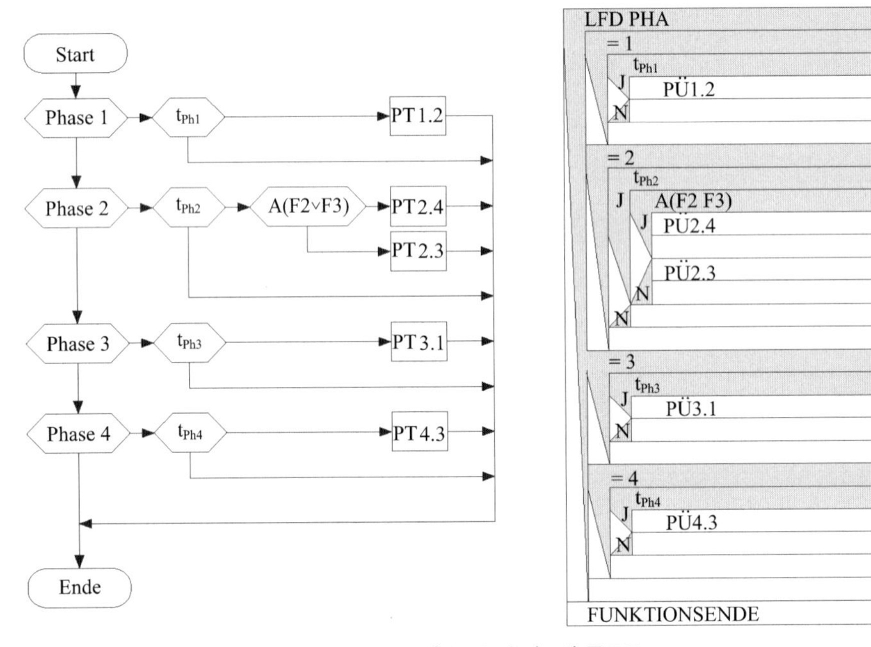

그림 3.19 순서도와 구조도

3.5 신호조합/자율 변경

3.5.1 현황

신호교차로는 독립적으로 운영된다. 교통량은 오후 첨두시간대에 상당히 변동폭이 크다. 최소녹색시간과 최대현시길이를 고려하여 실제 교통수요에 적합하게 신호를 운영토록 한다. 허용속도는 50 km/h이다.

3.5.2 제어개념과 자료검지

제어기법 자율 변경(Part1, 4.1, 표 2.1, 위계 B6)이 적용된다.

3현시로 운영된다. 요구가 없을 경우 1현시가 지속된다. K2 또는 K3 요구 시 2현시가 작동되며 K4, F2 또는 F3 요구 시 3현시로 변경된다. 이에 따라 보행자 F2와 F3 그리고 신호그룹 K2, K3와 K4가 검지되어야 한다.

모든 현시에서 녹색시간은 차두시간 제어의 최대 임계치까지 실질적인 교통수요에 반응토록 한다. 적용되는 차두시간 HW와 검지기의 위치는 3.2절을 참고한다.

또한 최소녹색시간, Intergreen time과 현시전이의 산출은 3.2절과 3.3절을 참고한다.

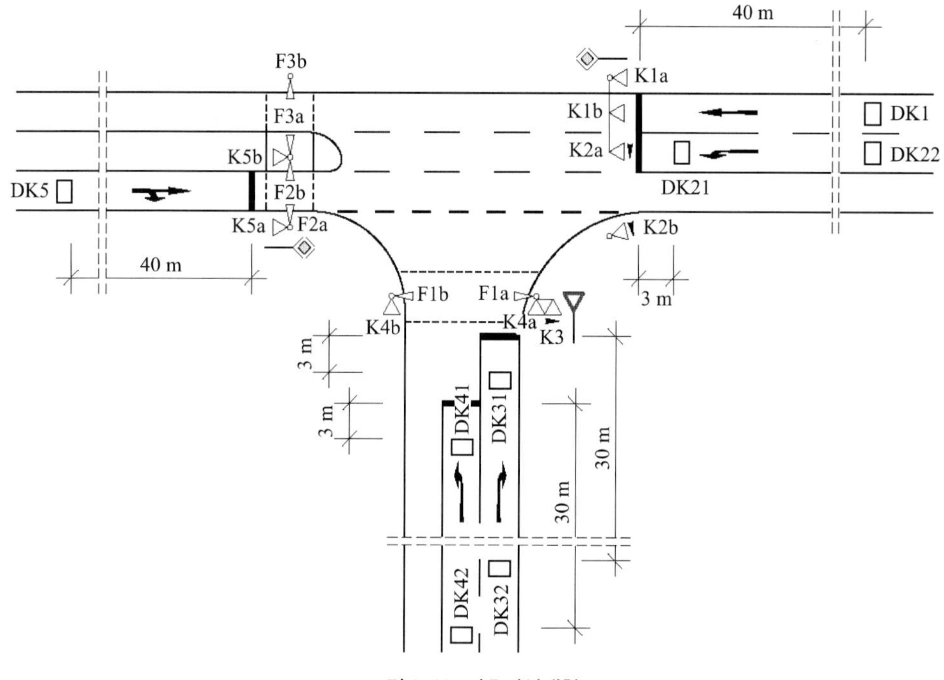

그림 3.20 신호시설계획

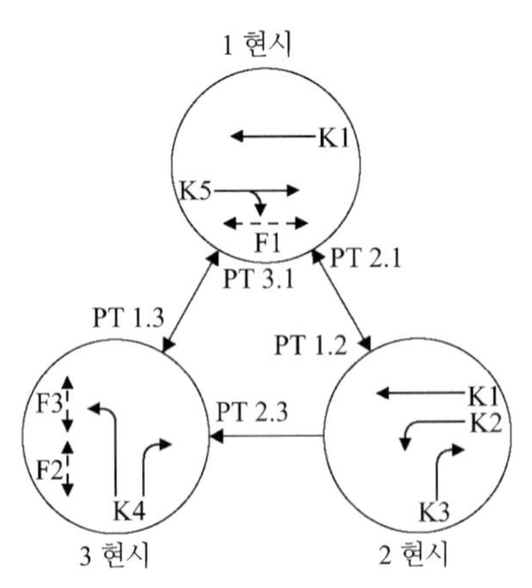

그림 3.21 현시순서계획

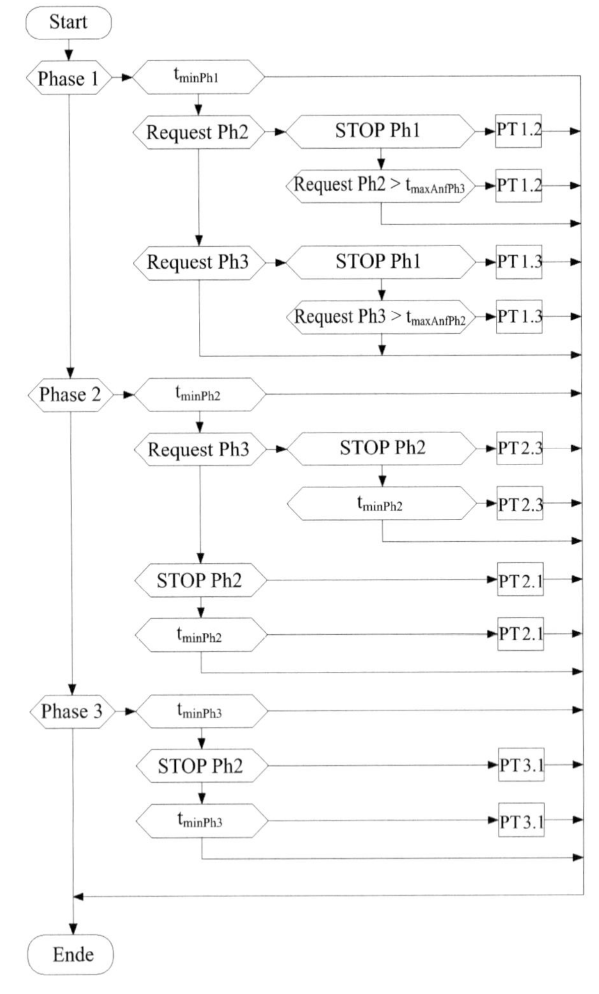

그림 3.22 순서도

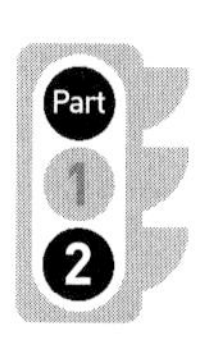

3.5.3 순서도

논리적 조건으로 개별현시에 대한 중단조건과 요구조건이 정의된다.

$$\text{STOP Ph1} = \text{HW(DK5)} \geq 3.0\text{ s}$$

$$\text{STOP Ph2} = \text{HW(DK1)} \geq 3.0\text{ s} \wedge \text{HW(DK22)} \geq 2.0\text{ s}$$

$$\text{STOP Ph3} = \text{HW(DK32} \wedge \text{DK42)} \geq 2.0\text{ s}$$

$$\text{Request Ph2} = \text{A(DK21} \vee \text{DK31)}$$

$$\text{Request Ph3} = \text{A(DK41} \vee \text{F2} \vee \text{F3)}$$

시간적인 조건으로 개별현시의 최소녹색시간의 준수와 현시길이의 중단 조건이 반영된다. 추가적으로 개별요구의 최대길이를 얼마나 반영할 것인지에 대해 정의한다.

$t_{minPh1} \leq 10\text{ s}$	$t_{maxPh2} \geq 30\text{ s}$
$t_{minPh2} \leq 4\text{ s}$	$t_{maxPh3} \geq 30\text{ s}$
$t_{minPh3} \leq 7\text{ s}$	$t_{maxRegPh2} = 20\text{ s}$
	$t_{maxRegPh3} = 30\text{ s}$

3.6 다양한 규칙기반 제어기법 적용

3.6.1 현황

신호교차로는 독립적으로 운영된다. 주방향은 좌우 양방향이다. 좌측과 상단 진입로로부터의 좌회전 진입은 금지되었다. 다른 두 개의 진입로에는 교통량이 많은 좌회전 차로가 확보되었다. 최소녹색시간과 최대현시길이를 고려하여 실제 교통수요에 감응하는 신호체계를 구축한다. 추가적으로 필요에 따라 두 개의 좌회전 교통류에게 신호를 부여하여 대기행렬을 줄이도록 한다. 허용속도는 50 km/h이다.

3.6.2 제어개념과 자료검지

4개의 교통감응식 신호프로그램과 고정식 프로그램 P8이 작동된다.

P2	자율제어	다양한 주기
P3	주간 프로그램	70초 주기
P5	오전 프로그램	90초 주기

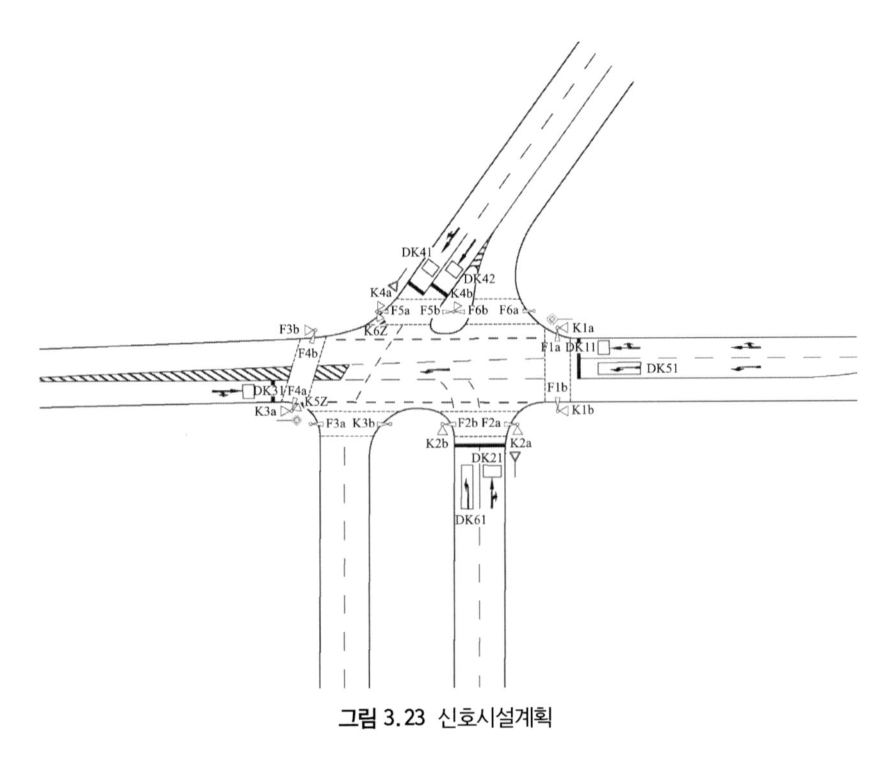

그림 3.23 신호시설계획

P6	저녁 프로그램	90초 주기
P8	고정 프로그램	90초 주기

신호프로그램 P2, P3, P5와 P6은 표 3.2와 같이 시간감응식으로 작동되며, 변수와 기본틀프로그램으로 차별된다. 고정식프로그램 P8은 수동으로 작동된다.

현시흐름은 현시 1과 현시 3간의 전환으로부터 신호프로그램 P2, P3, P5와 P6으로 구성된다. 현시 2와 4는 필요 시에 현시 1과 3의 후속으로 작동한다. 신호프로그램 P3, P5와 P6에서 현시허용 범위에 대해 현시전환이 일어난다. 프로그램 P2는 완전한 교통감응식으로 운영된다.

표 3.2 신호시설의 전환시간

시간대	월~금	토요일	일요일/휴일
06 : 00	P5		
07 : 00			P3
09 : 00	P3	P3	
15 : 00	P6	P6	
21 : 00	P3	P3	
23 : 00	P2	P2	P2

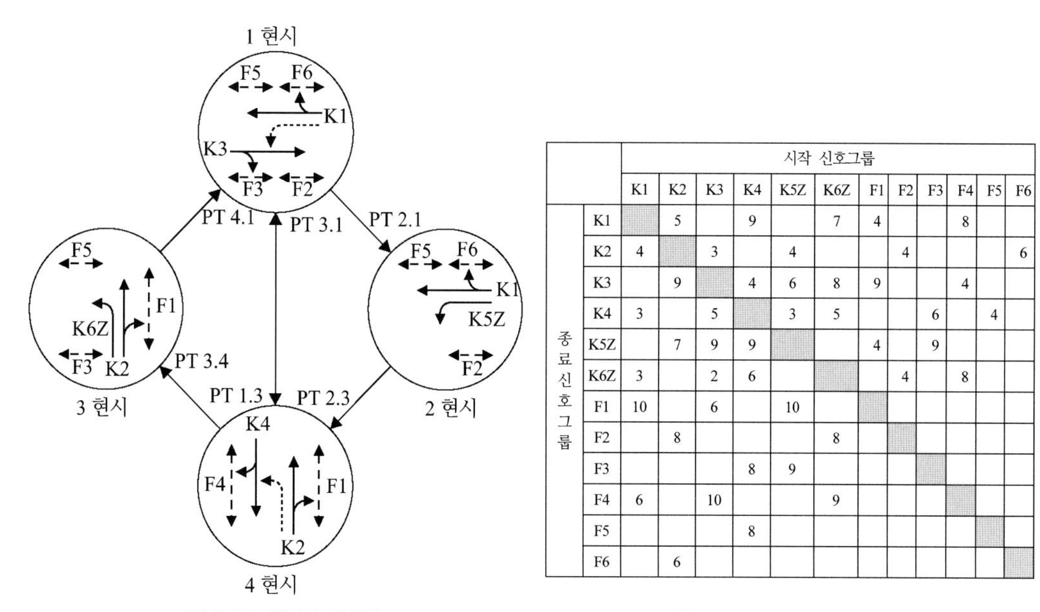

그림 3.24 현시순서계획

종료 신호그룹 \ 시작 신호그룹	K1	K2	K3	K4	K5Z	K6Z	F1	F2	F3	F4	F5	F6
K1		5		9		7	4			8		
K2	4		3		4			4				6
K3		9		4	6	8	9			4		
K4	3		5		3	5			6		4	
K5Z		7	9	9			4		9			
K6Z	3		2	6				4		8		
F1	10		6		10							
F2		8				8						
F3				8	9							
F4	6		10			9						
F5				8								
F6		6										

그림 3.25 Intergreen time matrix

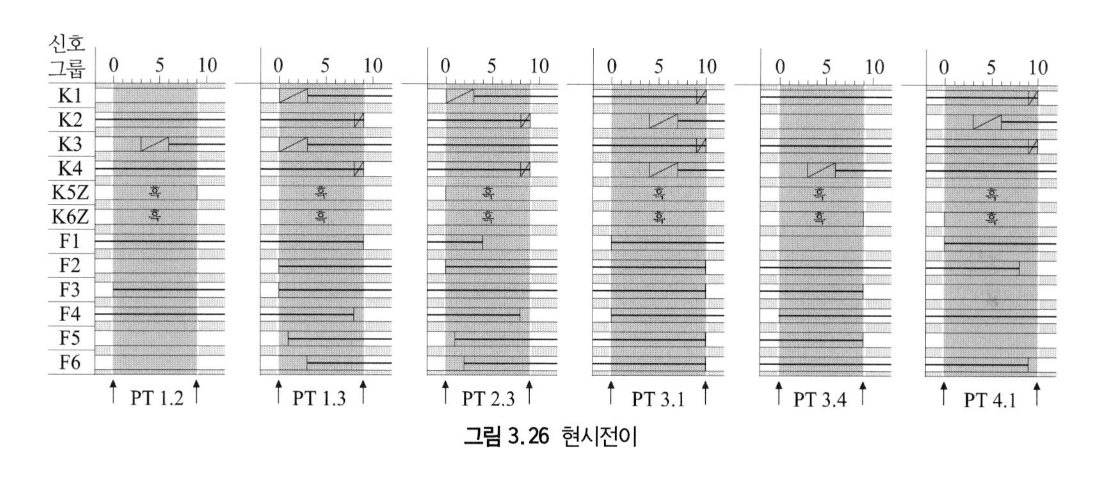

그림 3.26 현시전이

모든 차량-교통류의 녹색시간은 대기검지기를 통해 연장된다. 대기검지기는 정지선에 인접하여 설치한다. 이는 신호요구도 반영할 수 있다는 장점을 갖고 있다.

Intergreen time matrix를 통해 6개의 가능한 현시전이가 그림 3.26에 제시되었다.

3.6.3 순서도

논리적 조건으로 개별현시 BK1에서 BK6과 표 3.3에 따른 현시 2와 3에 대한 SK5와 SK6 요구조건에 대한 중단조건이 정의된다. 지역적 여건에 따라 녹색시간 결정을 위한 검지기는 정지선에 설치한다.

시간적인 조건으로 개별현시의 최소녹색시간의 준수와 개별 신호그룹에 대한 최대 허용녹색시간을 바탕으로 현시길이의 중단조건이 반영된다. 최소녹색시간은 표 3.4에서와 같이 모든 신호프로그램에서 동일하다. 최대녹색시간은 신호프로그램별로 변동한다.

추가적인 조건으로 신호프로그램 감응식 현시허용영역의 보장이 고려된다. 이는 다음과 같은 논리에 포함된다.

$$accept(Phase1) = t_{녹색,시작} < t < t_{녹색,종료}$$

표 3.3 논리적 조건

논리적 조건	신호 그룹	검지기	차두간격(s)	점유(s)
측정 K1	K1	DK11	3.0	
측정 K2	K2	DK21	2.5	
측정 K3	K3	DK31	3.0	
측정 K4	K4	DK41 v DK42	2.5	
측정 K5	K5	DK51	2.5	
측정 K6	K6	DK61	2.5	
교통체증 K5	K5	DK51		6.0
교통체증 K6	K6	DK61		6.0

표 3.4 시간적 조건

표 식	신호 프로그램			
	P2(s)	P3(s)	P5(s)	P6(s)
t_{minK1}	10	10	10	10
t_{minK2}	8	8	8	8
t_{minK3}	10	10	10	10
t_{minK4}	8	8	8	8
t_{minK5}	5	5	5	5
t_{minK6}	5	5	5	5
t_{minF1}	7	7	7	7
t_{minF2}	5	5	5	5
t_{minF3}	5	5	5	5
t_{minF5}	5	5	5	5
t_{maxK3}	40	28	32	25
t_{maxK4}	40	22	29	43
t_{maxK5}	10	10	10	10
t_{maxK6}	10	10	10	10

신호 프로그램 P2

신호그룹	$t_{녹}$(s) 시작	종료	시간
Phase1	0	70	70
Ph2 Anf	0	70	70
Phase2	0	70	70
Phase3	0	70	70
Ph4 Anf	0	70	70

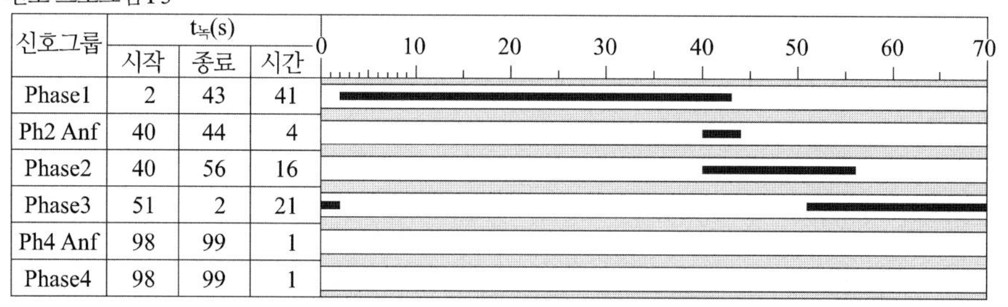

신호 프로그램 P3

신호그룹	$t_{녹}$(s) 시작	종료	시간
Phase1	2	43	41
Ph2 Anf	40	44	4
Phase2	40	56	16
Phase3	51	2	21
Ph4 Anf	98	99	1
Phase4	98	99	1

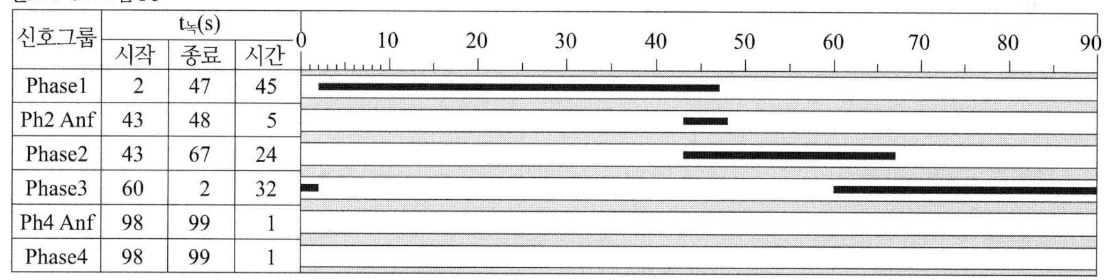

신호 프로그램 P5

신호그룹	$t_{녹}$(s) 시작	종료	시간
Phase1	2	47	45
Ph2 Anf	43	48	5
Phase2	43	67	24
Phase3	60	2	32
Ph4 Anf	98	99	1
Phase4	98	99	1

신호 프로그램 P6

신호그룹	$t_{녹}$(s) 시작	종료	시간
Phase1	37	82	45
Ph2 Anf	78	85	7
Phase2	78	15	27
Phase3	10	27	17
Ph4 Anf	27	35	8
Phase4	27	41	14

그림 3.27 신호프로그램 감응식 허용영역

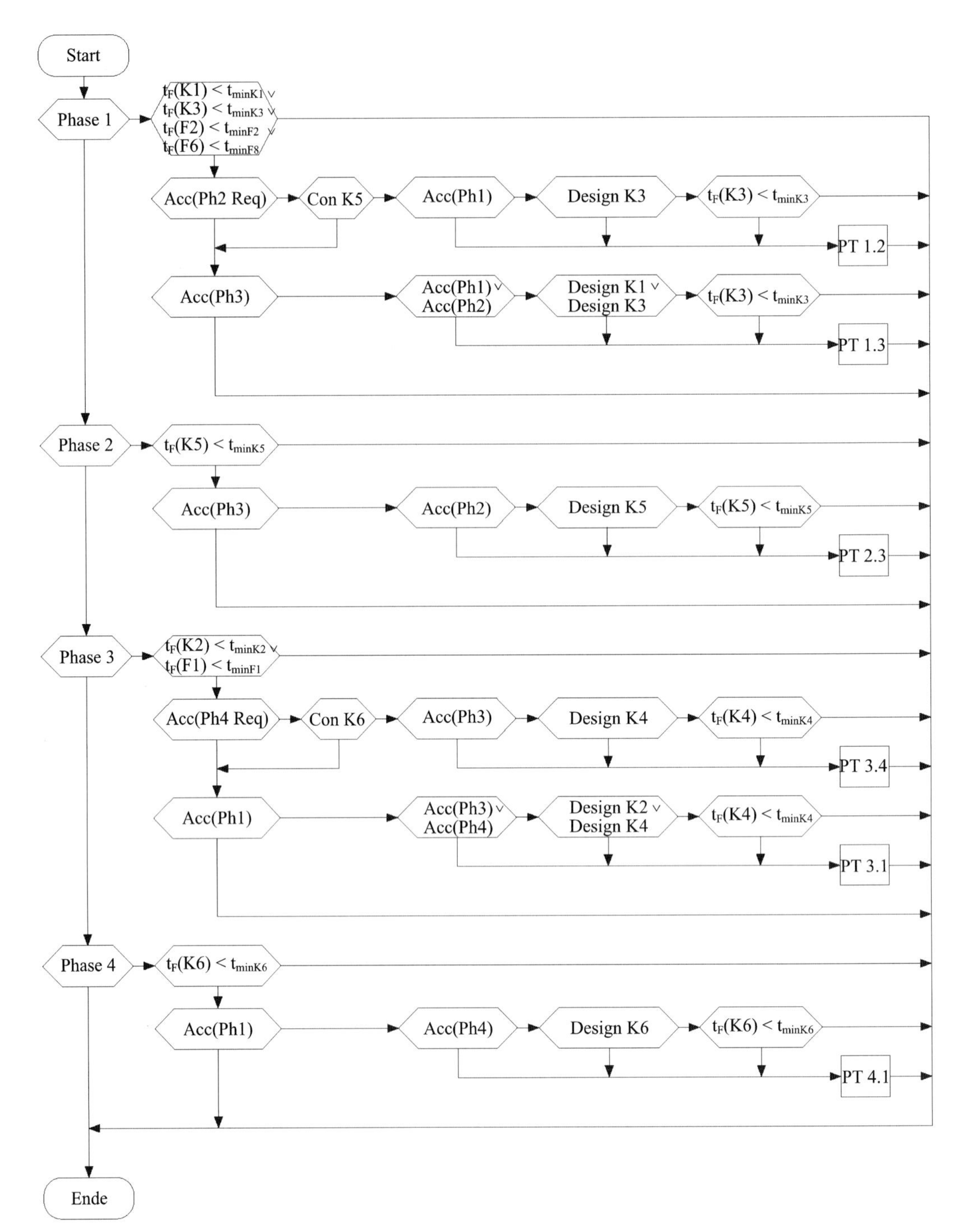
Start
Phase 1
$t_F(K1) < t_{minK1} \vee$
$t_F(K3) < t_{minK3} \vee$
$t_F(F2) < t_{minF2} \vee$
$t_F(F6) < t_{minF8}$
Acc(Ph2 Req)
Con K5
Acc(Ph1)
Design K3
$t_F(K3) < t_{minK3}$
PT 1.2
Acc(Ph3)
Acc(Ph1) ∨
Acc(Ph2)
Design K1 ∨
Design K3
$t_F(K3) < t_{minK3}$
PT 1.3
Phase 2
$t_F(K5) < t_{minK5}$
Acc(Ph3)
Acc(Ph2)
Design K5
$t_F(K5) < t_{minK5}$
PT 2.3
Phase 3
$t_F(K2) < t_{minK2} \vee$
$t_F(F1) < t_{minF1}$
Acc(Ph4 Req)
Con K6
Acc(Ph3)
Design K4
$t_F(K4) < t_{minK4}$
PT 3.4
Acc(Ph1)
Acc(Ph3) ∨
Acc(Ph4)
Design K2 ∨
Design K4
$t_F(K4) < t_{minK4}$
PT 3.1
Phase 4
$t_F(K6) < t_{minK6}$
Acc(Ph1)
Acc(Ph4)
Design K6
$t_F(K6) < t_{minK6}$
PT 4.1
Ende

그림 3.28 순서도

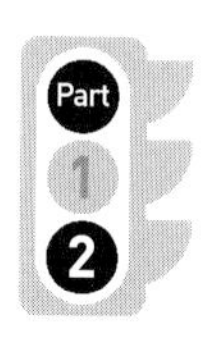

3.7 Green wave 내 교차로 신호프로그램 보정

3.7.1 현황

신호교차로는 Green wave 내에서 두 개의 교통감응식 신호프로그램으로 운영된다.

SP1=60초 주기 정상 프로그램

SP2=80초 주기 오전 프로그램/오후 프로그램

부적절한 Part Point Distance(PPD)로 인해 두 개의 신호프로그램 내에서 연동화에 장애가 발생한다. 신호그룹 K1 방향에 녹색시간 시작 시에 차량군이 접근하고, 신호그룹 K5 방향으로는 녹색시간 종료 시에 접근한다.

신호프로그램 보정을 통해 Green wave의 장애를 줄이도록 한다.

부방향 K3, K4, 좌회전 K2와 주도로의 보행 F2, F3의 교통량 변화가 심하다. 신호그룹 K2인 좌회전 차로에는 직진 교통류에 장애를 미치는 때때로 긴 정체가 발생한다.

3.7.2 제어개념과 자료검지

3현시로 계획된다. 2현시와 3현시는 요구 시에만 허용된다. 요구가 없을 경우 1현시가 지속된다. 정체 감지 시 K2에는 최대녹색시간이 작동되며 K5 녹색시간은 연동화에 장애가 발생하더라도 가장 빠른 가능한 시간에 종료된다.

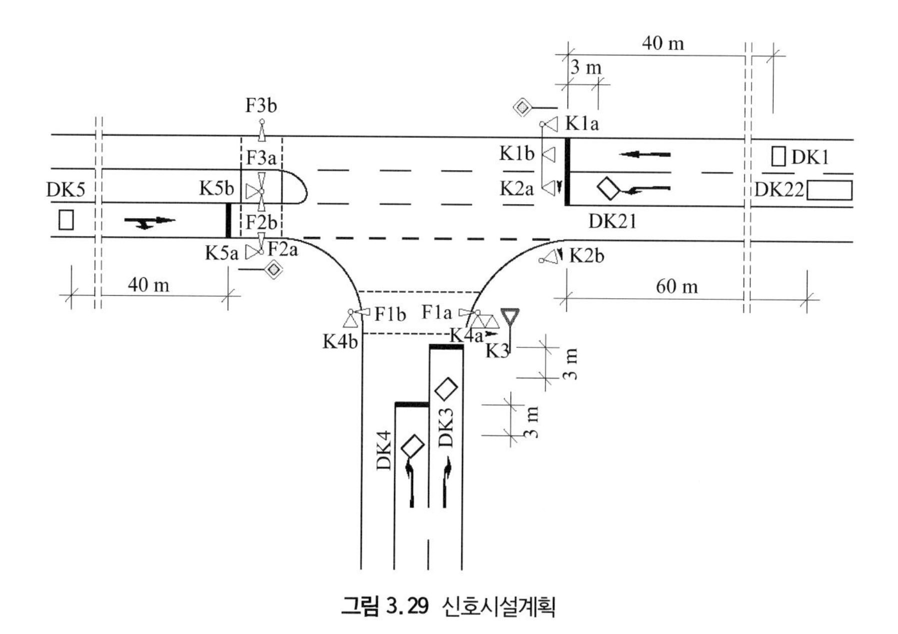

그림 3.29 신호시설계획

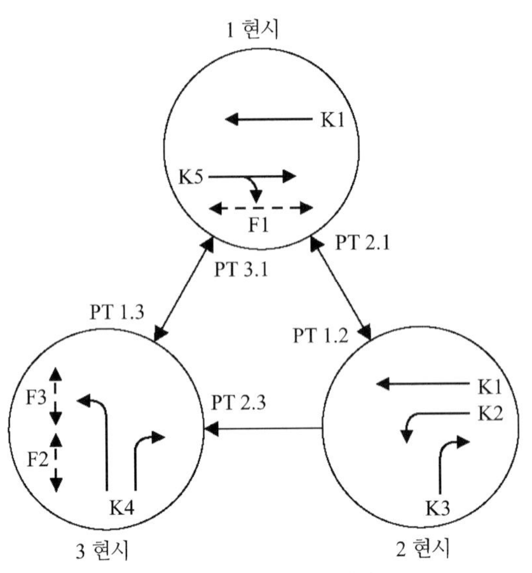

그림 3.30 현시요구계획

요구는 가장 늦은 가능한 시간까지 연동화가 허용되는 범위 내에서 반영된다.

모든 진입로에는 차두시간제어를 통해 실질적인 교통상황을 반영하게 된다. K2, K3과 K4 신호그룹에서는 신호요구 검지기가 차두시간 측정에 활용된다. 1현시 이후 현시전이는 주도로의 Green wave를 다시 생성하기 위해 가장 빨라도 T5 시점에 시작된다.

3.2절의 Intergreen time matrix와 3.3절의 현시전이가 예제 교차로의 기하구조가 동일하므로 적용된다.

3.7.3 논리적 조건

Request Ph2 = $O(DK22) \geq 8.0\text{ s} \vee R(DK21) \wedge HW(DK5) \geq 3.0\text{ s}$

Request K2 = $R(DK21)$

STOP Ph1 = $R(DK3) \vee R(DK4 \vee F2 \vee F3) \wedge HW(DK5) \geq 3.0\text{ s} \wedge HW(DK1) \geq 3.0\text{ s}$

Request Ph2/Ph3 = $R(DK3) \vee R(DK4 \vee F2 \vee F3)$

STOP Ph2 = $R(DK4 \vee F2 \vee F3) \wedge HW(DK1) \geq 3.0\text{ s} \wedge HW(DK21) \geq 3.0\text{ s} \wedge O(DK22) \geq 8.0\text{ s}$

Request Ph3 = $R(DK4 \vee F2 \vee F3)$

STOP K3K4 = $HW(DK3 \wedge DK4) \geq 3.0\text{ s}$

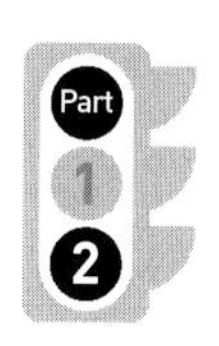

시간적 조건을 높은 순서로 정리하기 위해 시간적 조건을 동일한 기준점(논리제로점)으로 환산한다. 이 예제에서는 논리제로점이 전환시간점이 된다.

표 3.5 시간적 조건

구 분	두번 째 신호프로그램	
	SP1(t_C=60 s)	SP2*(t_C=80 s)
T(minEndPh1)	24	72
T(maxEndPh1)	29	02
T(minEndPh2)	39	15
T(maxEndPh2)	45	23
T(minEndPh3)	57	38
T(maxEndPh3)	05	48
전환시간	20	70

* 시공도 Band는 신호프로그램 1에 대하여 제시

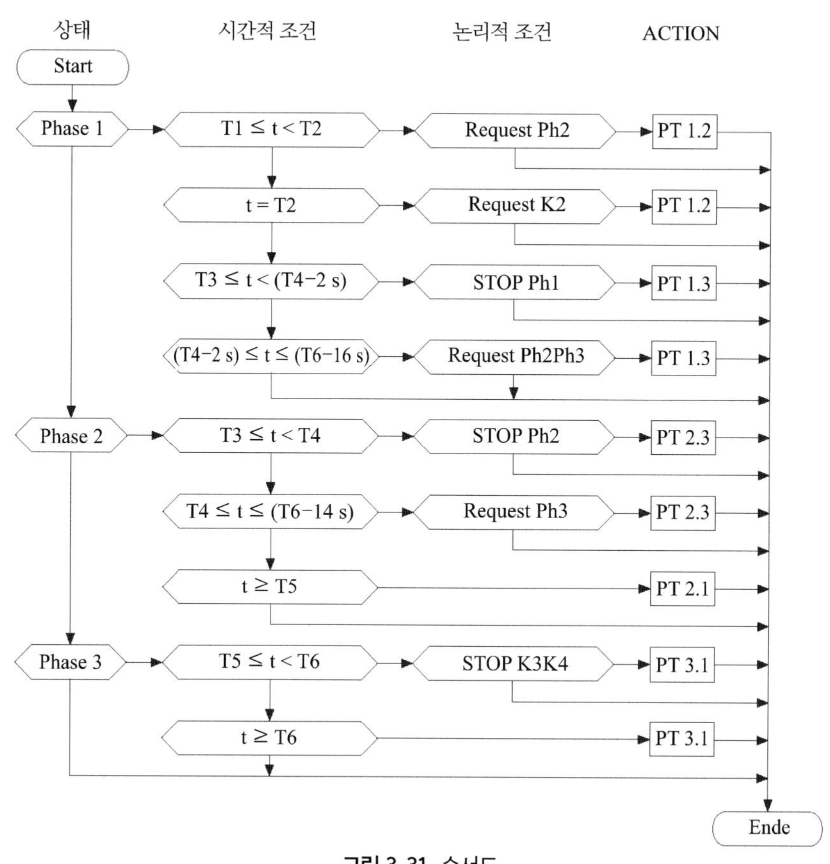

그림 3.31 순서도

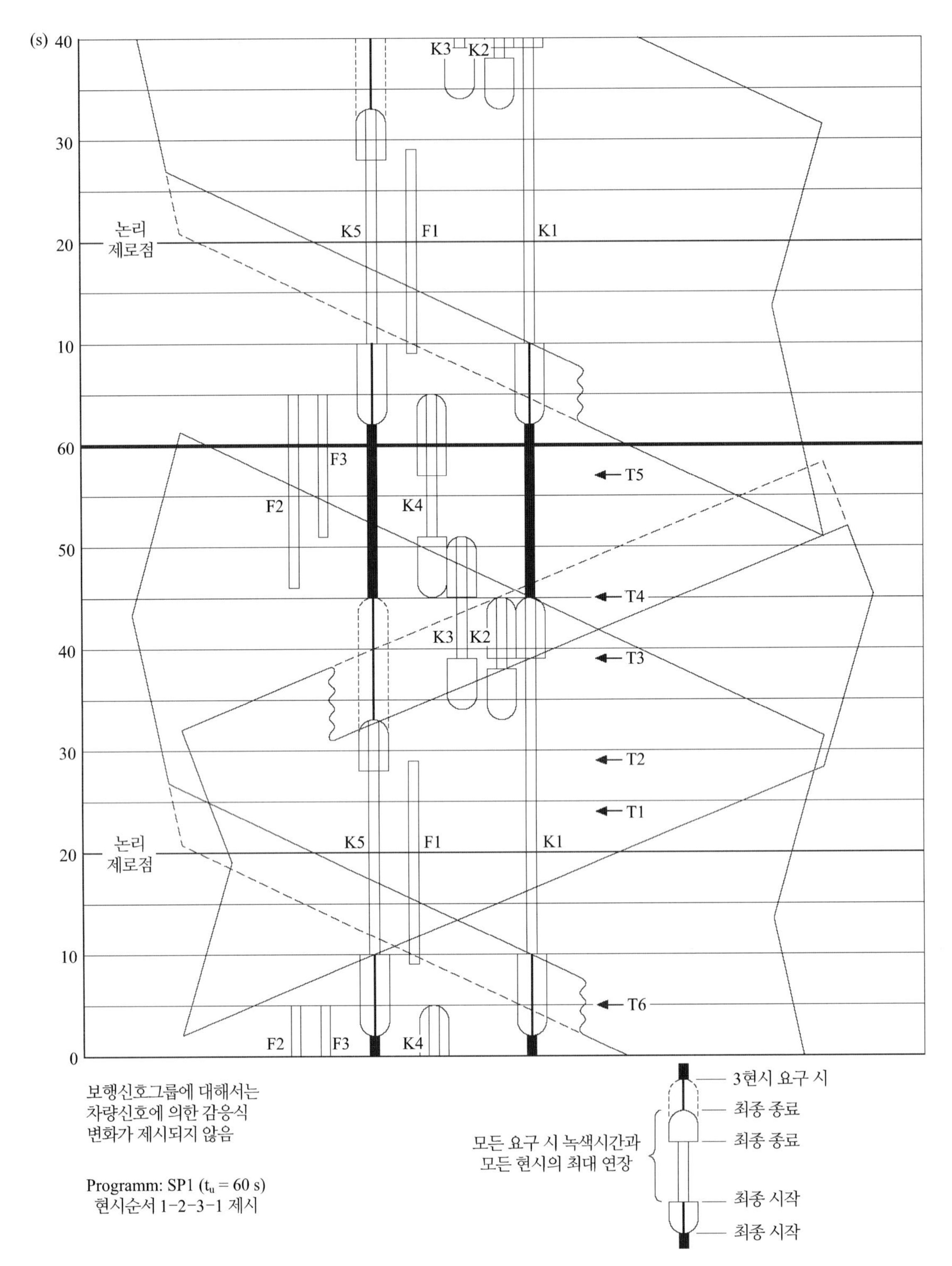
(s) 40
30
20
10
60
50
40
30
20
10
0
K3
K2
K5
F1
K1
논리
제로점
F3
F2
K4
K3
K2
T5
T4
T3
T2
T1
K5
F1
K1
논리
제로점
T6
F2
F3
K4
보행신호그룹에 대해서는
차량신호에 의한 감응식
변화가 제시되지 않음
Programm: SP1 (tu = 60 s)
현시순서 1-2-3-1 제시
3현시 요구 시
최종 종료
최종 종료
모든 요구 시 녹색시간과
모든 현시의 최대 연장
최종 시작
최종 시작

그림 3.32 시공도

3.8 동적 정류장(Dynamic Stop)

3.8.1 현황

동적 시간섬(Dynamic time island, Part1 3.7)을 통해 교차로 전방에 위치한 정류장에서 승객의 승하차가 신호 보호적으로 이루어진다. 시간섬은 교통감응식으로 작동된다. 트램의 진입은 차선표식된 궤도에서 이루어진다. 허용속도는 50 km/h이다. 인접교차로와 연동은 되지 않는다.

3.8.2 제어개념

교차로는 제어원리 '주도로 지속 녹색'에 따른 교통감응식으로 운영된다. 부도로의 녹색시간은 요구 시나 트램의 정류장 진입 시에 허용된다.

신호그룹 K1과 K5의 점진적인 작동을 통해 1현시 이후에 정류장이나 교차로 후방에 대기하고 있는 차량들의 진출이 이루어진다. 차량 진출은 2현시의 DK1 검지기에서 차두시간 감시를 통해 이루어진다. 현시길이는 트램이 정류장에 진입하지 않을 때까지 연장된다(논리조건 트램정류장 참조). 1현시에 트램이 접근하면 1현시는 최소녹색시간을 고려하여 중단된다. 트램의 접근은 DS2 검지기 요구에 의해 검지된다(신고트램). 트램이 정류장으로 진입하면(트램정류장) 2현시의 K1 차량 진출이 중단되고, 3현시로 전환되어 진출하는 차량과 승객 승하차 간의 상충을 방지한다.

3현시 동안에 트램의 정류장 진입이 가능하다(신호등 K5의 보조표지판 '트램에 해당하지 않음'). 대안으로 대중교통 - 신호 S2(Part1 그림 3.25 참조) K5 차량 - 신호등 옆에 '지속 녹색시간'으로 작동될 수 있다.

3현시에 주도로 보행자(F2)는 필요 최소녹색시간으로 작동된다. 트램에 의한 DS3 검지기 점유 이후 4현시에서 승객 승하차에 필요한 시간이 지나간 이후 신호그룹 S1에 대한 녹색시간요구(요구 S1)가 이루어진다. 이에 필요한 상수($t_{승객승하차}$)는 운영 이후 사후평가를 통해 보정된다. 승객 승하차에 필요한 시간이 종료된 이후 트램이 녹색시간을 요구하면, 최소녹색시간 이후 4현시가 종료되고 주현시의 2현시로 전환된다. 2현시에서는 트램 진출이 지체되거나 트램이 정류장에 계속 정차하거나(트램 정류장) 추가적인 트램이 접근하는지가(신고트램, 접근트램) 확인된다. 이에 따라 이 현시는 최대시간($t_{최대K5적}$)까지 지속될 수 있다. 최대시간($t_{최대K5적}$)의 상수화에는 두 가지 가능성이 있다.

- 최대시간 이후 동적 시간섬의 해체 기능이 비활성화되어 상수가 '끝없이' 높은 값을 갖는다. 이 경우 시간섬의 해체는 정류장으로부터 트램이 진출하고 후속 트램에 의한 DS1 또는 DS2에 추가적인 요구가 없을 경우 이루어진다.

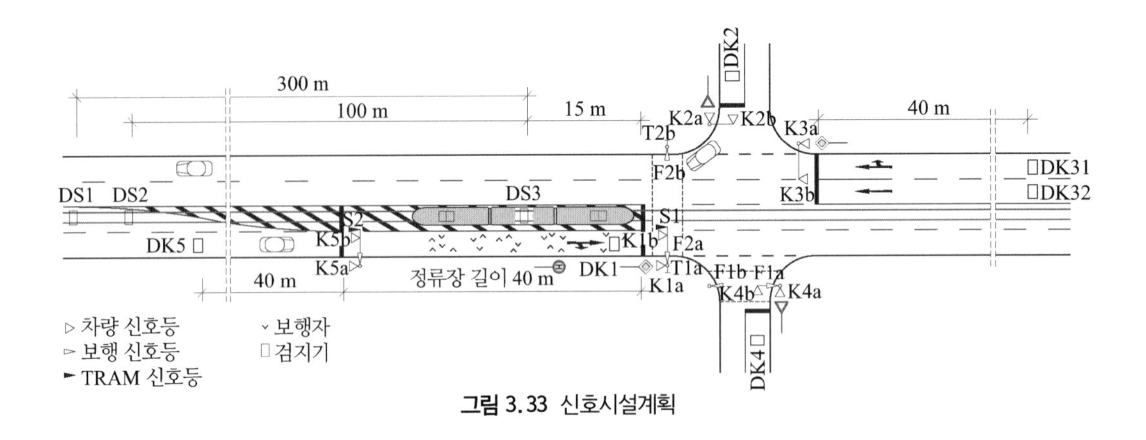

그림 3.33 신호시설계획

• 상수($t_{최대K5적}$)는 시간섬의 임계값에 이를 경우 트램이 검지되더라도 시간섬 기능이 해제되는 효과를 갖는 임계값을 사용한다. 앞서 예제에서는 임계값($t_{최대K5적}$)은 주교통류의 최대 대기시간을 적용한다.

검지영역에 트램이 검지되지 않을 경우 4현시 종료와 1현시 전환이 DK2와 DK4 검지기의 차두시간 검지를 이용하여 교통감응식 설계(중단3현시)에 의해 이루어진다. 부방향 교통류(K2와 K4)에 대한 최대녹색시간($t_{최대Ph3}$) 도달 후 가장 늦어도 현시전환이 이루어진다.

제어는 차두시간 측정과 다른 교통류의 최대대기시간을 초과하지 않는 개별 현시 작동을 통한 주현시와 부현시의 승용차에 대한 녹색시간 보정을 고려한다. 설계변수는 상수(t)로서 임의로 결정한다.

고장 시 고정식프로그램이 투입된다.

3.8.3 자료검지

트램의 신고는 정류장에서 승하차(DS2 검지기 점유)를 위해 정지할 때 정류장 영역(40 m)이 완전히 비워있도록 적시에 이루어져야 한다. 진출시간(비우는)은 현시종료 시 10 m/s로 진출한다는 것을 가정하여 대략 4초로 가정한다.

1현시에 트램이 접근하고 차량의 정류장 영역 진출을 위한 빠른 통과를 보장하기 위해 7초를 가정할 때 검지기(DS2)는 정류장(DK3) 이전 100 m에 위치해야 한다.

2,3,4현시에 트램이 접근하며 트램의 특정 위치로부터는 1현시로 전환되지 않는다. 그렇지 않을 경우 K5의 필요 최소녹색시간을 포함한 현시전환 길이가 정류장 영역에 대기 중인 차량이 적시에 진출하지 못하게 된다. 14초(현시전환 4.1), 4초(정류장 영역 진출시간)와 3초(전이시간)의 시간 동안 트램은 빠를 경우 약 300 m를 운행한다. 따라서 DS1 검지기는 DS3 검지기 이전 약 300 m 전방에 설치해야 한다.

표 3.6 검지기 리스트

이름	기능	위치	설명
DK1	차두간격 검지	정지선 3 m 전방	K1 진출 감시
DK2	신호요구와 차두간격 검지	정지선 3 m 전방	신호요구와 K2 녹색시간 설계
DK31	차두간격 검지	정지선 40 m 전방	K3 녹색시간 설계
DK32	차두간격 검지	정지선 40 m 전방	K3 녹색시간 설계
DK4	신호요구와 차두간격 검지	정지선 3 m 전방	신호요구와 K2 녹색시간 설계
DK5	차두간격 검지	정지선 40 m 전방	K1/K5 녹색시간 설계
DS1	신호요구	DS3 300 m 전방	2현시 또는 3현시 내 TRAM 신고
DS2	신호요구	DS3 100 m 전방	1현시 내 TRAM 신고
DS3	점유	정지선 15 m 전방	안전기준 → K5 폐쇄와 정류장 정차 중 검지
T2a, T2b	보행자 신호요구	횡단보도 지주	3현시 요구

보행요구버튼 T2a/b와 DK2와 DK4 검지기는 부도로 현시요구 시 활용된다. 또한 DK2와 DK4는 녹색시간설계에 활용된다. 이들은 정지선 바로 앞에 설치된다. 검지기 DK1은 필요할 경우 2현시를 연장하고 정류장 영역으로부터 차량의 진출을 보장하기 위해 차두시간 측정에 활용된다. 검지기는 비워지는 정류장 영역의 안전한 검지를 위해 정지선 전방에 설치된다. DK31, DK32와 DK5는 녹색시간 설계를 위해 해당되는 정지선 40m 전방에 설치된다. 녹색시간 설계의 경우 1현시의 지나간 녹색시간은 정지선과 검지횡단면 사이의 모든 차량이 진출에 필요한 시간보다 커야 한다.

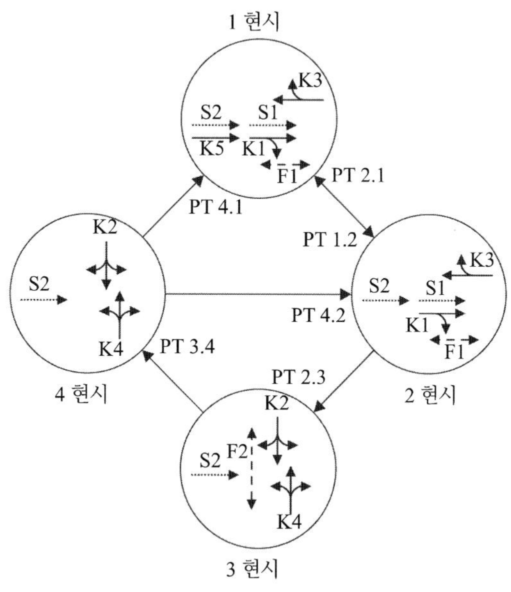

그림 3.34 현시순서계획

3.8.4 현시전이

현시전이는 Intergreen time matrix를 산출하고 추가적으로 최소녹색시간을 포함한다.

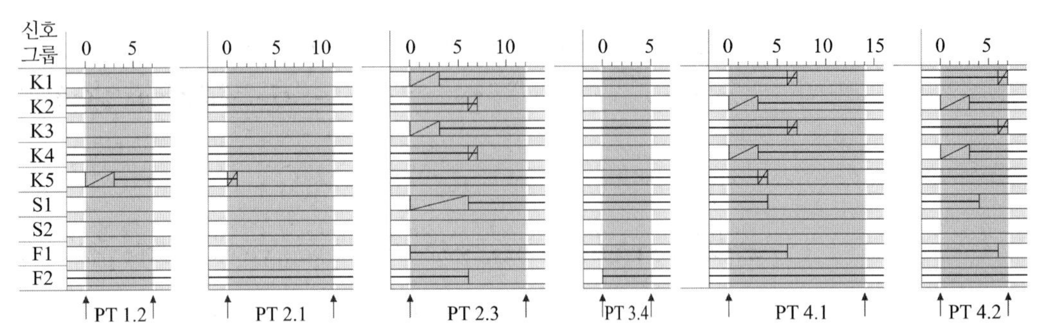

*) 4현시에서 2현시 변경 후 1현시 만이 전환 가능하여 다른 신호그룹이 폐쇄되지 않기 때문에 최소 녹색시간을 고려 될 필요 없음

그림 3.35 현시전이

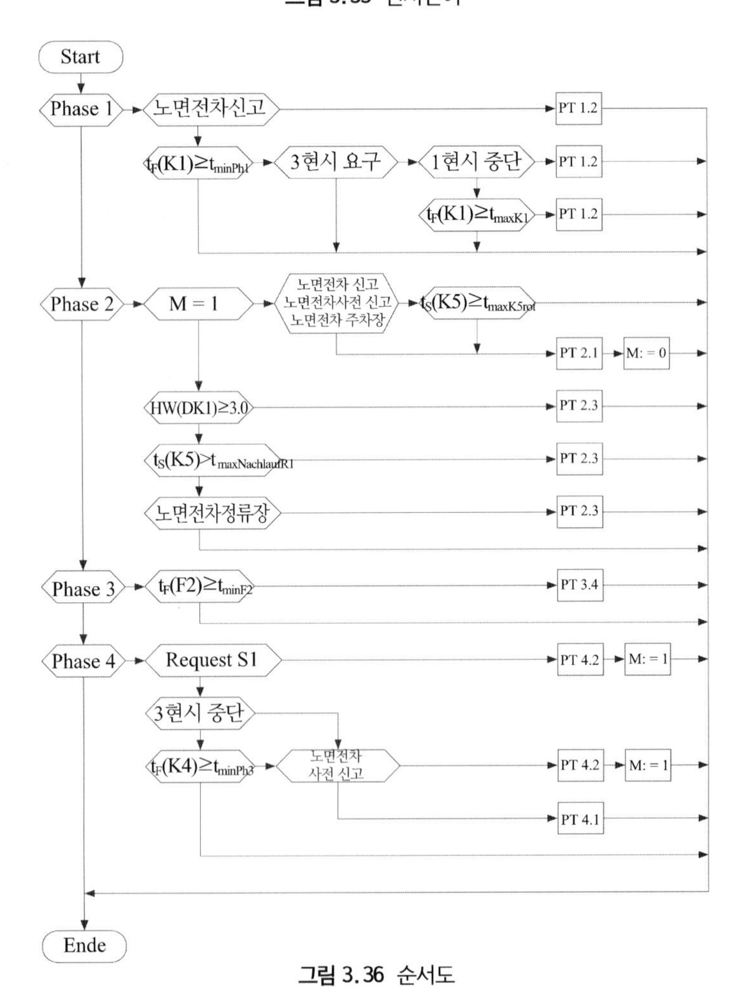

그림 3.36 순서도

신호그룹	$t_{\text{녹}}$(s)		
	시작	종료	시간
K1	52	16	34
K2	23	45	22
K3	52	16	34
K4	23	45	22
K5	49	9	30
S1	49	16	37
S2	0	70	70
F1	51	16	35
F2	22	28	6

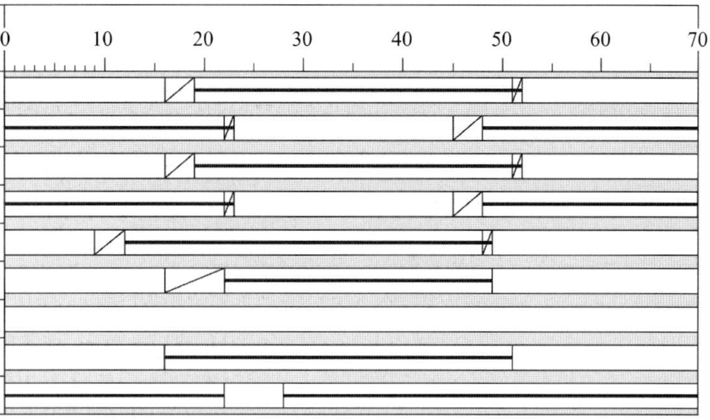

그림 3.37 고정식 프로그램

표 3.7 논리적 조건

이름	논리적 조건	설명
STOP Ph1	$HW(DK5) \geq 3.0 \wedge HW(DK31) \wedge HW(DK32) \geq 3.0$	주현시 중단을 위한 차두간격 측정
	$HW(DK1) \geq 3.0$	K1 진출 감시
STOP Ph3	$HW(DK2) \wedge HW(DK4) \geq 3.0$	3현시 중단 차두간격 측정
Register Tram	Reg(DS2)	1현시 동안 정류장 진입을 위한 노면전차 신고
Before Tram	Reg(DS1)	2현시 또는 3현시 동안 정류장 진입을 위한 노면전차 신고
Request Ph3	$Reg(DS2) \vee Reg(DK4)$	(2현시를 거쳐) 3현시 요구
Tram Stop	$B(DS3) > 0$	안전기준(노면전차 정류장 내 또는 승하차 중) → K1 녹색시간 허용 불가
Request S1	$B(DS3) \geq t_{\text{승하차}}$	녹색시간 요구 S1

* ZL=HW

표 3.8 시간적 조건

이름	값(s)	설명
$t_{\text{최소Ph1}}$	20	대중교통 요구가 없는 1현시(K5) 최소녹색시간
$t_{\text{최대K1}}$	27	옆방향 요구 시 1현시 내 K1 최대녹색시간
$t_{\text{최대연장K1}}$	12	정류장 영역으로부터 차량진출을 위한 최대연장(K1에서 K5)
$t_{\text{최대Ph3}}$	24	3현시 최대 운영시간
$t_{\text{최대K5rot}}$	60	K5 최대 폐쇄시간
$t_{\text{승객승하차}}$	18	정류장 체류시간(승하차 시간)
$t_{\text{최소F2}}$	5	F2 최소녹색시간

3.9 교통감응식 버스게이트

3.9.1 현황

Green wave로 운영 중인 교통축에 버스게이트가 위치한다. 지역적 여건으로 정류장은 차로가 축소되기 이전 60 m 전방에 위치한다. 정류장에서 버스는 항상 정차하며, 정차시간은 매우 다양하다. 정류장 정차 이후 버스는 승용차나 보행자에 우선하여 진입하도록 한다.

3.9.2 제어개념

제어기법 현시요구(4.1, 표 2.1, 위계 B4)가 버스를 위한 녹색시간 보정(위계 B2)과 연계하여 적용된다. 4현시로 계획한다. 3현시(B1)와 4현시 (F1)는 요구 시에만 2현시(All-Red)를 거

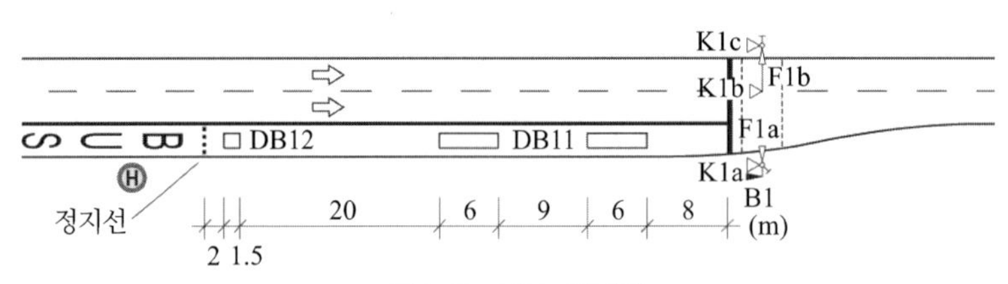

그림 3.38 신호시설계획

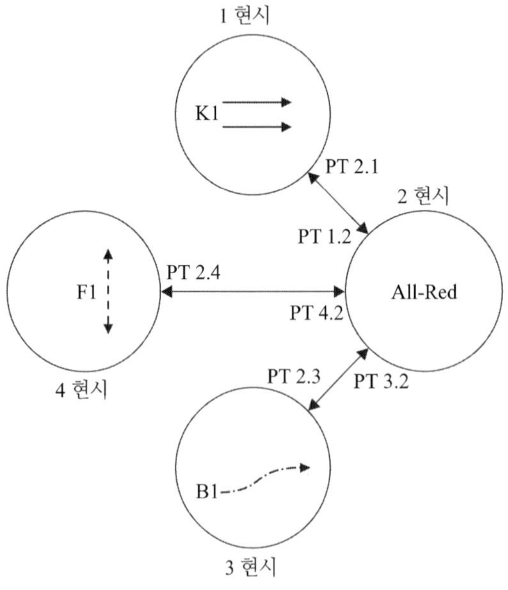

그림 3.39 현시순서계획

		시작 신호그룹		
		K1	B1	F1
종료 신호그룹	K1		4	4
	B1	5		5
	F1	8	8	

그림 3.40 Intergreen time matrix

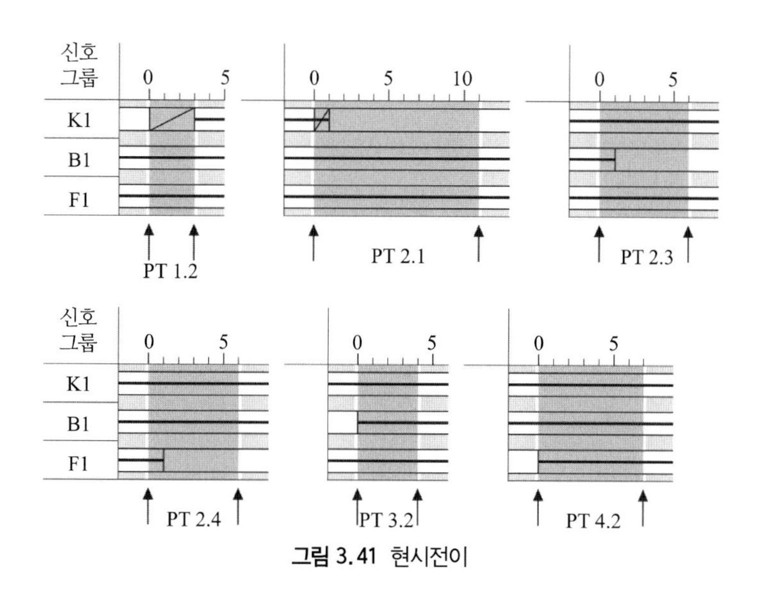

그림 3.41 현시전이

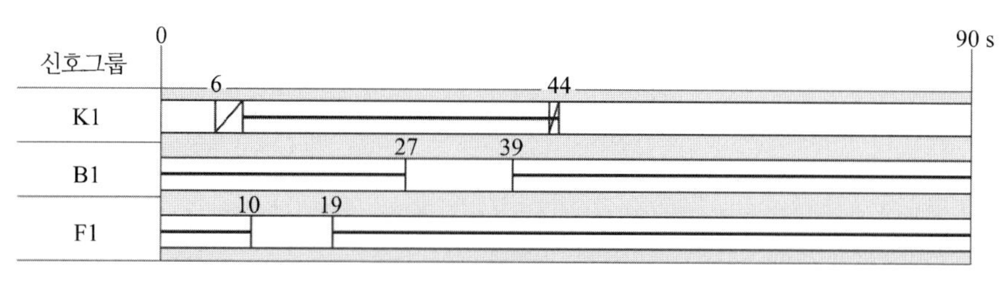

그림 3.42 고정식 프로그램(검지기 장애 시)

쳐 작동된다. All-Red 현시는 버스현시의 유연성을 높인다. B1과 F1의 요구가 없을 경우 K1은 지속적인 녹색시간을 갖는다(현시 1).

보행현시는 T1과 T2 사이에 Green wave의 장애 없이 요구될 수 있다. T2 시점에 보행요구가 있을 경우 보행자는 제어논리에서 T3 시점에 시작하는 동일한 주기에 처리된다.

버스를 위한 3현시는 가장 빨라도 T3 시점에 K1의 최소녹색시간 10초가 경과한 이후 작동된다. 3현시의 가장 늦은 종료 시점은 T4 시점이다.

3.9.3 자료검지

버스 신고를 위한 루프검지기는 사전신고(DB12)를 위해 정지선 전방 50 m와 주신고와 진출신고(DB11)를 위해 교차로 전방 8 m와 29 m 사이에 설치한다. 정류장 정차시간 동안 버스는 신고를 할 수 없다. 정류장 종점부에 DB12 검지기를 통해 정류장을 빠져나가는 버스만이 검지된다. DB11 루프검지기는 두 개의 장루프검지기로 설치해 두 개가 동시에 점유될 경우에만 반응되도록 한다. 이를 통해 승용차에 의한 오 점유나 버스차로를 불법으로 이용하는 경우를 배제토록 한다.

버스는 사전에 정의된 가장 늦은 시점 T4 또는 최대녹색시간까지 녹색시간을 연장할 수 있다. 버스진출신고의 기준은 DB11에서 차두시간 HW > 1초 이상이다.

제어논리는 - 여기에 설명되지 않은 - F1의 요구영역을 결정하는 보조프로그램을 포함한다. 보조프로그램의 결과는 순서도에서 동일한 초로 환산되어야 한다.

3.9.4 순서도

논리적 조건은 순서도에 제시되었다.

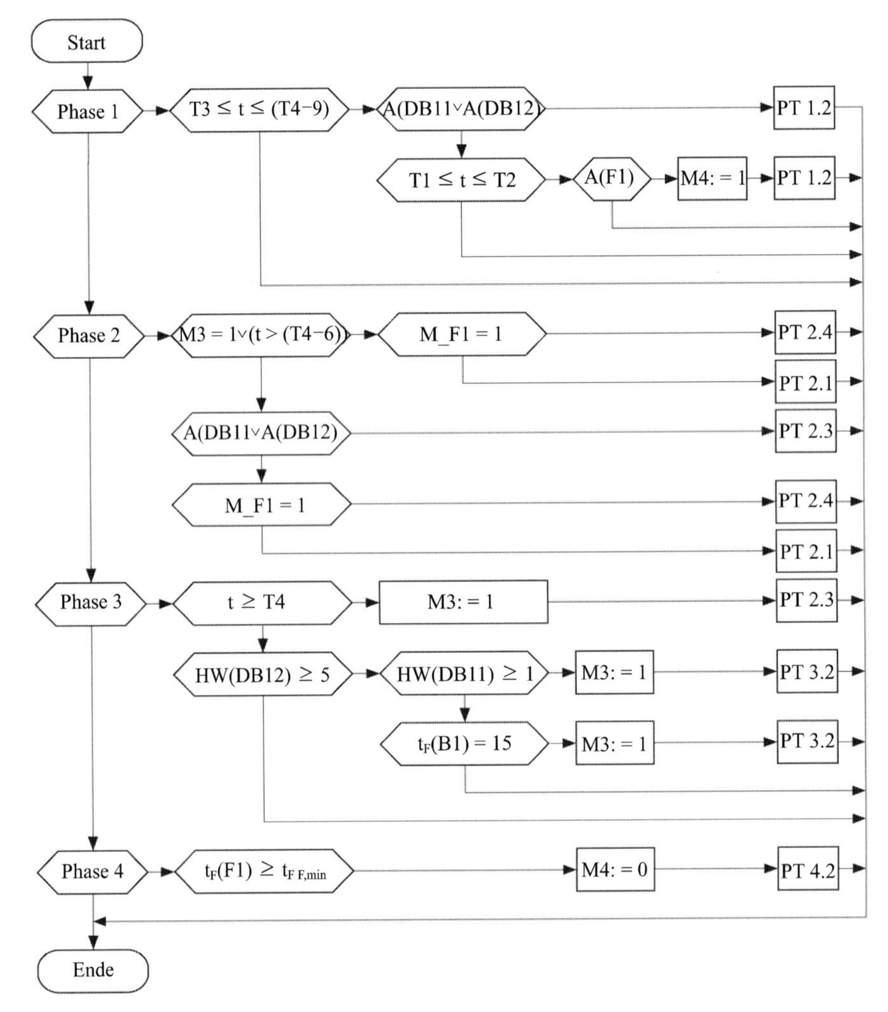

그림 3.43 순서도

Part
1
2

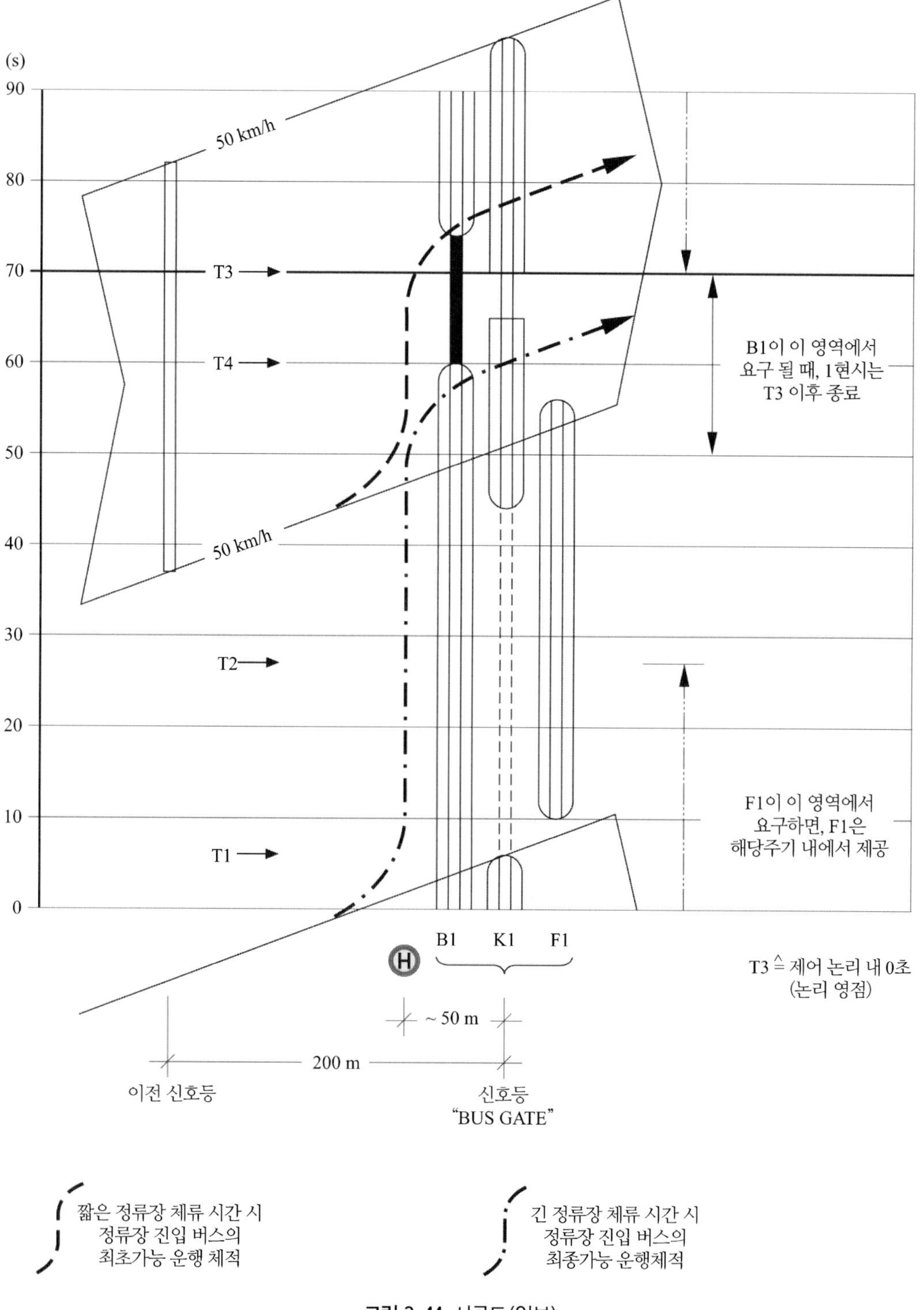
(s)
90
80
70
60
50
40
30
20
10
0
50 km/h
50 km/h
T3
T4
T2
T1
B1이 이 영역에서
요구 될 때, 1현시는
T3 이후 종료
F1이 이 영역에서
요구하면, F1은
해당주기 내에서 제공
H
B1
K1
F1
T3 ≙ 제어 논리 내 0초
(논리 영점)
~ 50 m
200 m
이전 신호등
신호등
"BUS GATE"
짧은 정류장 체류 시간 시
정류장 진입 버스의
최초가능 운행 체적
긴 정류장 체류 시간 시
정류장 진입 버스의
최종가능 운행체적

그림 3.44 시공도(일부)

두 개의 시간적 조건이 있다.

- 버스 우선통과 미고려
  T(minF1)=F1(4현시) 요구의 최초가능 실현 시점=06초
  T(maxF1)=F1(4현시) 요구의 최대가능 실현 시점=27초
- 버스 우선통과 고려
  T(minB1)=B1(3현시) 요구의 최초가능 실현 시점=70초
  T(maxEndPh3)=3현시 종료 최종가능 시점=60초

3.9.5 보행자 최소녹색시간

- 버스 점유 시나 가장 늦은 보행자 요구 시 : 5초
- 버스 우선통과 미반영 시 : 9초
- 버스 최소녹색시간 : 5초
- 버스 최대녹색시간 : 15초
- 차량 최소녹색시간 : 10초

기타 조건에는 다음과 같은 point들이 활용된다.

: F1 미요구
: F1 요구
: F1 주기 내에서 실질적 허용
: B1 주기 내에서 실질적 미허용
: B1 주기 내에서 실질적 허용

3.10 All-Red / Immediately-Green-Switch

3.10.1 현황

교차로에 All-Red-/Immediately-Green-Switch가 적용된다. 연동화가 안 된 독립교차로이다. 허용속도는 50 km/h이다. 교차로 인근에 양로원이 있어 보행속도는 1 m/s로 한다.

대기시간과 정지횟수를 최소화하기 위해 개별 차량이나 보행자가 요구 시에 '즉시' 녹색신호를 받도록 한다.

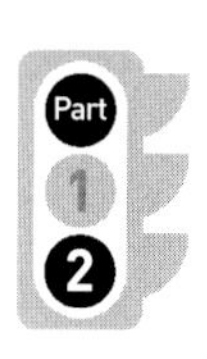

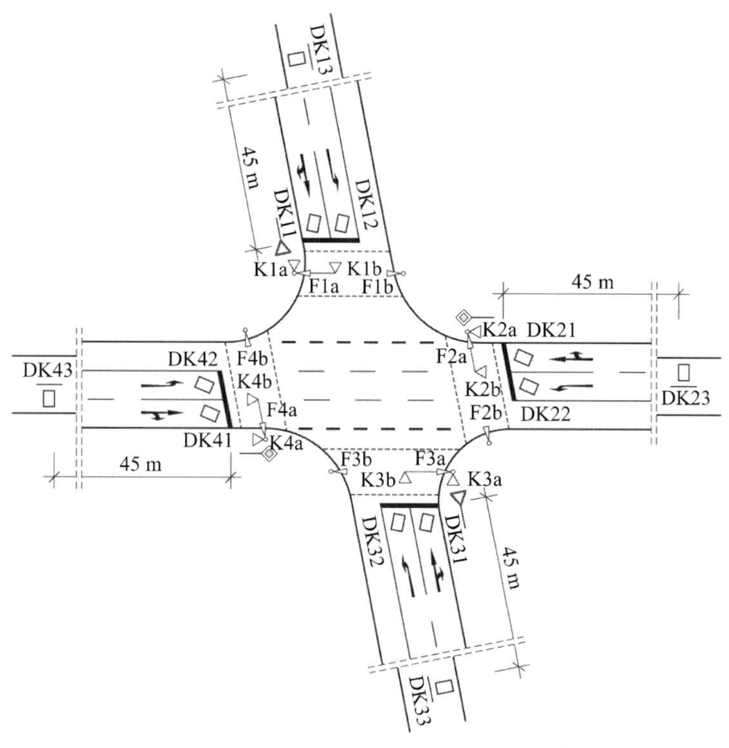

그림 3.45 신호시간계획

3.10.2 제어개념

제어는 신호프로그램 조합(Part1 4.1, 표 10.1, 위계 B6) 원리에 따른다. 신호의 기본설정은 'All-Red'(1현시)이다. 이 설정으로부터 요구 시에 즉시 2현시나 3현시로 전환된다.

현시 2, 3간의 직접적인 전환의 Intergreen time이 'All-Red' 설정으로 '우회'하는 것보다 빠르지 않으므로 현시 전환 PT(Phase Transition) 2.3과 3.2는 포기한다. 이에 따라 제어논리가 단순화된다.

현시전환 PT 1.2와 PT 1.3은 보행자 녹색시간과 차량 최소녹색시간(선택 : $t_{녹,최소}$ = 10 s)이 포함되도록 정의된다. 진출하는 보행자와 진입하는 차량간 긴 Intergreen time으로부터 짧은 보행자 녹색시간이 발생한다. 이는 제어를 유연하게 하기 위해 용인된다.

동일한 방향으로 계속되는 보행자 신호요구는 보행자 녹색시간이 이미 부분적으로 상충되는 교통류에 바로 붙어서 허용될 수 없으므로 1현시(All-Red)를 통해 이루어진다. 현시전환 PT 2.1과 PT 3.1은 현시 2와 3이 신규 요구에 의해 재활성화되기 전에 모든 Intergreen time이 종료되도록 정의한다. 이를 통해 해당 방향이 진행이 허용되기 이전에 보행자와 좌회전 교통류가 동일한 현시로 되돌아가는 것을 방지한다. 이를 통해 'All-Red'를 거쳐 2 또는 3현시로 동일한 현시로 전이 시 4초의 'All-Red-time'이 발생한다.

차량 교통류에 대한 검지기 거리 $l_D = 45$ m와 평균 후속차두간격 $t_B = 2$초/대일 경우 녹색시간은 15초이다. 보행자와 상충되는 차량 교통류간에 녹색시간이 요구될 경우에 유효한 최대 녹색시간이 결정된다. 보행자와 상충되는 교통류로부터 요구가 없을 경우 실제 현시는 차두시간값이 도달하면 종료된다.

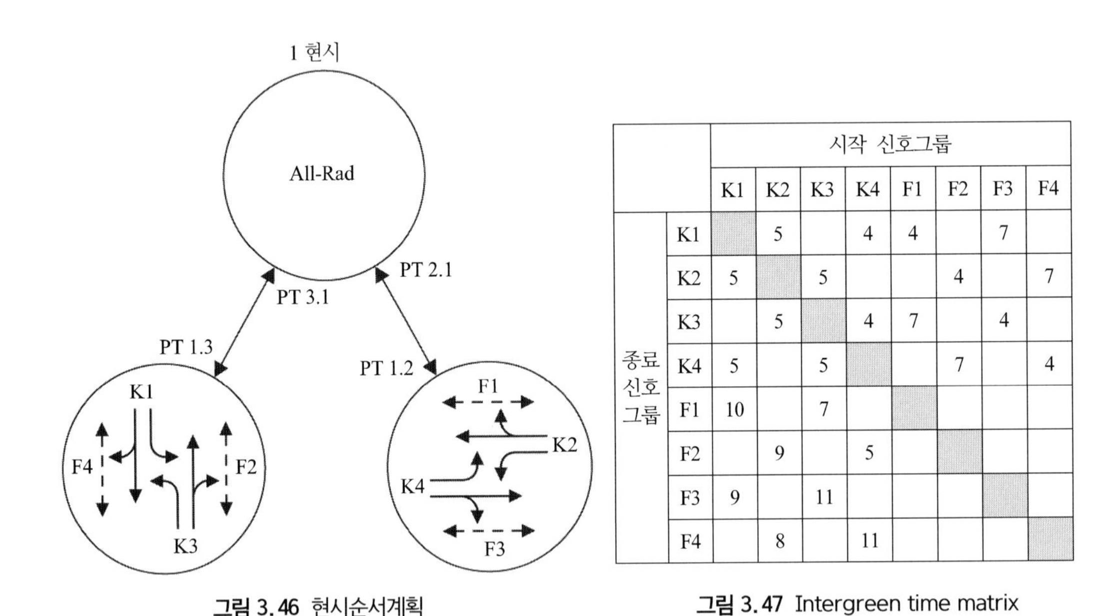

		시작 신호그룹							
		K1	K2	K3	K4	F1	F2	F3	F4
종료 신호 그룹	K1		5		4	4		7	
	K2	5		5			4		7
	K3		5		4	7		4	
	K4	5		5			7		4
	F1	10		7					
	F2		9		5				
	F3	9		11					
	F4		8		11				

그림 3.46 현시순서계획

그림 3.47 Intergreen time matrix

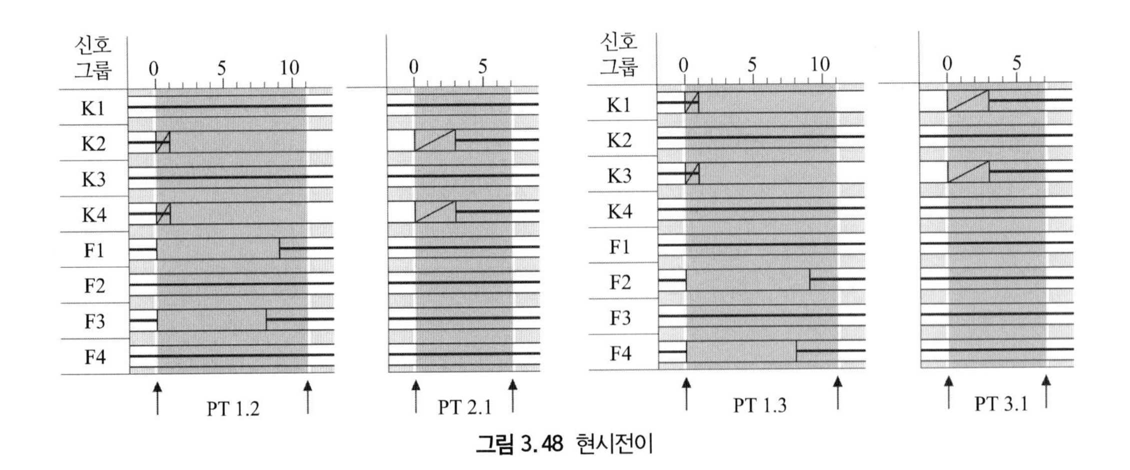

그림 3.48 현시전이

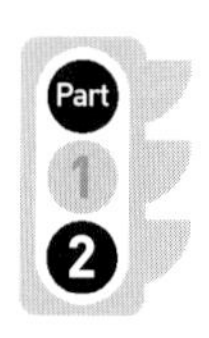

3.10.3 순서도

현시2, 3의 요구와 중단에 대해 다음과 같은 논리조건들이 정의된다.

Request Ph2 = R(F1 ∨ F3) ∨ R(DK21 ∨ DK22 ∨ DK23 ∨ DK41 ∨ DK42 ∨ DK43)

Request Ph2 = R(F2 ∨ F4) ∨ R(DK11 ∨ DK12 ∨ DK13 ∨ DK31 ∨ DK32 ∨ DK33)

STOP Ph2 = HW(DK23 ∧ DK43) ≥ 3.5 s

STOP Ph3 = HW(DK13 ∧ DK33) ≥ 3.5 s

2와 3현시가 동시에 요구될 경우 규칙적인 전이가 이루어지도록 추가적인 point P2를 정의하여 어떤 현시가 최근에 이루어졌는지를 판단한다.

M2 = 1 : 2현시가 실질적으로 운영 중, 1현시 전에 마지막 현시

M2 = 0 : 2현시는 실질적으로 운영되지 않음

최소녹색시간 : K1, K2, K3, K4 = 15 s

최대녹색시간 : K1, K2, K3, K4 = 25 s

사전 신고를 위한 루프검지기는 'All-Red'에 신호요구한 차량이 정지하지 않고 정지선을 통과할 수 있도록 설치한다. 검지기 DK13, Dk23, DK33과 DK44는 차두시간 측정도 동시에 한다.

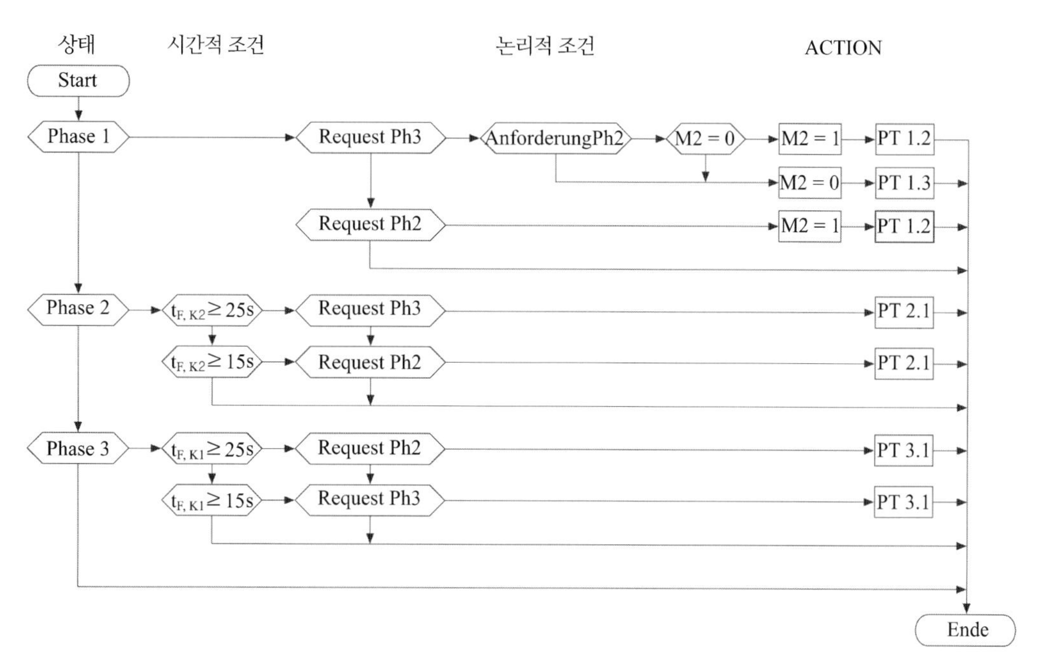

그림 3.49 순서도

정지선에 인접하여 추가적인 검지기(DK11, DK21, DK31, DK32, DK43)는 녹색시간 요구 시에 필요하다.

보행자는 신호등에 부착된 버튼을 활용하여 녹색시간을 요구한다.

3.11 Green wave 트램 우선통과 녹색시간 보정

3.11.1 현황

도시부 주교통축에서 트램이(2개 노선, 10분 간격) 자체 선로로 중심부를 통과한다. 교차로에서 트램은 우회전하면서 차량-교통류의 한 방향을 교차한다. 트램 운행에 따라 부도로로의 진입은 불가능하다. 부도로로부터 진출은 가능하나, 주도로로 우회전만 가능하다.

차량교통은 주도로에서 Green wave로 통행한다. 이전 교차로의 신호에 따라 트램은 차량과 동시에 교차로에 도착하게(주기 중 9와 16초 사이) 되어, 일반적인 경우 차량이 진출하고 난 이후 회전이 가능하다. 이에 따라 트램에는 약 35초의 손실시간이 발생한다.

트램의 우선통과를 위해 트램이 포함된 모든 주기에서 Green wave를 중단하여 차량을 지체시키고, 트램을 정차 없이 통과시키도록 한다. 그러나 이에 따른 차량 교통류에 대한 용량 감소가 있어서는 안 된다. 차량 교통류의 녹색시간은 연기된 것이지 축소되어서는 안 된다.

3.11.2 제어개념

교차로는 Green wave로 운영되며 70초의 주기를 갖고 있다. 미시적 제어수준에서 녹색시간 보정이 적용된다.

이전 교차로 신호에 따라 출발한 트램은 구간에는 45 km/h의 평균속도로 교차로 내에서는 40 km/h의 속도로 운행하여 대상 교차로 신호 S1에 평소 주기일 경우 녹색시간 종료 몇 초이후에 도착한다. 트램이 정차하지 않고 통과하려면 녹색시간이 12초 연장되어야 한다. 시공도로부터 트램의 통과가 연장된 녹색시간의 마지막에 통과할 가능성이 매우 높으므로 유연한 녹색시간 연장은 불필요하다. 신호 K1의 차량-교통류에 대한 녹색시간은 12초 연기되어, 시작이 13초에서 25초로 종료가 45초에서 57초로 연기된다. 다음 주기에서 평상 주기로 환원하기 위해 S1 트램의 녹색시간은 12초 단축된다(24초에서 12초).

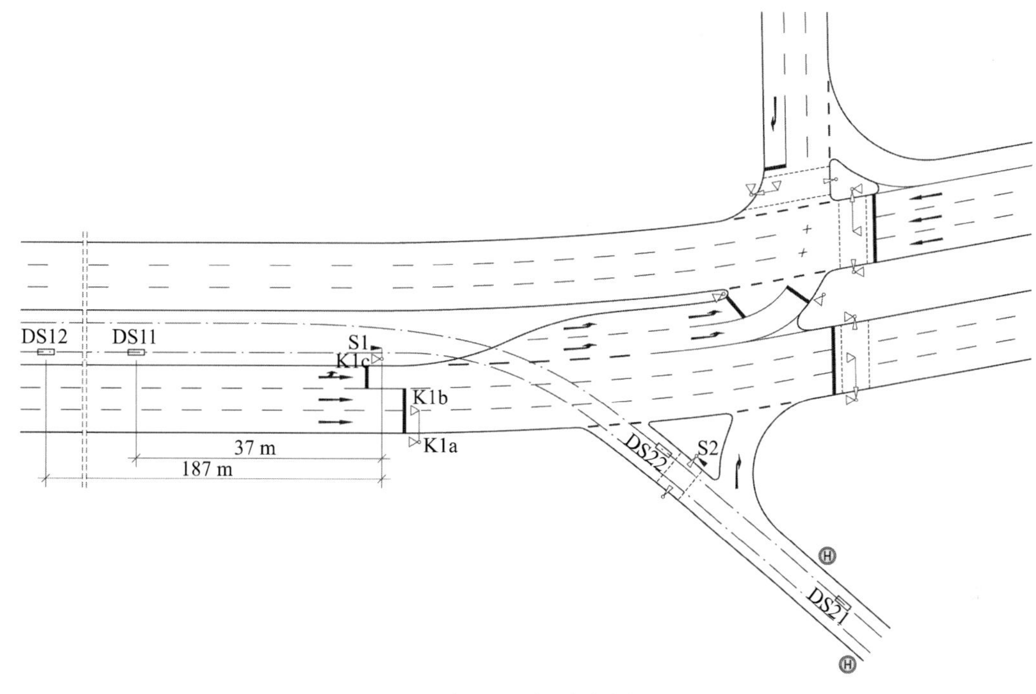

그림 3.50 신호시설계획

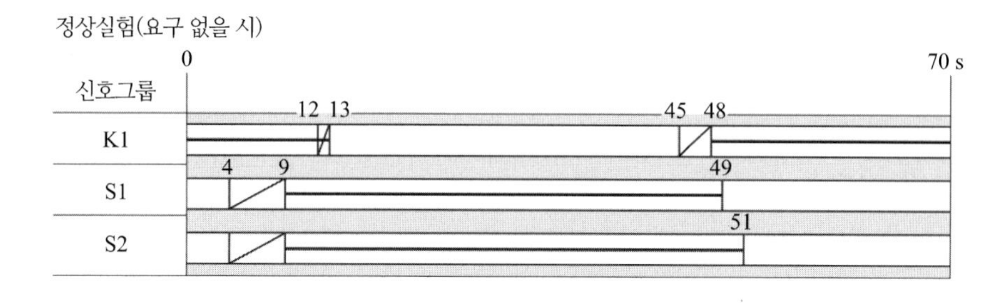

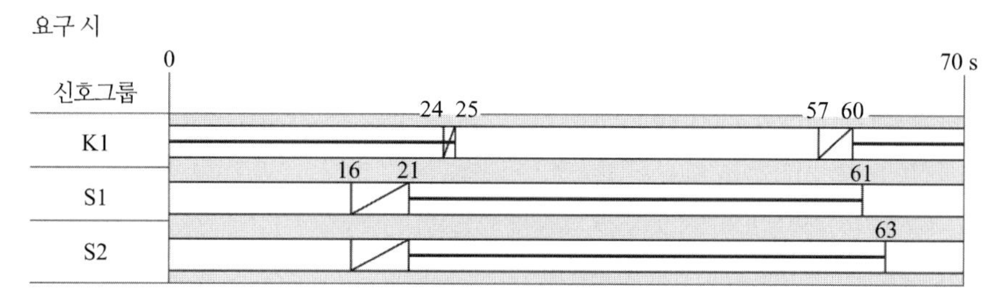

그림 3.51 신호시간계획

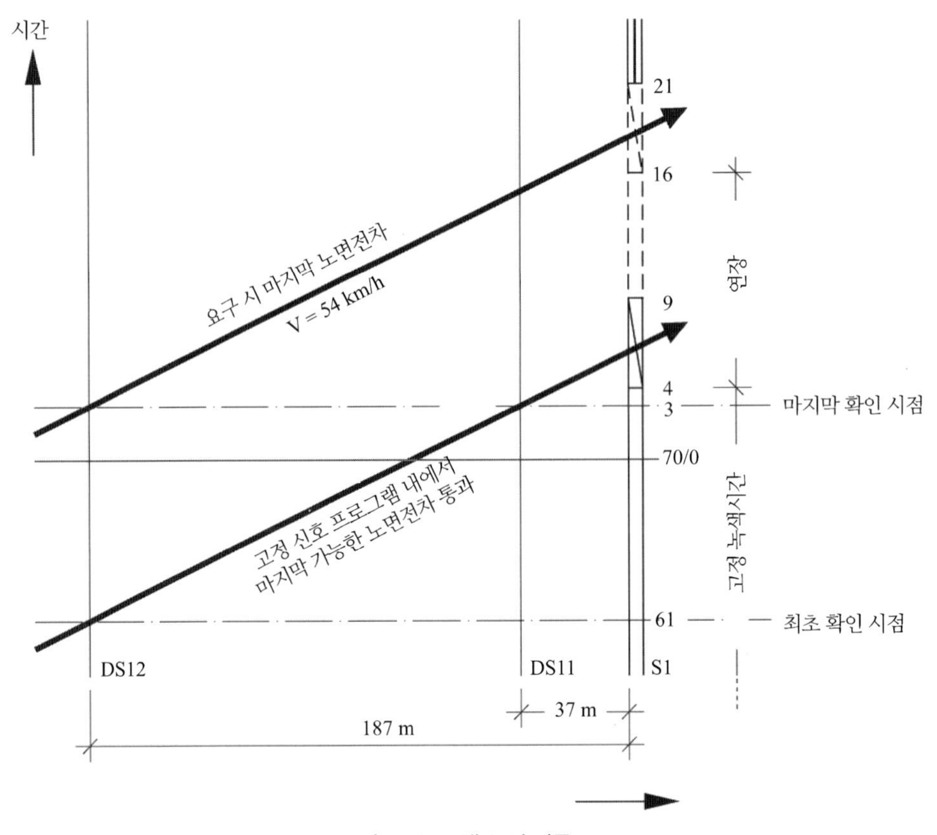

그림 3.52 트램 S1의 시공도

3.11.3 자료검지

트램은 DS12 요구접촉을 통해 신고하고 진출접촉 DS11을 통해 진출을 신고한다. DS12 요구 지점은 신호 S1 이전 187 m이다. 이는 평균운행속도 45 km/h로 15초간 운행하는 거리이다. 시공도부터 알 수 있듯이 61초와 3초 사이에 요구접촉 DS12를 작동하는 모든 트램은 이 연장을 활용한다. 따라서 요구에 대한 반응은 원칙적으로 이 시간영역 내에서 유용하다. 일반적인 상황에서 벗어나는 운행궤적도 처리하기 위해서는 55초 이후의 요구도 고려된다.

신고된 트램이 3초 전에 진출점 DS11에 도착할 경우 연장은 불필요하며 무시된다. 진출점 DS11은 신호등 S1 전방 37 m에 위치한다. 이 간격은 속도 45 km/h에서 장비기술적인 작동시간 1초와 2초의 전이시간으로부터 산출된다.

신호 S2의 가능한 진출시간점이 4 – 6초 사이에 있을 경우 대향방향의 트램도 신호요구를 할 수 있다. 시간적인 조건은 이 예제에서 제시하지 않았다.

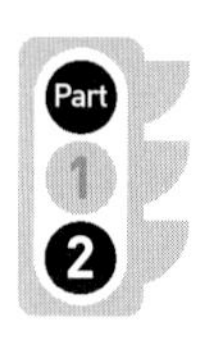

3.12 트램 진입 시 좌회전 교통의 선로 비우기

3.12.1 현황

3지 교차로에서 한방향의 트램에만 자체 선로가 있다(S2 방향). 다른 선로(S1 방향)에는 교차로 내에서 좌회전하는 교통류(K1)와 겸용한다. 이로 인해 트램에 장애와 시간손실이 발생한다.

교차로는 연동화와 무관하며 70초 주기로 운영된다. 트램 요구에 의하여 선로영역이 비워지고 대기 중인 좌회전 교통류가 처리된다.

3.12.2 제어개념

제어기법 현시요구(Part1 4.1, 표1, 위계 B4)가 적용된다. 제어를 위해 트램의 요구와 진출이 신고되고 좌회전 교통류 K1의 점유가 검지된다.

이때 트램 S1이 신호요구로부터 정지선을 통과할 때까지 K1의 좌회전 차량 2대가 대향교통 S2/K3와의 상충지역을 진출한다는 것을 가정한다.

긴 정체와 동시에 트램 신호가 요구될 경우 대향교통 S2/K3의 정지를 통해 트램 진입 전에 선로가 비워있도록 한다. 트램 S1과 좌회전 K1이 차로를 겸용하므로 신호 S1과 K1은 동시에 허용된다. 트램 S2와 차량교통 K3 역시 동시에 신호가 부여된다. 트램 S2의 우선통과 가능성에 대해서는 여기에서 설명하지 않는다.

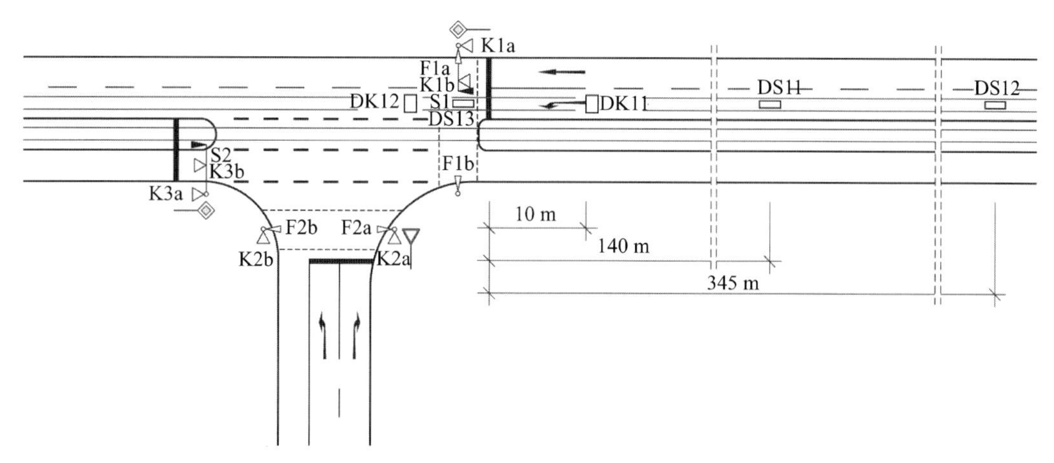

그림 3.53 신호위치계획

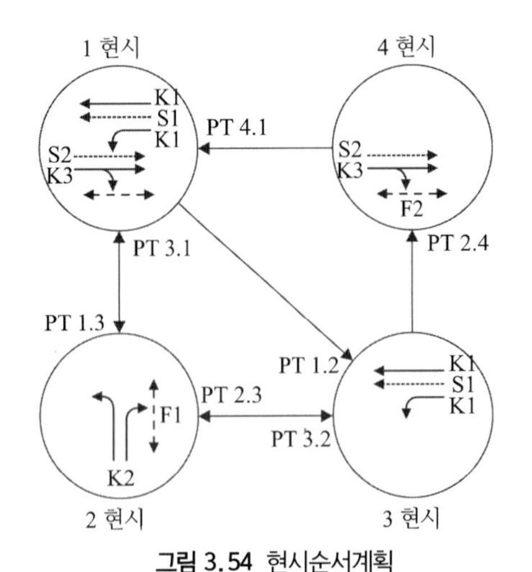

그림 3.54 현시순서계획

		시작 신호그룹						
		K1	K2	K3	F1	F2	S1	S2
종료 신호 그룹	K1		5		4			
	K2	5		5		4	5	5
	K3		5		6			
	F1	9		7			9	7
	F2		7					
	S1		6		6			
	S2		6		7			

그림 3.55 Intergreen time matrix

3.12.3 자료검지

트램 S1은 요구현시 2의 작동을 기본프로그램 중 어느 현시에서나 가능케 하기 위하여 2개의 신고지점 DS11과 DS12를 갖는다. 신고지점의 정지선으로부터의 거리는 신호프로그램에 필요한 시간을 고려하여 결정된다.

t_1, t_2 : 신고와 원하는 통과시간간의 시간

$t_{1.2}$, $t_{1.3}$, $t_{3.2}$: 개별 현시전이 길이

t_{LA} : 좌회전 차로 비우기 시간

$$t_1 = t_{1.2} + t_{LA} = 5 + 5 = 10\ \text{s} \rightarrow s1 = 140\ \text{m}\ (v = 13.9\ \text{m/s})$$

$$t_2 = t_{1.3} + t_{3.2} = 15 + 10 = 25\ \text{s} \rightarrow s2 = 345\ \text{m}\ (v = 13.9\ \text{m/s})$$

좌회전교통 K1을 검지하기 위한 루프검지기 DK11은 정지선으로부터 10 m 이격하여 교통감응식으로 제어하지 않더라도 신고된 트램 S1이 도착하기 이전에 약 2대의 차량이 진출할 수 있도록 한다.

루프검지기 DK12는 정지선 후방에 설치하여 트램 S1의 늦은 신고 시 교차로 영역 내 좌회전 교통류의 검지에 활용된다.

진출신고지점 DK13은 정지선 바로 후방에 설치하여 트램이 평상 시 녹색시간을 자유롭게 활용토록 하고 다음 현시에 가능한 빨리 시작하도록 한다.

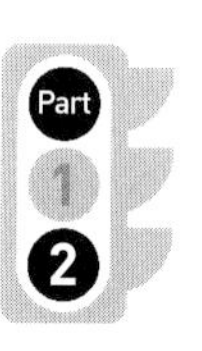

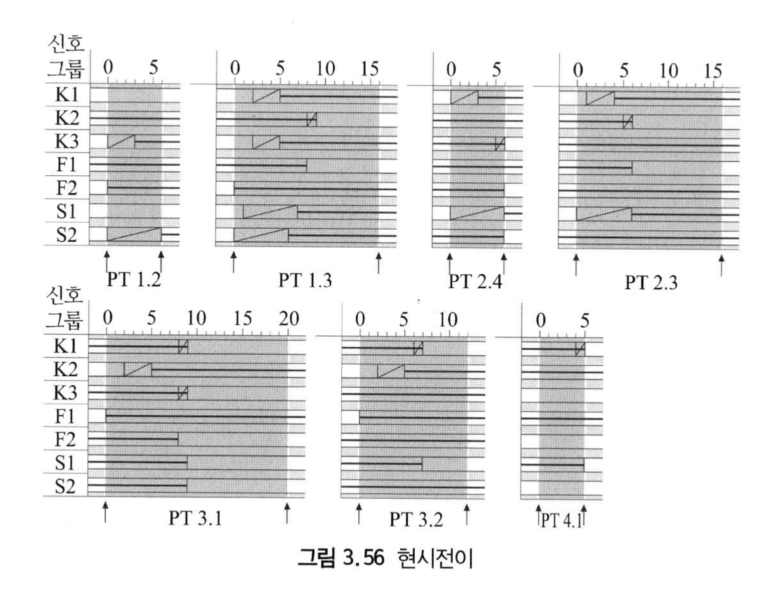

그림 3.56 현시전이

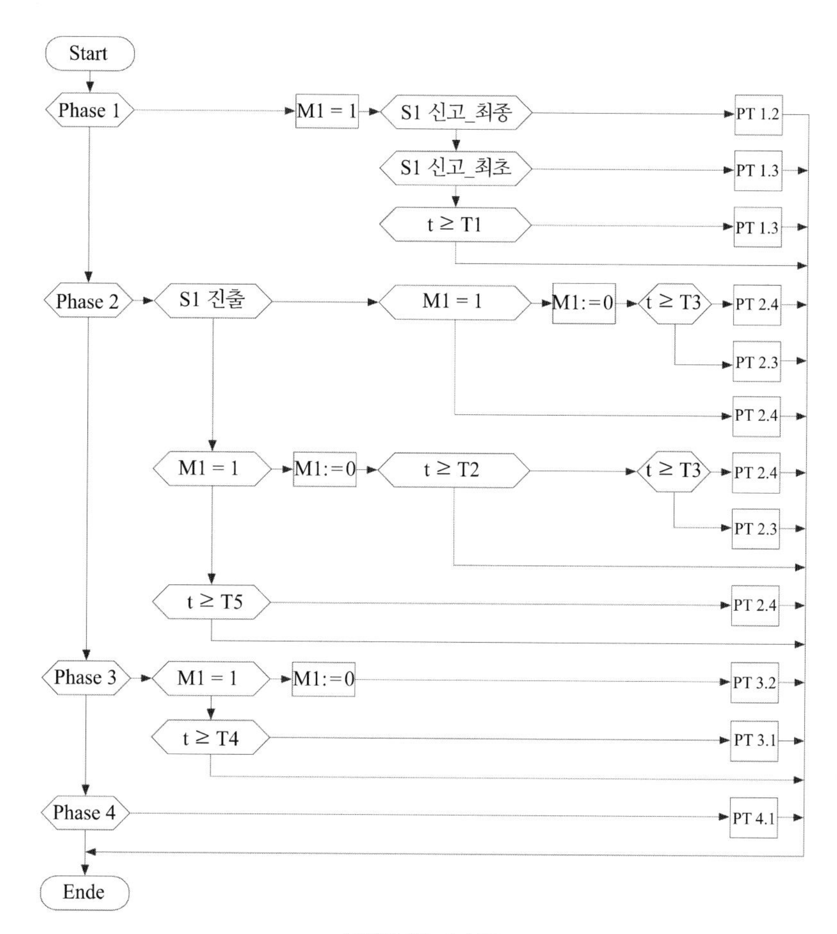

그림 3.57 순서도

3.12.4 순서도

다음과 같은 논리적, 시간적 조건들이 적용된다.

L1 = Reg(DS11) ∧ B(DK12)　　늦은 S1 신고와 DK12 ≥ 5초 점유

L2 = Reg(DS12) ∧ B(DK11)　　빠른 S1 신고와 DK11 ≥ 5초 점유 S1 진출

L3 = Reg(DS13)

T1 = 28 s : 시작 PT1.3

T1 = 34 s : 늦은 S1 신고 후 PT2.4 시작

T1 = 20 s : 1현시 반복 최종시점

T1 = 50 s : 시작 PT1.3

T1 = 59 s : 빠른 S1 신고 후 PT2.4 시작

주기 : 70 s

신고는 진출신고 시까지 저장된다. 트램-검지기의 저장된 요구 신호의 해제는 검지기 DS 13의 진출신고나 T4 또는 T5 시점에서 이루어진다.

3.12.5 운영 이후 검증

신고지점의 위치는 의도된 교통류의 흐름에 따라 검증된다.

3.13 고속도로 진출구의 정체감시

3.13.1 현황

고속도로 진출구가 간선도로와 접해있다. 과포화된 간선도로의 교통량이 평소에 우선적으로 처리된다. 고속도로 진출구의 최대녹색시간은 이에 따라 결정된다.

고속도로 진출구는 평소 교통량이 적다. 그러나 휴일에는 예측 불가능한 교통량이 단기적으로 집중된다. 고속도로의 통과차선까지 정체가 발생하는 것을 안전측면에서 피해야 한다.

3.13.2 제어개념

신호시설은 제어기법 신호프로그램 조합(Part1 4.1, 표 1, 위계 B6)을 적용하여 다음과 같이 한다.

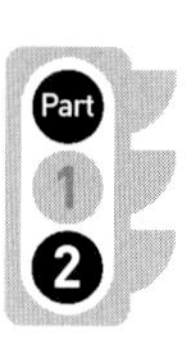

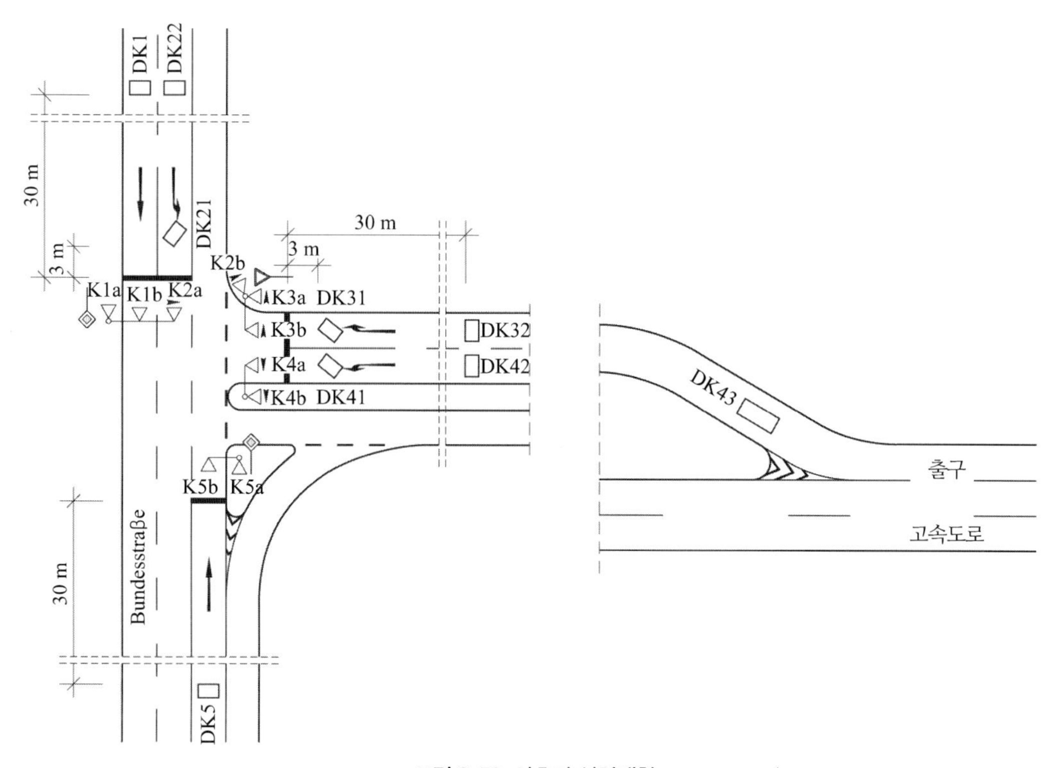

그림 3.58 신호기 설치계획

기본설정은 현시 1이며, 주방향(K1, K5)이 처리된다. 좌회전 K2와 우회전 K3은 2현시의 요구 시 또한 우회전 K3과 좌회전 K4는 3현시에 허용된다. 모든 진입로는 사전에 정의된 임계(최소 / 최대 녹색시간) 범위 내에서 차두시간제어를 통해 녹색시간을 결정한다.

고속도로 진출구는 대기공간 감시(DK43) 기능을 갖고 있다. 정체가 감지되면 3현시의 최대 녹색시간(정체가 없을 경우)이 연장되며, 다른 현시의 최대녹색시간은 축소되어 고속도로 진출부의 정체를 줄이도록 한다.

진입로 K3, K4의 정체감지 시 최대녹색시간은 정지선과 대기 검지기 사이에 대기하고 있는 차량이 모두 진출할 수 있는 길이로 산정한다.

3.13.3 자료검지

검지기 위치는 신호위치계획에 제시되었다. 작동 중인 현시를 중단하는 기준이 되는 차두시간 HW 간격은 2.5초이다. DK 43의 정체감지를 결정하는 점유시간은 10초이다.

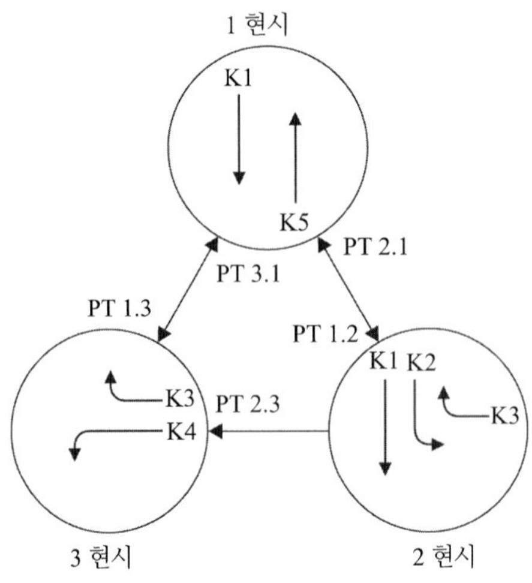

그림 3.59 현시순서계획

3.13.4 순서도

논리적 조건은 순서도에 제시되었다. 시간적 조건에는 최소와 최대녹색시간이 정의되며, 이때 최대녹색시간에는 정체감지가 있을 경우와 없을 경우를 구분하였다.

3.13.5 최소녹색시간

$$K1,\ K5 = 15\ s$$
$$K2,\ K3,\ K4 = 5\ s$$

최대녹색시간(정체 미감지 시)

$$K1 = 45\ s$$
$$K2 = 20\ s$$
$$K3,\ K4 = 15\ s$$
$$K5 = 35\ s$$

최대녹색시간(정체 감지 시)

$$K1 = 30\ s$$
$$K3,\ K4 = 50\ s$$
$$K5 = 20\ s$$

Intergreen time과 현시전이는 제시하지 않았다.

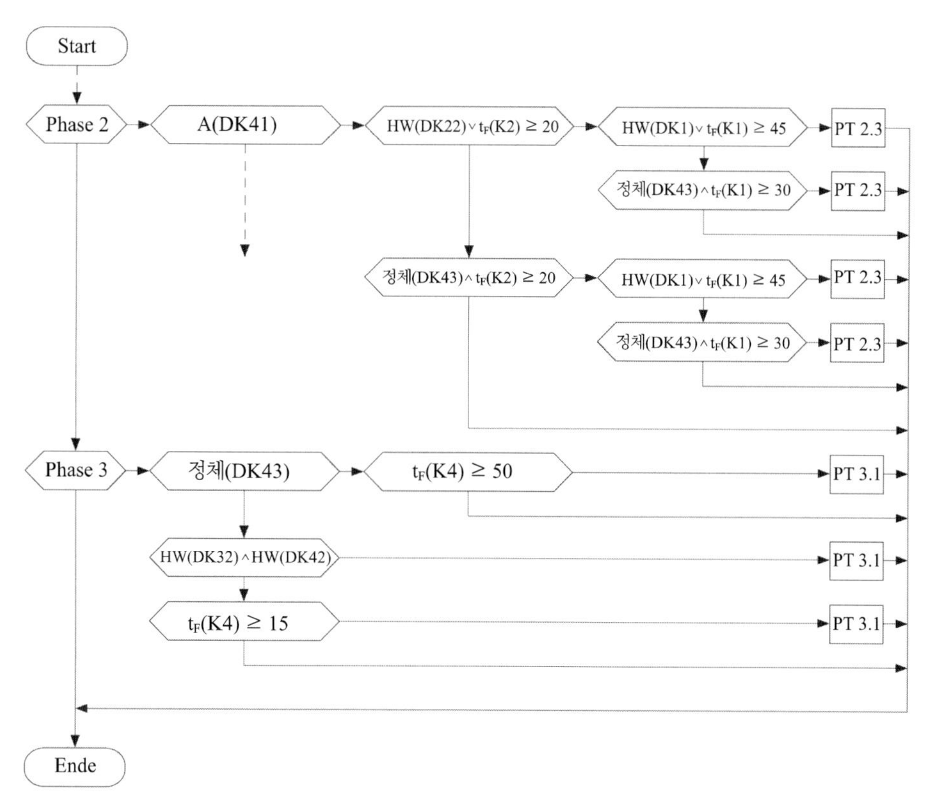

그림 3.60 순서도

3.14 보행자-신호시설의 보행자를 위한 녹색시간 중단

3.14.1 현황

차량을 위한 Green wave 교통축에서 Green band의 끝부분에 교통량이 적을 경우 보행자를 위한 녹색시간을 앞당기도록 한다. 이를 통해 보행자의 대기시간이 축소된다. Green wave의 교통흐름은 이러한 감응식 중단을 통해 큰 영향을 받지는 않는다.

보행교통량이 많다. 차량의 녹색시간은 다양하게 포화된다.

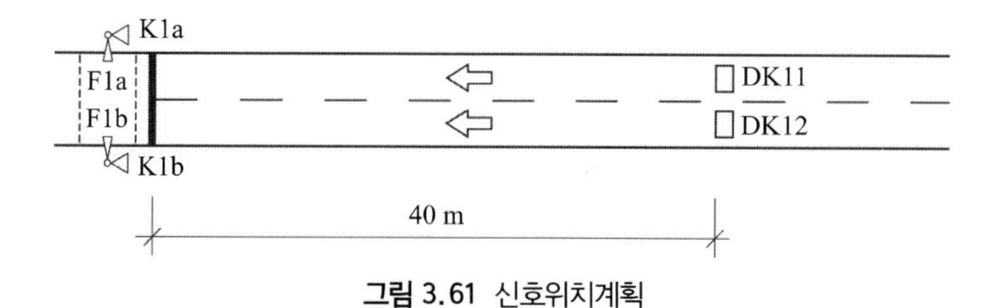

그림 3.61 신호위치계획

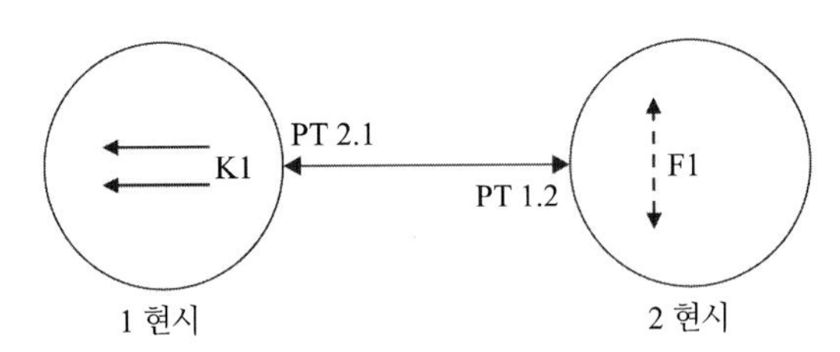

그림 3.62 현시순서계획

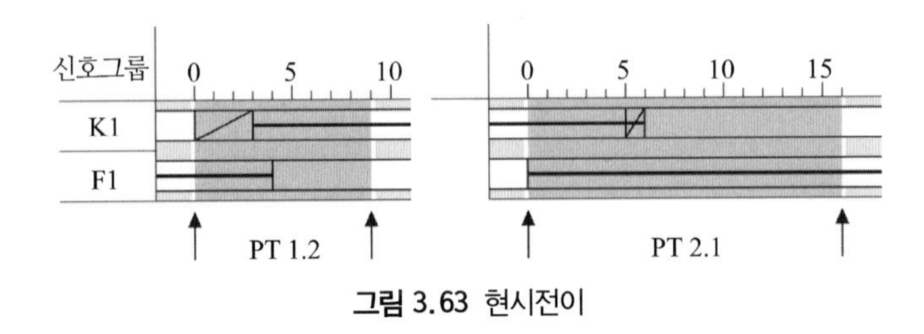

그림 3.63 현시전이

3.14.2 제어개념

신호시설은 제어기법 녹색시간 보정(Part1 4.1, 표 1, 위계 B2)을 적용한다. Green wave로 인해 차량교통은 최소 17초, 8-25초까지 녹색시간을 갖는다. 녹색시간 중단 이 없을 경우 이 녹색시간은 40초까지 지속된다. 허용최고속도는 50 km/h이다.

3.14.3 자료검지

두 개 차로 각각에 대해 차량 교통류의 차두시간을 검지한다. 차두간격 HW ≥ 3.0 s이다. 두 개의 검지기는 4.2.2.3 표 2.2에 따라 정지선 전방 40 m에 설치한다.

3.14.4 순서도

다음과 같은 논리적, 시간적 그리고 기타 조건이 정의되었다.

STOP Ph1 = HW(DK1) ∧ (DK12) ≥ 3.0 s
R(minEndPh1) = 25 : 1현시 최초 시작
R(maxEndPh1) = 40 : 1현시 최후 시작
R(EndPh1) = 02 : 2현시 종료
주기 : 60 s

검지기 DK 11과 DK 12의 차두시간 제어는 T1 시점에 초기화된다.

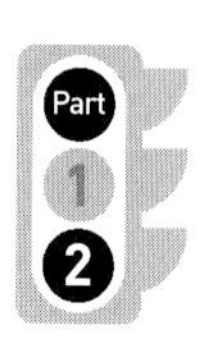

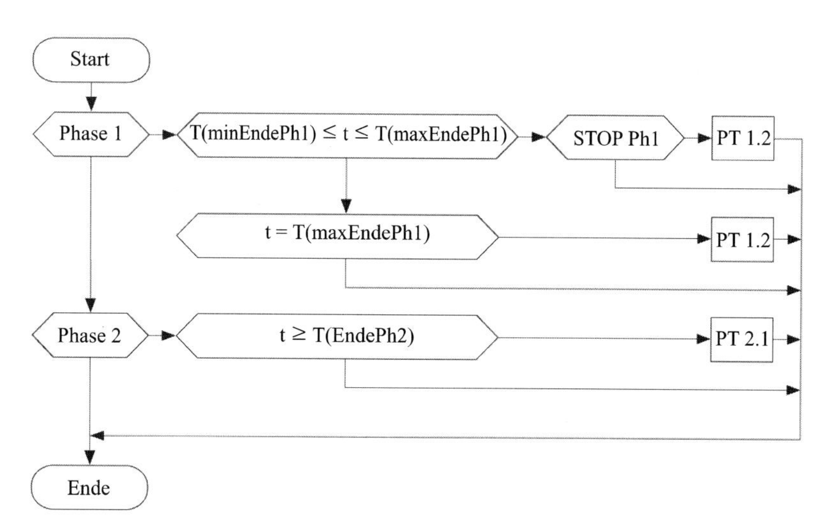

그림 3.64 Time loop 없는 순서도

3.15 교통감응식 신호프로그램 선택

다음 예제는 복잡성과 현실에서의 광범위한 측정자료 및 그 관계로 인하여 매우 단순화되고 부분적으로만 설명되었다. 교통감응식 신호프로그램 선택에 대한 기본개념을 알기 쉽게 제시하기 위한 것이 의도한 것이다.

3.15.1 현황

교통축은 3개의 신호제어 교차로를 포함한다. 방향별로 교통량 편차가 매우 크나, 시간대별로 정해지지도 않았다. 또한 신호교차로 3번 부도로의 진입교통량이 매우 클 경우가 있다. 교통량비가 신뢰성 있는 예측이 불가능하므로 대기시간을 최소화시키기 위해 준비된 신호프로그램 중 최적의 프로그램을 교통감응식으로 활성화시킨다.

신호교차로 내 정체지역이 아닌 지점에 검지기를 설치하여 지점별 교통자료을 분석한다. 교통자료를 바탕으로 정의된 임계치 및 실제 교통량을 조합하여 다수의 교통상황을 정의한다. 모든 교통상황에 대한 3개의 신호교차로에 대한 특별한 신호프로그램이 준비된다.

예제에는 다음과 같은 교통상황을 가정한다.

- S0 검지기 장애에 따른 고장상황
- S1 한산 교통류
- S2 평상 교통류

• S3 많은 교통량 도심진입
• S4 많은 교통량 도심진출

3.15.2 제어개념과 자료검지

제어기법 교통감응식 신호프로그램 선택(Part1 4.1, 표 2.1, 위계 A2)을 적용한다.

다양한 교통상황이 검지기에 의해 수집된다. 검지기의 수와 위치 및 검지장소별 조합은 그림 3.65에 제시되었다. 측정값의 분석을 통해 최대 허용가능한 교통량에 대한 임계값에 따라 교통상황이 정의된다. 이는 측정장소별 신호그룹의 확보된 녹색시간과 밀접한 관계에 있다. 사전에 정의된 임계값과 평활화된 실제 자료와의 비교를 통해 최적의 신호프로그램이 선택된다. 측정 주기는 일반적으로 90초이다. S0에 대한 상황은 검지기의 장애로 인해 임계값이나 실제 교통자료가 측정될 수 없으므로 생략되었다. 이 경우 일반적으로 확보된 매우 효율적인 신호프로그램이나 다른 신호프로그램 중 시간감응식 프로그램을 활성화한다.

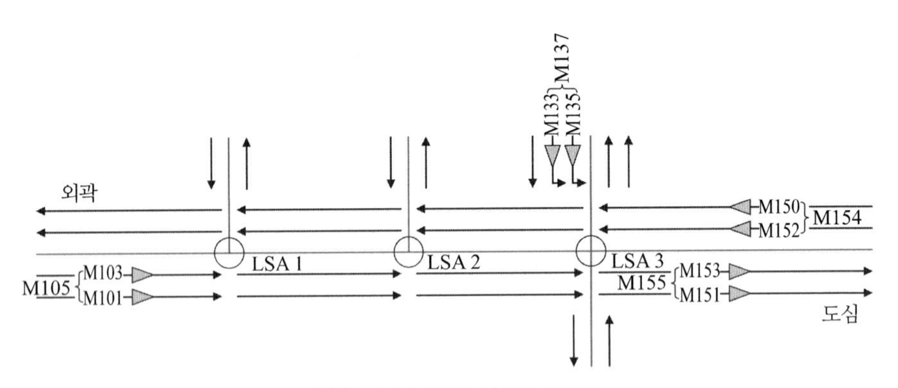

그림 3.65 검지위치 시스템 개념도

From \ To	S0		S1		S2		S3		S4	
S0	1		7		6		5		4	
	0	0	3	10	3	10	3	10	3	10
S1	1		3		2		/		/	
	5	15	0	0	3	10				
S2	1		7		6		5		4	
	5	15	10	5	0	0	5	15	5	15
S3			/		5		4		3	
	5	15			10	10	0	0	5	10
S4	1		/		5		4		3	
	5	15			10	10	7	10	0	0

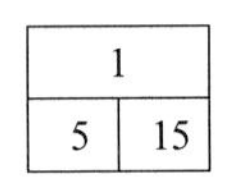

1=전환 우선순위
5=전환을 위한 조건을 만족한 주기의 연속된 수
15=기존 상황의 최소유지 시간

그림 3.66 상황변환 matrix

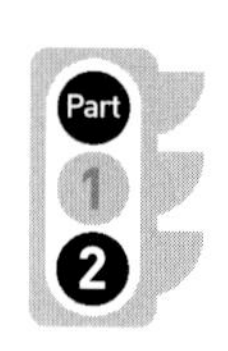

교통상황별 신호프로그램 간에는 그림 3.66에 제시된 matrix에 따라 전환이 되며, 이때 상황별로 배정된 신호프로그램의 전환에는 1(높음) – 7(낮음)까지의 우선순위가 있다. 기본상황 S2로부터 시작된다. 가장 높은 우선순위는 검지장애에 따른 고장상황인 S0이 작동된다. 추가적으로 matrix에는 얼마나 자주 요구가 계속적으로 등록되어야 하는지에 대한 지표가 제시되었다. 나아가 상황별로 배정된 신호프로그램의 최소작동시간이 정의되었다. 우선순위, 요구횟수와 최소작동시간은 두 번째로 우선순위가 높은 상황으로 빨리 전환되고, 순위가 낮은 상황에는 전환이 지연되게 한다. 전환에 대한 예제가 다음에 설명된다.

3.15.3 논리, 시간과 기타 조건

매주기마다 표 3.9에 따라 프로그램 전환이 이루어져야 하는지를 검증한다. 모든 전환에는 앞에 언급된 조건이 얼마나 만족되었는지 프로그램 전환이 유용한지에 대한 검증이 이루어진다. 교통량 임계값의 산출은 표 3.9에 따르며 임계속도도 적절하게 정의되어야 한다. 다수의 전환이 동시에 가능할 경우 그림 3.66의 우선순위를 따르도록 한다. 전환이 필요 없을 경우 상황 S0, S1과 S2로부터 S1 상황에 해당되는 프로그램으로 전환되고, 상황 S3과 S4는 상황 S2에 배정된 프로그램으로 전환된다.

3.15.4 예제

다음 예제는 교통감응식 신호프로그램의 전환을 자세히 설명한다. 교차로는 지난 10분 동안 교통상황 S2(평상 교통류)에 배정된 프로그램으로 운영 중이다. 앞 90초 – 주기에 다음과 같은 교통량이 측정되었다.

- 도심진입 M105_Q = 50대/90 s
  M155_Q = 50대/90 s
  M137_Q = 20대/90 s
- 도심진출 M154_Q = 40대/90 s

측정된 속도는 모든 측정장소에서 20 km/h 이상이다. 이에 따라 앞서 제시된 논리적, 시간적 그리고 기타 조건에 따라 다음과 같은 전환이 가능하다.

- S2로부터 S2(3개 조건만족)
- S2로부터 S3(2개 조건만족)
- S2로부터 S4(1개 조건만족)

상황전환 매트릭스에 따르면 상황 S2로부터 S3이나 S4로 전환하기 위해서는 각각 다섯 번의 연속된 주기에 대해 조건을 만족해야 하며, 상황 S2는 이미 15분 동안 작동 중이어야 한다. 그러나 상황이 단지 10분 전부터 작동 중이므로 전환은 이루어지지 않는다. 기존 상황을 계속 유지하는 상황 S2으로의 '전환'에는 다수의 요구가 필요 없으므로 이 상황이 유지된다.

다음 주기에는 측정값이 변하지 않는다. 상황 S3과 S4의 프로그램으로 전환을 위한 최소작동시간은 다섯 번째 주기만에 초과되었다(10분 더하기 4 지속되는 90초 – 주기). 이 측정 주기 이후 앞서 언급된 모든 3개의 전환이 가능하다. S2에서 S2로의 전환은 우선순위 6, S2에서 S3로의 전환은 우선순위 5, S2에서 S4로의 전환은 우선순위 4이다. 우선순위 4가 제일 높으므로 교통상황 S4에 해당하는 신호프로그램이 작동된다.

3.15.5 운영 이후 검증

제어논리는 운영 이후 사후평가를 수행하여 신호프로그램 전환의 임계값과 반응시간을 보정한다.

표 3.9 교통량의 임계값

프로그램 / 상황	측정장소	녹색시간(s / 주기)	최대교통량(대 / 90초)
1 $t_{주기}$=60 s	105	30	36
	137	17	21
	154	17	21
	155	17	21
2 $t_{주기}$=75 s	105	45	43
	137	24	24
	154	25	24
	155	25	24
3 $t_{주기}$=100 s	105	63	46
	137	44	32
	154	30	22
	155	45	33
4 $t_{주기}$=100 s	105	65	48
	137	29	21
	154	45	33
	155	30	22

(계속)

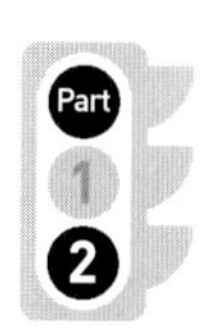

전환 S0－S2
M105_Q > 36 대 / 90 s
M137_Q > 21 대 / 90 s
M154_Q > 21 대 / 90 s
M155_Q > 21 대 / 90 s
측정 주기당 최소 만족 조건수 : 1

전환 S0－S3
M105_Q > 43 대 / 90 s
M137_Q > 24 대 / 90 s
M155_Q > 24 대 / 90 s
M101_v < 20 km/h
M103_v < 20 km/h
측정 주기당 최소 만족 조건수 : 2

전환 S0－S4
M154_Q > 22 대 / 90 s
M150_v < 20 km/h AND M152_v < 20 km/h
측정 주기당 최소 만족 조건수 : 1

전환 S1－S2
M105_Q > 36 대 / 90 s
M137_Q > 21 대 / 90 s
M154_Q > 21 대 / 90 s
M155_Q > 21 대 / 90 s
측정 주기당 최소 만족 조건수 : 1

전환 S2－S2
M105_Q > 36 대 / 90 s
M137_Q > 21 대 / 90 s
M154_Q > 21 대 / 90 s
M155_Q > 21 대 / 90 s
측정 주기당 최소 만족 조건수 : 1

전환 S2－S3
M105_Q > 43 대 / 90 s
M137_Q > 24 대 / 90 s
M155_Q > 24 대 / 90 s
M101_v < 20 km/h
M103_v < 20 km/h
측정 주기당 최소 만족 조건수 : 2

전환 S2－S4
M154_Q > 22 대 / 90 s
M150_v < 20 km/h AND M152_v < 20 km/h
측정 주기당 최소 만족 조건수 : 1

전환 S3－S3
M105_Q > 43 대 / 90 s
M137_Q > 24 대 / 90 s
M155_Q > 24 대 / 90 s
M101_v < 20 km/h OR M103_v < 20 km/h
측정 주기당 최소 만족 조건수 : 2

전환 S3－S4
M154_Q > 22 대 / 90 s
M150_v < 20 km/h AND M152_v < 20 km/h
측정 주기당 최소 만족 조건수 : 2

전환 S4－S3
M105_Q > 43 대 / 90 s
M137_Q > 24 대 / 90 s
M155_Q > 24 대 / 90 s
M101_v < 20 km/h
M103_v < 20 km/h
측정 주기당 최소 만족 조건수 : 3

전환 S4－S4
M154_Q > 22 대 / 90 s
M150_v < 20 km/h OR M152_v < 20 km/h
측정 주기당 최소 만족 조건수 : 2

S0로 전환
M 105 장애
M 137 장애
M 154 장애
M 155 장애
측정 주기당 최소 만족 조건수 : 2

3.16 신호그룹제어

3.16.1 현황

교차로는 Green wave에 속한다. 주방향의 차도는 구조적으로 분리되고 방향별로 2개 차로가 확보되었다.

최적의 검지기 설치를 통해 K4, K5의 부방향과 좌회전 교통류 K3의 검지기는 비용측면에서 설치를 하지 않았다.

동일한 이유로 녹색시간 연장을 위해 주도로에 영상검지기(VDK)가 설치되었다. 차량-녹색시간 요구는 신뢰성 차원에서 루프검지기를 활용한다.

교차로는 다수의 신호프로그램으로 운영된다. 연동화로 인하여 주기는 시간대별 교통량에 따라 60초, 72초와 90초로 운영된다. 포화 교통류 상황에서 적용의 유연성 차원에서 신호그룹제어가 적용된다.

3.16.2 제어개념

신호그룹제어에는 개별신호그룹은 고정된 현시로 통합되지 않는다. 개별신호그룹의 녹색시간 허용영역과 관련하여 다만 원칙현시가 반영된다.

신호그룹 K1, K2와 F5에서 F8은 원칙적으로 녹색 신호를 갖는다(지속 녹색신호 D).

K3, K4, K5와 F1에서 F4는 요구 시에 녹색 신호를 받는다. K1, K2, K3, K4와 K5는 검지기 자료에 기초하여 그들의 녹색시간을 허용 범위 내에서 연장할 수 있다. 차두시간간격은 HW=3초이다.

F1에서 F4와 F5에서 F8 신호는 자전거가 두 개의 횡단도를 정지하지 않고 통과할 수 있도록 한다(점진적 신호, Part1 그림 6). 보행량이 적어 낮은 보행속도는 무시하여 보행자는 때로 중앙 교통섬에서 대기할 경우도 있다.

3.16.3 적용

다음 신호그룹제어에 필요한 원리들만을 설명하기 위해 내용들을 단순화하였다. 표 3.10은 모든 신호그룹에 대한 개별적인 제어변수들을 단순한 형태로 설명하였다.

표 3.11은 원칙현시의 적용되는 현시순서에 대한 이해를 돕기 위한 보조자료이다. 4개의 줄(가장 빠른, 가장 늦은 녹색시간 시작과 가장 빠른, 가장 늦은 녹색시간 종료)에는 프로그램 흐름의 두 개의 한계상황들이 제시되었다. 이 중 첫 번째 상황이 녹색시간의 연장 없이 차량

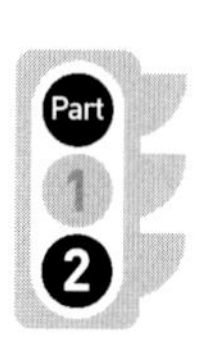

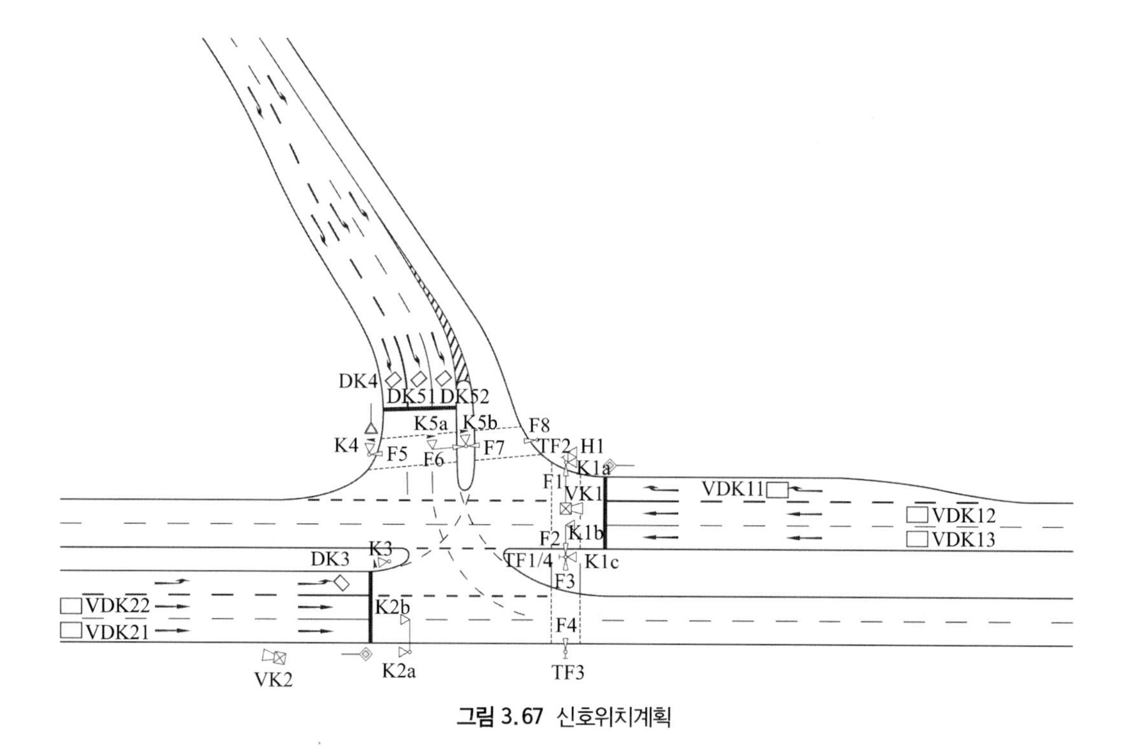

그림 3.67 신호위치계획

의 모든 요구에 대한 프로그램 흐름을 나타낸다. 여기에는 녹색시간 시작 칸이 가장 빠른, 녹색시간종료가 가장 빠른 것을 의미한다. 두 번째 한계상황은 모든 교통류의 녹색시간의 최대 연장일 경우의 교통흐름을 나타낸다. 이 칸들은 녹색시간 시작이 가장 늦은 그리고 녹색시간 종료가 가장 늦은 것이 적용된다.

허용영역은 신호그룹이 허용되는 시간영역이다. 따라서 시작은 녹색시간 명령이 아닌 허용의 개념으로, '지역적 관점에서(신호그룹이 요구되었거나 이때 상충되는 신호그룹의 녹색시간이 중단될 수 있는) 효율적이라고 판단되어 지금부터(폐쇄된) 신호그룹이 허용될 수 있다는' 것을 의미한다. 허용영역의 종료는 필요한 주변조건(최소녹색시간)과 임의로 정의될 수 있는 주변조건(예를 들어, Offset)이 준수되었을 경우, 통상 신호그룹의 녹색시간 종료명령을 의미한다. 정의에 따라 모든 신호그룹은 상충되는 신호그룹이 요구되지 않았을 경우 허용영역 종료 시에 녹색시간을 지속할지를 분리하여 결정할 수 있다. 신호그룹의 요구는 요구영역 동안에만 활성화될 수 있다.

하나의 신호상황에서 다른 신호상황으로의 전환은 통상 모든 관련된 신호와 이들의 최소녹색시간과 Intergreen time의 개별적인 고려하에서 자동적으로 이루어진다.

표 3.10 프로그램설명

신호 그룹	~를 통한 요구	동시 요구	~를 통한 연장	~같이 연장	설 명
K1	D		VDK11 VDK12 VDK13		
K2	D		VDK21 VDK22	K1 K3	• F1에서 F4까지 요구가 없을 경우 • K3 허용영역과 추가 녹색시간 연장
K3	DK3		DK3	K2	
K4	DK4	K3 K5	DK4	F1 bis F4	
K5	DK51 DK52		DK51 DK52	K3 K5	
F1	TF1/4 TF2, TF3			K3	• Offset 보정과 동시 F1과 F3 녹색시간 연장 • F3 녹색시간 시작에서 18초 • F1 녹색시간 종료와 F3 녹색시간 종료에서 4초에서 최대 14초 F1 녹색시간 종료까지
F2	TF1/4 TF2, TF3				고정 녹색시간
F3	TF1/4 TF2, TF3				고정 녹색시간 14초와 동시에 F1과 F3 녹색시간 시작
F4	TF1/4 TF2, TF3			K3	• Offset 보정 • F2 녹색시간 시작에서 4초의 F4 녹색시간 시작까지
F5	D			K1	• Offset 보정과 동시 F5과 F7 녹색시간 연장 • F7 녹색기간 종료
F6	D			K1	F6과 F8 녹색시간 연장
F7	D			K1	F5와 F7 녹색시간 연장
F8	D			K1	• Offset 보정과 동시 F6과 F8 녹색시간 연장 • 4초 F6 녹색시간 종료에서 최대 18초 F8 녹색시간 종료
H1					K1 녹색시간 종료까지 적/황 점멸

지속적인 요구는 여러 종류로 실현된다.

• 녹색시간을 자체적으로 활성화하여 연장하는 신호그룹(K1과 K2)에는 허용영역의 시작(따라서 종료도 같이)이 정의되어야 한다. 이에 따라 허용영역의 종료시점에 상충되는 신호그룹의 요구가 생성되었는지 그리고 신호그룹이 자체적으로 폐쇄 상황에 놓이게 하였는지를 판단하게 된다. 허용영역의 종료 시에 상충되는 신호그룹의 요구가 없었다면 신호그룹은 허용영역 종료를 지나서 FREE로 지속될 수 있다.

• 녹색시간을 자체적으로 활성화하지 못하고 연장하는 신호그룹(F5에서 F8)에는 허용영역

의 시작과 종료 또는 지속영역이 정의되어야 한다. 첫 번째 경우 허용영역 종료는 신호그룹이 폐쇄 상태에 있도록 한다. 두 번째 경우는 폐쇄 – 명령에 필요한, 예를 들어 상충되는 신호그룹의 요구나 Offset변수 등의 가정조건이 필요하다.

표 3.11 주기 t_C=90 s의 허용영역과 요구영역

신호그룹	녹색시간 시작		녹색시간 종료		신호그룹	
	최초(초)	최종(초)	최초(초)	최종(초)	허용영역(초)	요구영역(초)
K1	39	49	78	3	34 – 3	34 – 74
K2	42	52	1	11	34 – 11	34 – 74
K3	83	8	22	32	74 – 32	74 – 12
K4	87	12	34	44	74 – 44	74 – 33
K5	27	37	34	44	12 – 44	12 – 33
F1	8	18	30	36	1 – 36	1 – 12
F2	4	14	20	30	1 – 30	
F3	8	18	22	32	1 – 32	
F4	8	18	24	34	1 – 34	
F5	39	49	77	2	34 – 2	34 – 74
F6	39	49	74	89	34 – 89	
F7	36	46	74	89	34 – 89	
F8	39	49	78	3	34 – 3	
H1	38	48	78	3	34 – 3	
기본 현시	F5 F6 F7 F8 K1 K2 / K4 K3 F1 F2 F3 F4 / K4 K5					

그림 3.68은 표 3.10에 제시된 내용과 동일하나, 그래프로 표현하여 이해를 돕기 위한 것이다.

3.16.4 예제

추가적인 설명으로서 다음에는 원칙현시1에서 원칙현시2로의 전이를 가장 늦은 가능한 시점으로 제시하였다.

3.16.4.1 가정조건

- K1, K2와 F5에서 F5가 허용
- F1에서 F4가 1초부터 K1과 K2가 중단되도록 시도
- 신호그룹 K1과 K2의 차두시간 간격은 이 신호그룹의 최대 녹색시간 연장을 유도

3.16.4.2 전환

- 89초에서 허용영역 종료 F6와 F7
  89초에서 F6과 F7 녹색시간 종료
- 3초에서 허용영역 종료 K1
  3초에서 K1 녹색시간 종료
- 11초에서 허용영역 종료 K2
  11초에서 K2 녹색시간 종료
- 보행신호그룹의 종료 Offset의 실현
  2초에서 F5 녹색시간 종료
  3초에서 F8 녹색시간 종료

F5 : F7 녹색시간 종료에 대한 3초 Offset
F8: F6 녹색시간 종료에 대한 4초 Offset

허용 영역 Frame 계획

신호그룹	허용영역	
	최초시작	최종시작
K1	34	3
K2	34	11
K3	74	32
K4	74	44
K5	12	44
F1	1	36
F2	1	30
F3	1	32
F4	1	34
F5	34	2
F6	34	89
F7	34	89
F8	34	3
H1	34	3

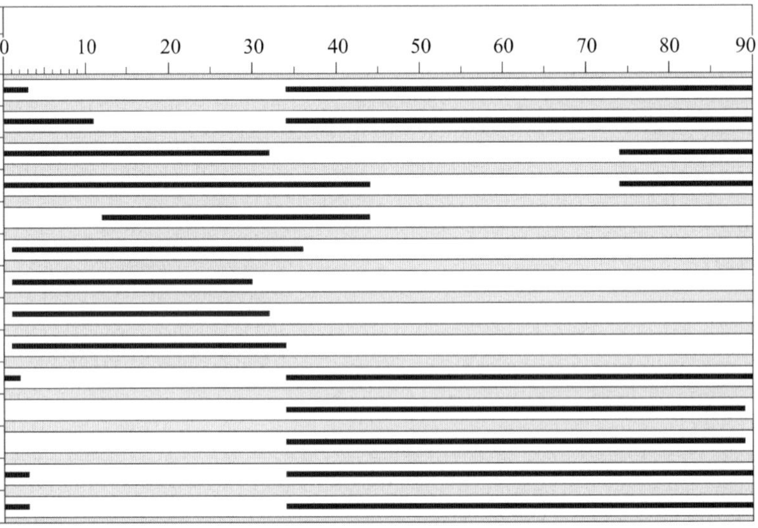

요구 영역 Frame 계획

신호그룹	허용영역	
	최초시작	최종시작
K1P	34	74
K2P	34	74
K3P	74	12
K4P	74	33
K5P	12	33
F1-F4P	1	12
F5-F8P	34	74

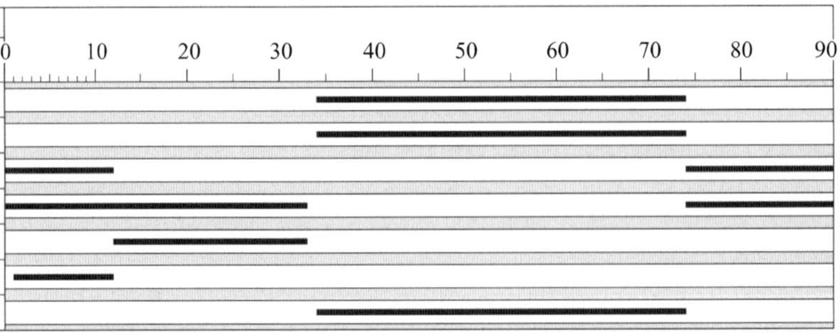

그림 3.68 허용과 요구영역 구조계획

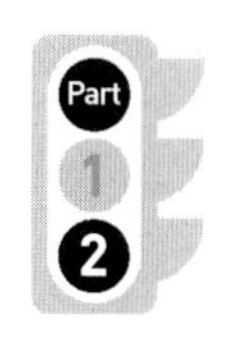

- F6에서 K3 중간시간 : 9초
  8초에서 K3 녹색시간 시작
- F7에서 K4 중간시간 : 13초
  12초에서 K4 녹색시간 시작
- K2에서 F2 중간시간 : 3초
  14초에서 F2 녹색시간 시작
- K2에서 F3 중간시간 : 7초
  18초에서 F3 녹색시간 시작
- K2에서 F4 중간시간 : 7초
  18초에서 F4 녹색시간 시작

3.17 폐문신호

3.17.1 현황

폐문신호(Door Closing Signal) SA 51(길이 : 5초)은 트램에 대한 녹색시간 S 51이 바로 제시된다는 것을 알려준다. 승하차가 종료되었을 경우 트램은 폐문하고 녹색신호 시 교차로를 통과할 수 있다. 예제에서 폐문신호는 신호그룹 51에 속한다.

3.17.2 자료검지

일반적으로 트램이 정류장에 도달하여 바퀴가 정지하면 신호프로그램 내에 변수화된 정류장 체류시간이 시뮬레이션되고, 이것이 종료하면 폐문신호가 작동된다. 트램이 승하차가 종료되지 않았을 경우 녹색시간을 활용하지 못하면 또 다시 폐문신호에 의해 두 번째 녹색시간을 받게 된다. 트램이 첫 번째 녹색시간에 진출하였는지 또는 아직 머무는지를 알기 위해 트램의 점유상태가 검지되어야 한다. 예를 들어, 루프검지기(예제에서 DS 11)에 의하거나 또는 트램의 검지여부를 무선에 의한 진출입 신고에 의할 수도 있다.

그림 3.70에는 트램의 신고가 어떻게 이루어지는지 프로그램에 제시하였다.

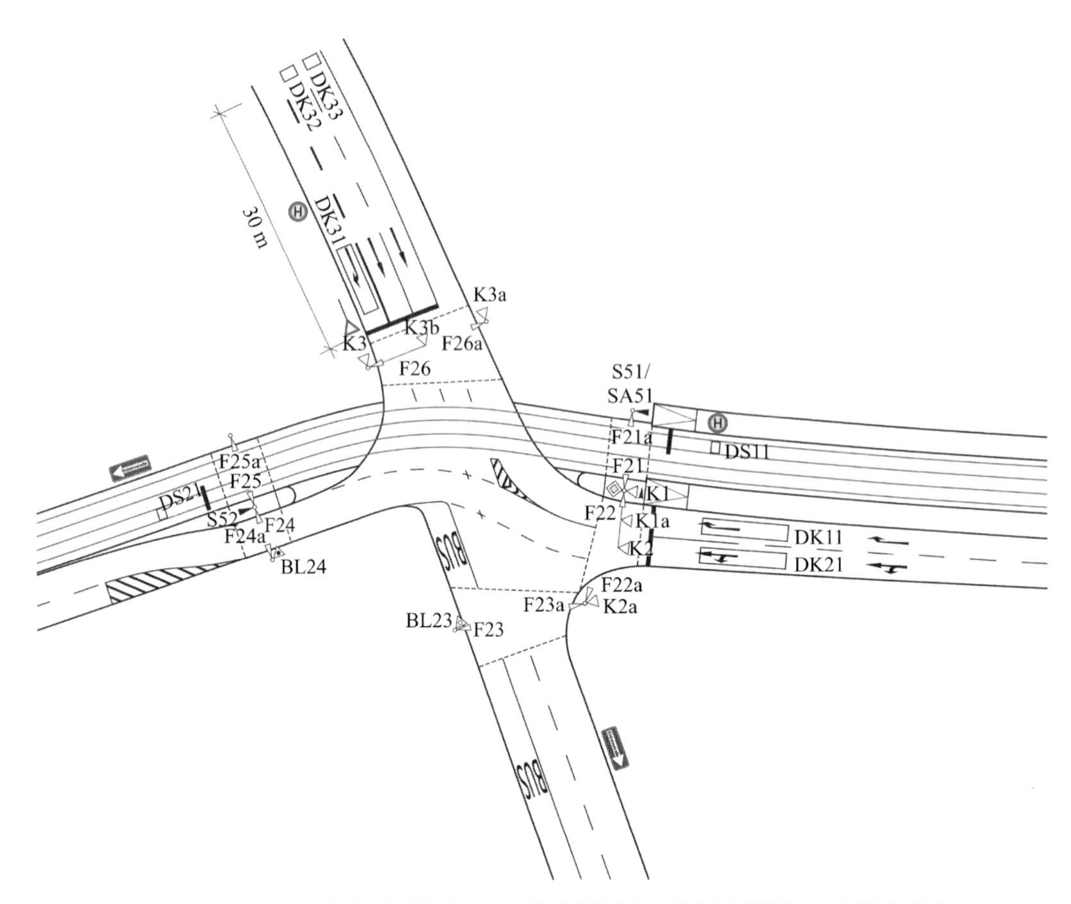

그림 3.69 신호위치계획(좌측방향의 도로는 일방통행이나 트램은 반대방향으로 운행이 가능)

신호그룹	$t_{\text{녹}}$(s)		
	시작	종료	시간
K1	21	70	49
K2	45	82	37
K3	12	37	25
S51	76	86	10
SA51	71	76	5
S52	76	89	13
F21	13	70	57
F22	86	14	18
F23	45	65	20
BL23	45	74	29
F24	1	23	22
BL24	11	28	17
F25	13	70	57
F26	78	88	10

그림 3.70 트램 진출 허용 시 신호시간계획

Chapter

04 모형기반 신호제어

4.1 현황

이 사례의 초기상황은 녹색시간 보정에 인용되었던 3.2의 교차로이며, 위치계획과 현시 구분이 다시 한 번 그림 4.1과 4.2에 제시되었다. 교차로는 연동화되지 않았다.

3.2절에서 산출된 고정식 제어를 기반으로 하여 녹색시간의 분할이 10분 주기의 교통수요 변화를 고려하는 모형기반 제어기법이 적용된다. 주기는 90초로 정하였다.

첫 번째 단계로 측정된 교통량을 기반으로 다음 주기의 교통량을 예측한다. 다음은 예측된 교통량에 대한 대기시간을 산출하고 신호그룹의 녹색시간을 예측 교통량에 대해 교차로에서 전체 대기시간이 최소화가 되도록 여러 가지로 변경해 본다.

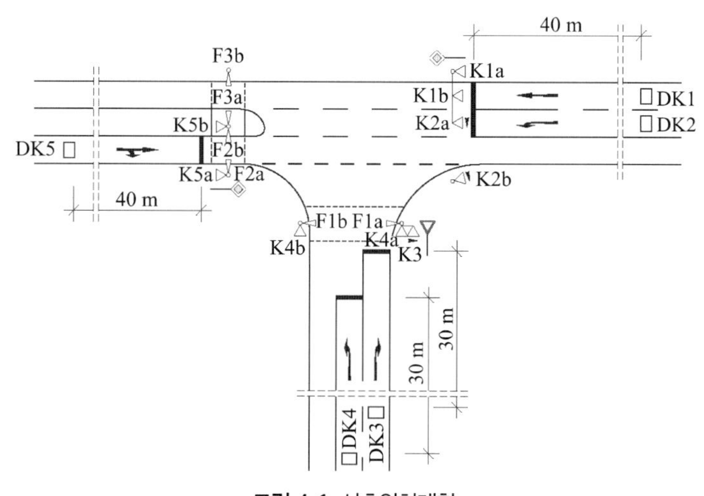

그림 4.1 신호위치계획

녹색시간의 최적화에는 최소녹색시간 측면에서 조건 등을 주의한다. 원칙적으로 평균대기시간의 최소화 또는 대기길이의 최소화 등 다른 최적화 지표를 사용할 수도 있다.

최적화된 기본틀 신호계획을 기반으로 하여 추가적으로 3.2절에서 개발된 규칙기반 제어가 적용될 수도 있다. 이 가능성에 대해서는 설명되지 않는다.

모든 교차로 진입부에서 과다한 교통량일 경우에 대한 신호시간계획이 그림 2.11에 제시되었다. 주방향의 제어가 과다한 교통량에 대해 긴 녹색시간을 K1과 K5에 제공하는 것이 명확하다. 또한 신호그룹 K2, K3과 K4에 교통량이 과다할 경우 필요한 녹색시간은 빨리 소진되어 이에 해당하는 진입부에는 과다한 대기시간과 대기길이가 예측된다.

90초 주기로 기본틀 신호계획을 변동하는 교통수요에 대응하기 위해 현시별 가장 늦은 종료시점을 모델기반 제어로 보정한다.

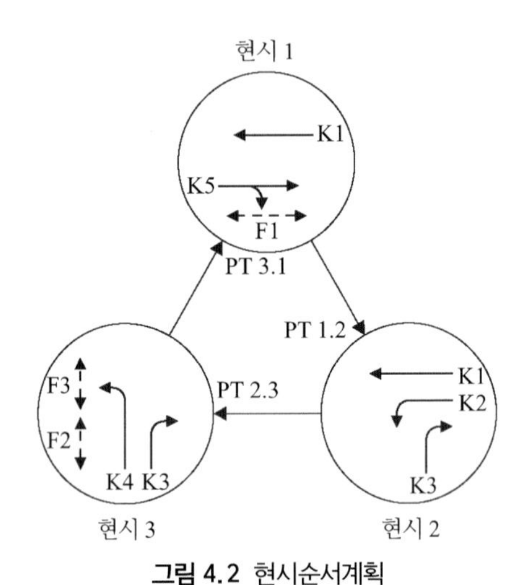

그림 4.2 현시순서계획

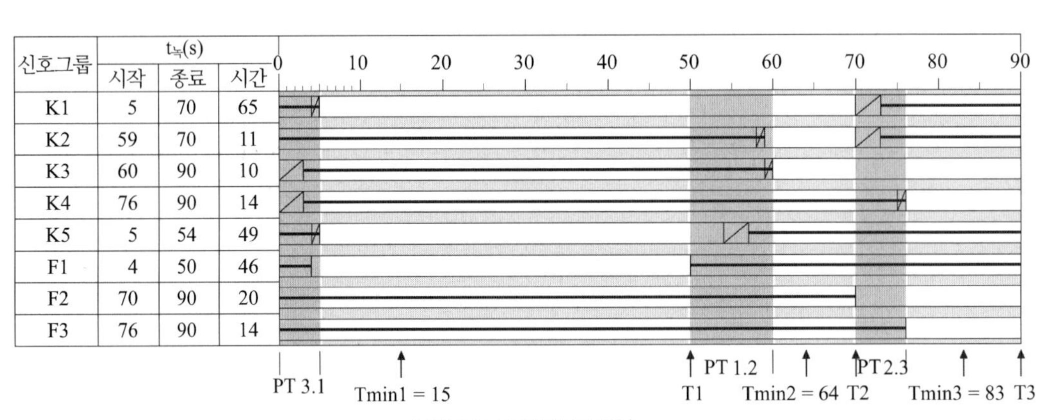

신호그룹	$t_{녹}$(s)		
	시작	종료	시간
K1	5	70	65
K2	59	70	11
K3	60	90	10
K4	76	90	14
K5	5	54	49
F1	4	50	46
F2	70	90	20
F3	76	90	14

그림 4.3 기본틀신호계획

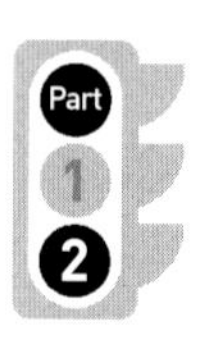

T1 : 현시1의 가장 늦은 종료

T2 : 현시2의 가장 늦은 종료

T3 : 현시3의 가장 늦은 종료

최소녹색시간은 신호보정에 의해 변경되지 않는다.

$t_{현시1} \geq 10$ s : 1현시 최소길이 → 최소1

$t_{현시2} \geq 4$ s : 2현시 최소길이 → 최소2

$t_{현시3} \geq 7$ s : 3현시 최소길이 → 최소3

다음에 제시되는 계산들은 최적알고리즘 Excel Program과 변숫값들을 활용하여 산출된 것이다.

4.1.1 교통수요와 예측

녹색시간의 보정은 10분 주기로 진행된다. 예제에서는 2시간에 대한 것이다. 표 4.1에 예제로서 12개 주기의 환산된 시간당 교통량을 제시하였다.

표 4.1 시간당 교통량으로 환산한 측정교통량

교통량 (대 / 시)		신호그룹				
		K1	K2	K3	K4	K5
시간주기	1	400	200	250	150	300
	2	500	250	260	130	280
	3	560	290	240	140	290
	4	610	310	250	120	270
	5	640	300	230	150	290
	6	650	310	250	140	300
	7	660	300	260	140	320
	8	640	310	260	150	350
	9	590	270	290	130	400
	10	550	260	330	120	460
	11	510	230	370	100	530
	12	450	170	390	110	570

표 4.2 예측 교통량

교통량 (대/시)		신호그룹				
		K1	K2	K3	K4	K5
시간주기	1	–	–	–	–	–
	2	400	200	250	150	300
	3	549	275	265	120	270
	4	619	324	233	139	289
	5	665	338	250	110	260
	6	683	309	221	159	294
	7	675	318	254	141	308
	8	676	299	268	140	334
	9	638	314	265	155	373
	10	563	253	307	123	437
	11	514	244	359	111	509
	12	417	207	406	85	591

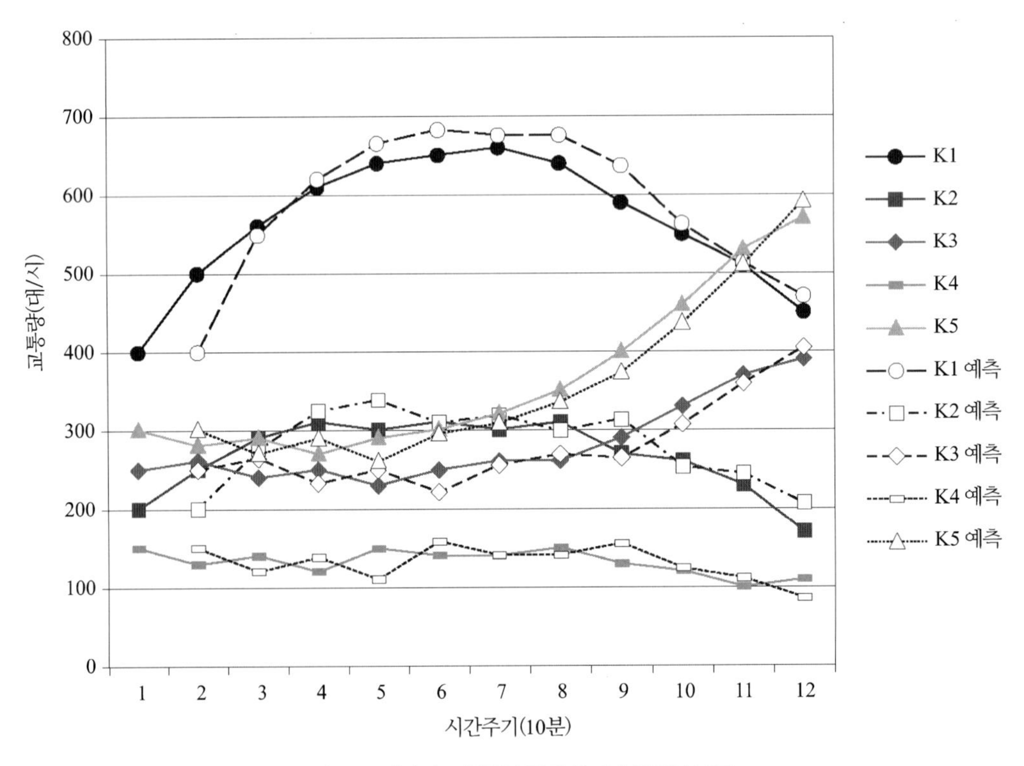

그림 4.4 시간적 교통량의 변화와 예측치와의 비교

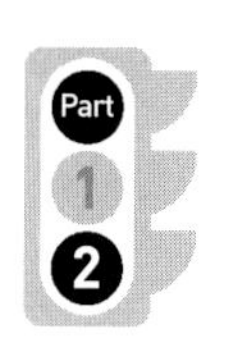

교통량의 예측은 다음 공식에 따른다.

$$q_i = \alpha \cdot q_{관측} + (1+\alpha)q_{i-1}$$

$$\Delta q_i = \beta \cdot (q_{관측} - q_{i-1}) + (1+\beta) \cdot \Delta q_{i-1}$$

$$q_{i+1} = q_i + \Delta q_i$$

여기서 q_i : 실주기의 평활화 교통량(대/시)

$q_{관측}$: 실주기의 관측 교통량(대/시)

q_{i+1} : 다음 주기 i+1의 예측된 설계교통량

α, β : 평활화변수 α, $\beta \in (0\,;1)$

이 방법에 따른 예측교통량은 표 4.2의 예제에 제시되었다. 이 예측에는 $\alpha=0.7$과 $\beta=0.7$이 적용되었다.

예제에서 분석 주기 이전에 대한 교통량에 대한 정보가 없으므로 첫 번째 주기에는 교통량 예측이 불가능하다. i+1=2 주기에 대한 교통량의 예측에는 대안으로 i-1=0주기의 교통량을 $q_{i-0}=0$을 적용한다. 이를 통해 예측교통량 산출에 대한 초기과정이 명확해진다.

첫 번째 실질적인 측정값에 기반한 예측은 i =3주기에 대한 i =3으로 산출된다.

그림 4.4는 분석기간 동안 측정된 교통량과 예측된 교통량을 제시하였다. 예측치에 대한 초기화 이후에 측정된 값들이 양호하게 예측되고 있다는 것을 알 수 있다. 초기주기(i=1,2)를 무시한다면 50개 예측치에 대한 실제 측정치에 대한 상관관계의 신뢰도는 0.98이다.

4.1.2 모형기반 최적화

모형기반 녹색시간 보정의 목적으로 예제에서는 최소대기시간을 설정한다. 여기에는 초기 대기길이 l_b를 고려한 개별 신호그룹의 대기시간 산출이 필요하다. 2개의 대기시간이 구분된다. 주기별로 적색시간에 도착하는 차량들의 대기시간 w_u 이외에 우연적인 도착과 출발에 따른 대기시간 w_o이 산출된다. 대기시간 w_o의 산출방법은 Kimber/Hollis에 의한 time discrete 대기행렬모형을 적용한다. 이 모형에 따른 대기길이는

$$l_o = \frac{1}{2}\left[\sqrt{A^2+B} - A\right]$$

여기서

$$A = \frac{(1-\rho)(\mu t)^2 + (1-l_a)\cdot \mu t + 2\cdot(1-C)\cdot(l_a+\rho\mu t)}{\mu t \cdot (1-C)}$$

$$B = \frac{4\cdot(l_a+\rho\mu t)\cdot[\mu t - (1-C)\cdot(l_a+\rho\mu t)]}{\mu t + (1-C)}$$

l_o : 정체 차량대수(대)

ρ : 포화도 x(-)

λ : 교통량 q(대/시)일 경우 도착률 q_s/3,600(대/초)

μ : 포화교통량 q_s(대/시)일 경우 서비스율 q_s/3,600(대/초)

T : 주기시간(초)

l_a : 초기 대기길이(대)

C : 서비스시간 변화에서 변수, 결정론적 서비스시간, 확률론적 서비스시간

포화교통량은 q_s =2,000대/시이며, 서비스율은 0.56대/시이다.

규칙기반 제어가 단기적으로 녹색시간을 조정하지 않는다는 것을 가정하므로 주기 동안에는 결정론적(deterministic) 서비스율인 고정식제어와 같다. 따라서 C의 변수로 0.5를 선택한다. 대기길이에 따른 평균대기시간 W_o은 다음과 같이 산출한다.

$$W_o = \frac{l_o}{\lambda}$$

적색시간에 의해 반복적으로 발생하는 대기시간 w_u는 Clayton 공식에 의해 다음과 같이 산출한다.

$$W_o(\rho) = \frac{t_C/t_{녹}}{t_C/t_{녹-\rho}} \cdot \frac{(t_C - t_{녹})^2}{2 \cdot t_u},\ \rho < 1$$

$$W_o(\rho) = \frac{t_C/t_{녹}}{t_C/t_{녹-1}} \cdot \frac{(t_C - t_{녹})^2}{2 \cdot t_u},\ \rho \geq 1$$

주기별 진입로 W의 예측된 총 대기시간(대·시)은 다음과 같다.

$$W = (W_o + W_u) \cdot q_{i+1}$$

최적화 기법으로 주기 i별로 i+1주기의 예측교통량에 대한 가능한 최적의 녹색시간을 찾아서 이를 바탕으로 i+1주기에 대한 총 대기시간을 최소화하는 녹색시간 배분이 이루어진다. 대기시간이 신호그룹별로 산출되고 최소화되어야 하므로 신호그룹별 기법으로 분류된다.

이 절차들은 비교적 쉽게 Computer Program으로 구현될 수 있다. 다음 표들은 모형기반 녹색시간 보정의 결과들을 나타낸다. 표 4.3은 신호그룹별 녹색시간 길이를, 표 4.4는 현시별 녹색시간 길이를 나타낸다.

그림 4.5와 4.6은 2시간의 분석시간 동안 단계별 녹색시간의 변화에 대한 내용을 나타낸다. 그림 4.7은 기준이 되는 교통량과 이에 해당하는 현시길이의 관계로부터 직접적으로 시간대별 변화를 나타낸다. 이해를 돕기 위해 모든 교통량의 변화가 제시되지는 않았다.

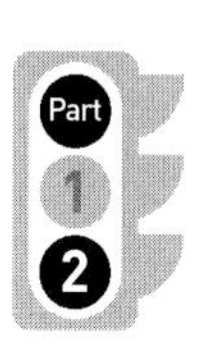

표 4.3 차량신호그룹의 최적 녹색시간

녹색시간 (s)		신호그룹				
		K1	K2	K3	K4	K5
시간주기	1	60	21	45	19	34
	2	66	32	50	13	29
	3	70	41	55	9	24
	4	69	40	55	10	24
	5	71	44	57	8	22
	6	68	38	54	11	25
	7	69	39	54	10	25
	8	69	37	52	10	27
	9	68	34	50	11	29
	10	70	30	44	9	35
	11	70	28	42	9	37
	12	72	25	37	7	42

표 4.4 최적 현시길이

녹색시간 (s)		현시		
		1	2	3
시간주기	1	30	20	19
	2	25	31	13
	3	20	40	9
	4	20	39	10
	5	18	43	8
	6	21	37	11
	7	21	38	10
	8	23	36	10
	9	25	33	11
	10	31	29	9
	11	33	27	9
	12	38	24	7

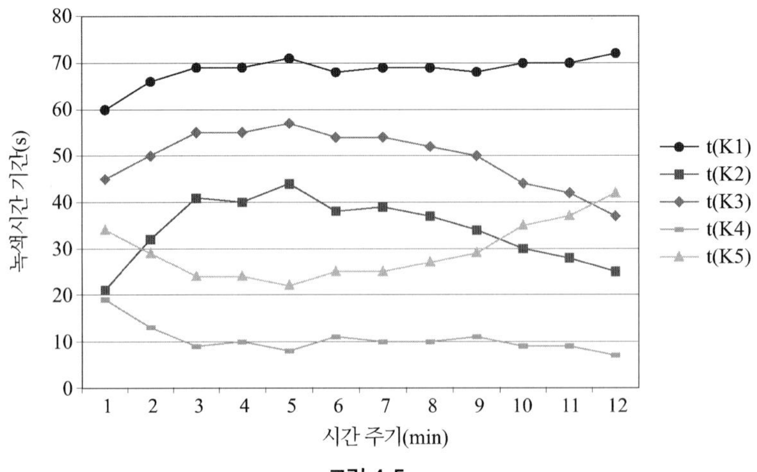

그림 4.5

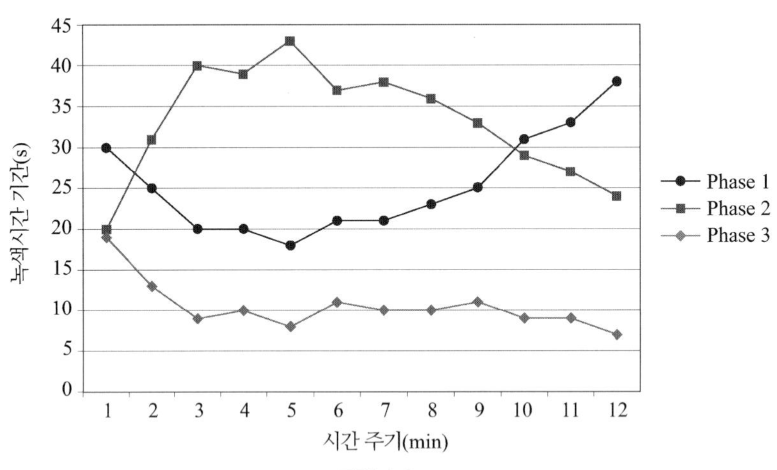

그림 4.6

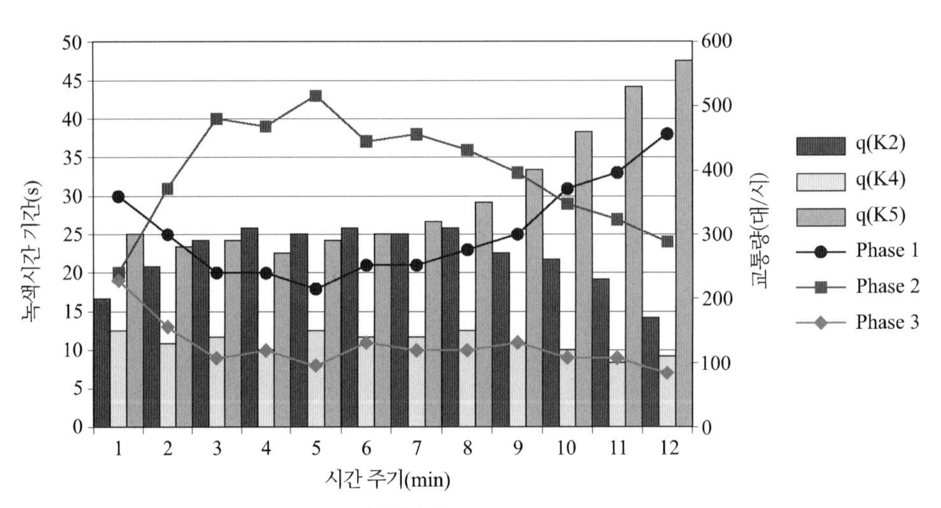

그림 4.7

Chapter

05 연동화

5.1 개요

교통축 신호시설의 연동화를 위한 시공도계획에는 그래픽, 수리적 또는 복합된 기법이 작용된다. 시공계획을 시작하기 이전에 통일된 주기에 기초한 교차로에서의 개별 교통류에 대한 필요 녹색시간이 산출된다. 이때 개별 교통류별로 교차로에 충분한 용량이 확보되도록 해야 한다. 또한 교차로에서의 Intergreen time이 제시되어 있어야 한다.

시공도계획에서 중요한 것은 Offset의 정확한 결정이다. 이때 교차로간 운행시간은 전체 연동화 구간에서 실질적으로 정지하지 않고 운행할 수 있도록 선택되어야 한다.

5.2 연동화 기법

교통자료가 확보되어 있으면 이에 적합한 Green wave 계획에 적절한 기법이 적용된다. Band-Width-최적화 기법에서는(일반적으로 그래픽 기법) 개별 교차로의 녹색시간을 기반으로 하여 최대로 통과 가능한 Band-Width가 산출되도록 한다. 이 기법의 문제점은 최대 Band-Width가 교통적인 요구조건과 일치하지 않을 경우이다.

교차로간 간격이 균등하지 못하여 양방향으로부터의 완벽한 연동화가 어려울 경우 중방향에 대해 완벽한 연동화를 구축하는 것이 바람직하다. 중방향에 대한 연동화가 결정된 이후 다음 단계에서는 교차로별로 횡단과 회전교통에 대한 필요한 녹색시간을 산출한다. 다음 단계로 대향 교통류에 대한 연동화 가능성이 검토된다. 대향교통에 대해서 완벽한 연동화가 불가능할 경우 부분연동화를 구현토록 한다. 우선(Dominate) 원칙을 통해 피할 수 없는 교통장애는 교통량이 적은 교통류에만 발생하도록 한다.

5.3 Green wave 내 교차로의 현시 구분

5.3.1 개요

현시 구분은 개별 교통흐름에 큰 영향을 미친다. 연동화에는 교차로의 간격에 따라 발생하는 분할점(Devide Point)의 위치로 인해 현시 구분에 있어서 기본적인 구조가 결정된다. 분할점은 양방향에서 서로 달려오는 Green band 중심선의 교차점이다. 시공도 신호프로그램의 시간적인 Offset은 연동화 계산으로부터 Green band의 시간적인 위치가 명확하게 결정되도록 산출된다. 현시수도 개별 교통류의 교통량과 밀접한 관계에 있다. 이는 좌회전 교통류를 신호적으로 보호할 것인가에 대한 문제와 직결된다.

5.3.2 현시 구분 예시

가능한 현시 구분이 그림 5.1에 제시되었다.

- Case A – 교차로 내 분할점 : 양 연동방향의 차량군이 교차로에서 직접적으로 만나는 경우가 가장 최적이다(→ 현시1). 계속되는 현시 구분에 있어서 다양한 가능성이 있다. 일반적으로 주도로의 연동 교통류 이후에 주방향의 좌회전 교통류가 처리되고 다음 횡단 교통류가 처리된다.
- Case B – 인접 분할점 : 양방향 차량군이 다른 시점에 해당되는 교차로에 진입한다. 이에 따라 서로 다른 차량점유 상황의 3개의 시간대가 존재한다. 중간시간대에만 양 연동화방향으로부터 차량군이 만나므로, 다른 시간대에는 좌회전 교통류를 처리한다. 분할점은 연동화에 있어서 어느 정도 효율적이다.
- Case C – 원거리 분할점 : 연동화의 Green band는 중첩되지 않아 연동방향으로부터의 좌회전 교통류는 안전하게 처리될 수 있다. 좌회전 교통류는 교차로에서 정지하지 않아야 한다. 이 경우 횡단 교통류에 대한 녹색시간이 충분한지에 대한 검토가 이루어져야 한다.
- Case D – 분할점간 중간 : 이는 주기가 길 경우(90 … 120초)에 발생한다. 양 연동화방향 교통류간에는 횡단 교통에 대한 2개의 현시가 발생한다. 연동 교통의 처리에는 Case C와 유사한 교통류의 특성으로 간주된다.

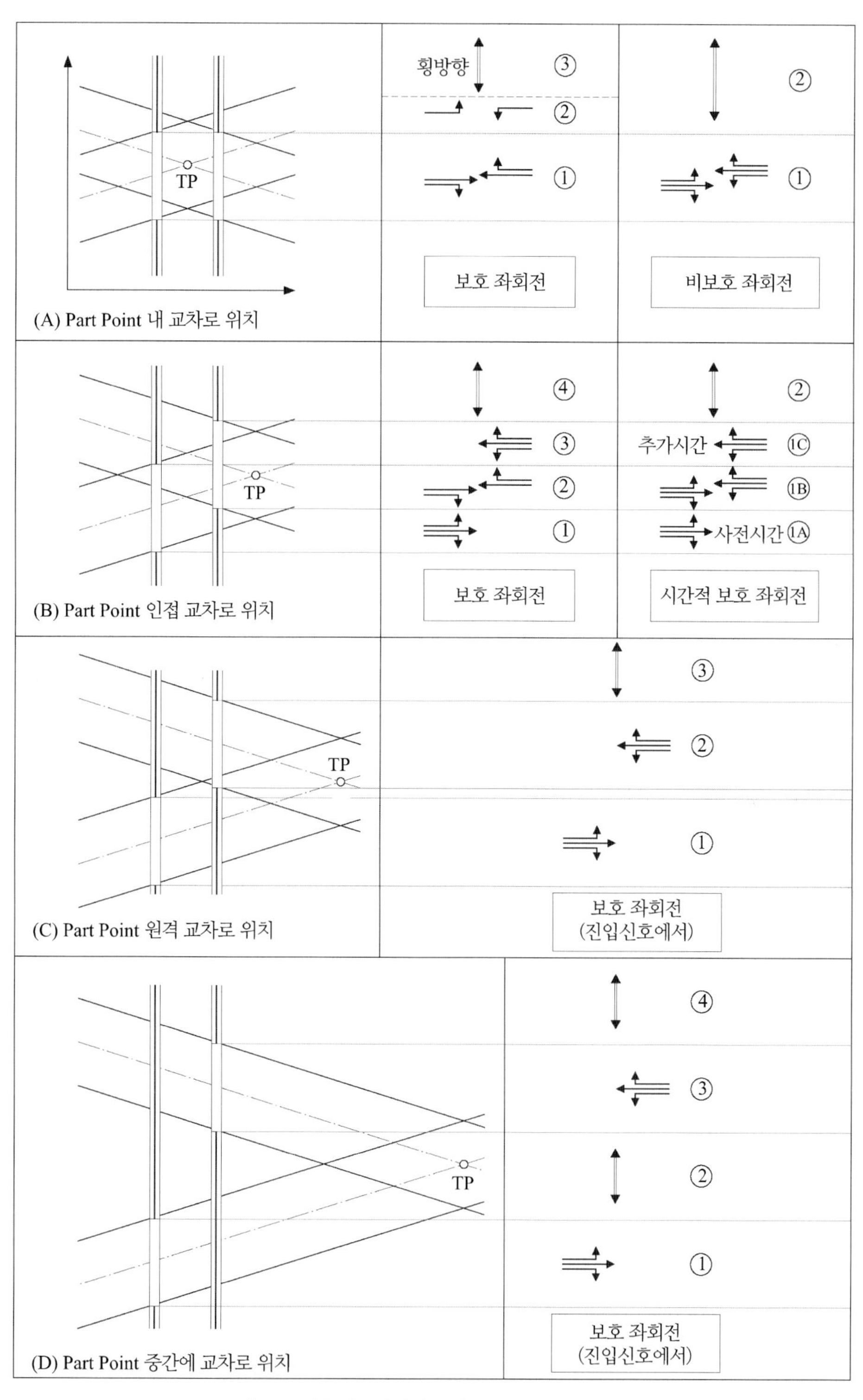

그림 5.1 연동신호제어의 교차로 현시 구분 기본구조

5.4 양방향 완전 연동화 Green wave

자전거 도로가 설치된 2차로 양방향 도로는 환상형 교통망의 일부이다. Green wave로 계획되었으며 허용속도는 60 km/h이다. 횡방향 교통은 교차로 5에서만 많이 발생한다. 연동화프로그램(그림 5.2)의 주기는 90초이며, 양방향의 연동화는 오후 첨두시간대로 설정되었다. 중방향은 교차로 5에서 교차로 1번 방향이다. Green band는 교차로 5 – 35초로 시작하여 교차로 4 – 43초로 확대된다. 반대방향에는 교차로 2, 3과 4의 회전진입교통량에 의해 Green band가 확대된다(사전녹색신호). 첨두시간대에는 과포화가 발생하지 않아 Green wave가 잘 작동한다. 교

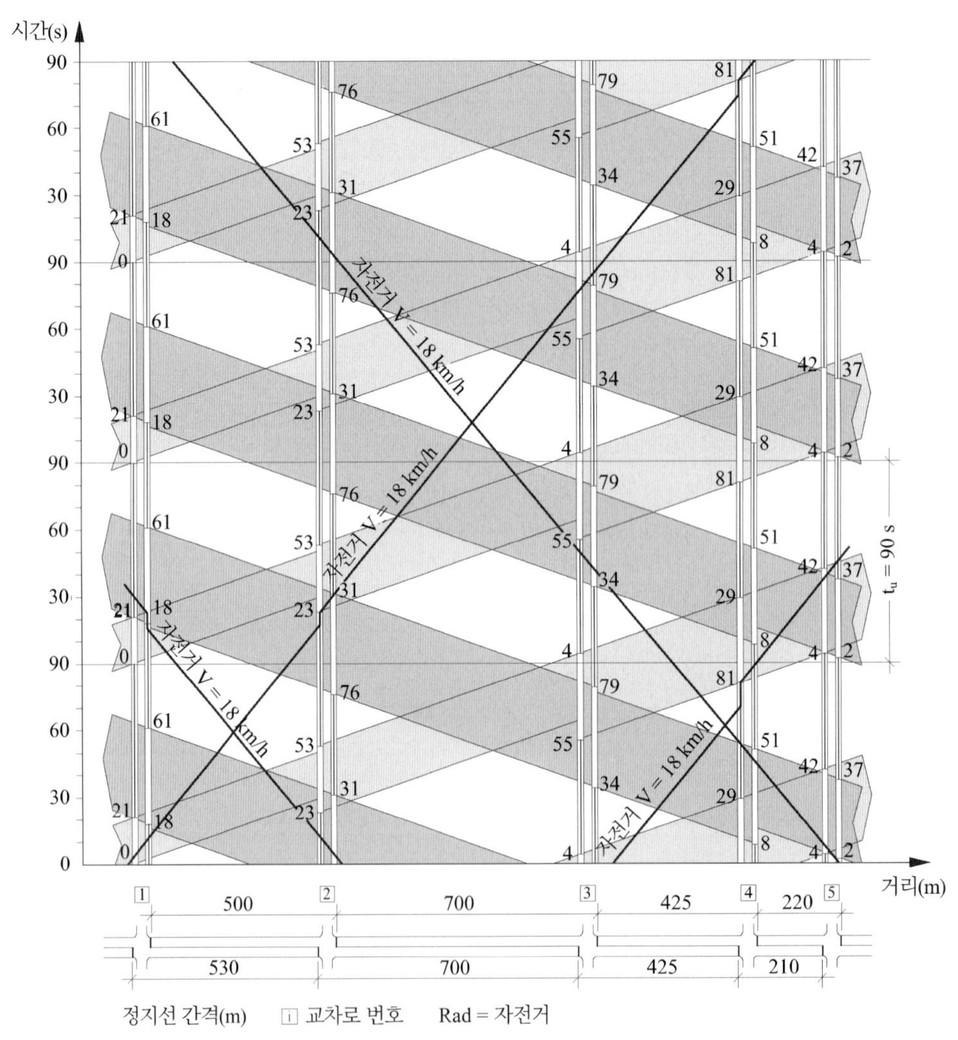

그림 5.2 양방향 연속된 Green band의 연동화

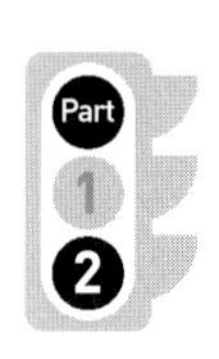

차로 2와 3의 넓은 간격으로 인한 Green wave에 미치는 영향은 거의 없다. 실측자료로부터 도로축은 장애 없이 원활하게 통행한다. HBS에 따른 서비스수준 B를 최소한 유지한다.

자전거도로의 자전거 통행량은 매우 많다. 그림 5.2는 18 km/h로 주행하는 자전거의 궤적을 나타내고 있다. 시작교차로에서 자전거는 적색시간에 도착하여 정지한 후 녹색시간 시작 시에 연동화 도로망에 진입하는 것으로 가정한다.

1 → 5방향 기준으로 자전거는 일단 교차로 2에서 잠시 정지한다(정지시간 5초). 이때 정지에서 출발 가속시간은 2초로 계산하여 교차로 2에서의 대기시간은 7초이다. 교차로 4에서 한 번 더 정지한다. 5 → 1 방향에서 자전거는 교차로 1번에서만 장애를 갖는다. 1 → 5 방향의

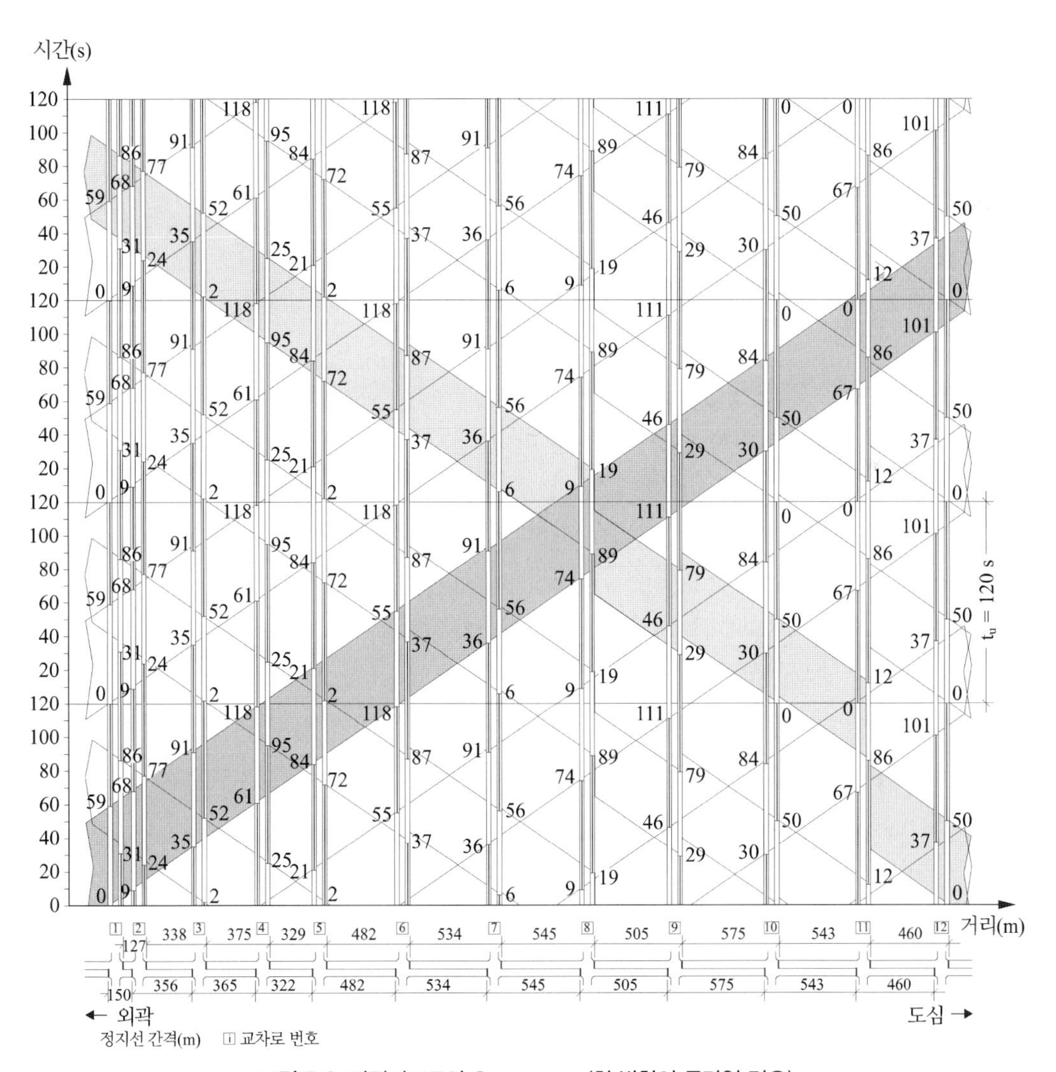

그림 5.3 자전거도로의 Green wave(한 방향의 중단일 경우)

표 5.1 연동화 교통축의 자전거의 평균속도와 교차로 통과횟수

초기속도(km/h)	최종속도(km/h)	통과빈도(-)
	진행방향 1 → 5	
21	17.5 / 15.3 *	1 / 0 *
18	17.6 / 15.3	3 / 1
15	13.2 / 14.2	2 / 2
	진행방향 5 → 1	
21	17.3 / 18.2	2 / 3
18	17.5 / 18.0	2 / 4
15	12.8 / 12.5	2 / 2

* 첫 번째 값을 연동화 내 녹색시간 시작에 진입한 경우, 두 번째 값을 연동화 내 녹색시간 종료에 진입한 경우

운행속도는 17.6 km/h이고, 5 → 1 방향 운행속도는 17 km/h이다. 다양한 자전거속도와 출발 시점에 따른 최종 속도와 교차로 통과횟수 등은 표 5.1에 제시되었다.

5.5 한 방향 중단의 방사형 도로의 Green wave

4.9 km 연장의 연동화된 도로축에 12개의 신호교차로가 있다. 방향별로 2개 차로가 확보되었다. 허용속도는 50 km/h이며 연동화에 기준이 된다. 좌회전이 허용되는 교차로에는 좌회전 차로가 확보되었다. 오후 첨두시간대에 120초 주기가 최적인 것으로 나타났다(그림 5.3). 도시 외곽으로의 과다한 교통량으로 이 방향이 중방향으로 설정되었다. 반대방향의 경우 기하구조와 교통적인 여건으로 2개 교차로에서 Green wave가 중단된다.

Green band의 계산에 있어서 방향별로 20번의 측정운행이 오후에 실시되었다. 중방향의 연동화 Band는 평균적으로 한 번 정지되고, 평균속도는 44 km/h로 분석되었다. 연동화지수(통과%)는 91%로서 서비스 수준 B에 해당한다. 반대방향에는 그렇게 양호한 결과가 나타나지 않았다. 평균정지수는 2.5, 운행속도 36 km/h, 연동화지수 77% → 서비스수준 C.

5.6 트램의 Green wave

예제에 제시된 6개 교차로(그림 5.4)는 13개 교차로 연동화 도로축의 일부이다.

교통축은 1.3 km이며, 대부분 연도에 건물이 없으며, 방향별로 2차로가 확보되었고 트램은 도로중앙의 자체선로를 운행한다. 허용속도는 방향 1로(도시외곽, 교차로 1 → 6) 교차로 3까

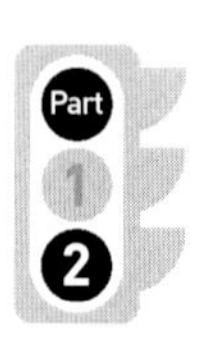

지 50 km/h이고, 여기서부터는 70 km/h이다. 방향 2는(도심, 교차로 6 → 1) 교차로 4까지 허용속도 70 km/h이고, 여기서부터 50 km/h이다. 90초 주기로 오후 첨두시간대 도심외곽으로 효율적으로 연동화된 Green band를 구축한다. 반대방향에서의 Green band는 이 시간대의 교통량을 처리하기에 부족하다. 교차로 1구간 종점부에 진입하는 차량군은 이 신호프로그램에서 교차로의 기하구조로 인해 통행에 방해를 받는다. 트램은 자체선로가 확보되었기에 60 km/h의 허용속도를 갖는다. 트램의 시공도 작성에서 정류장대기시간은 15초로 가정한다.

제시된 시공선은 도심외곽으로 28 km/h(하부 시공선)의 속도와 25 km/h(상부 시공선)의 속도 및 도심부로 27 km/h일 경우(양방향 시공선)를 나타낸다.

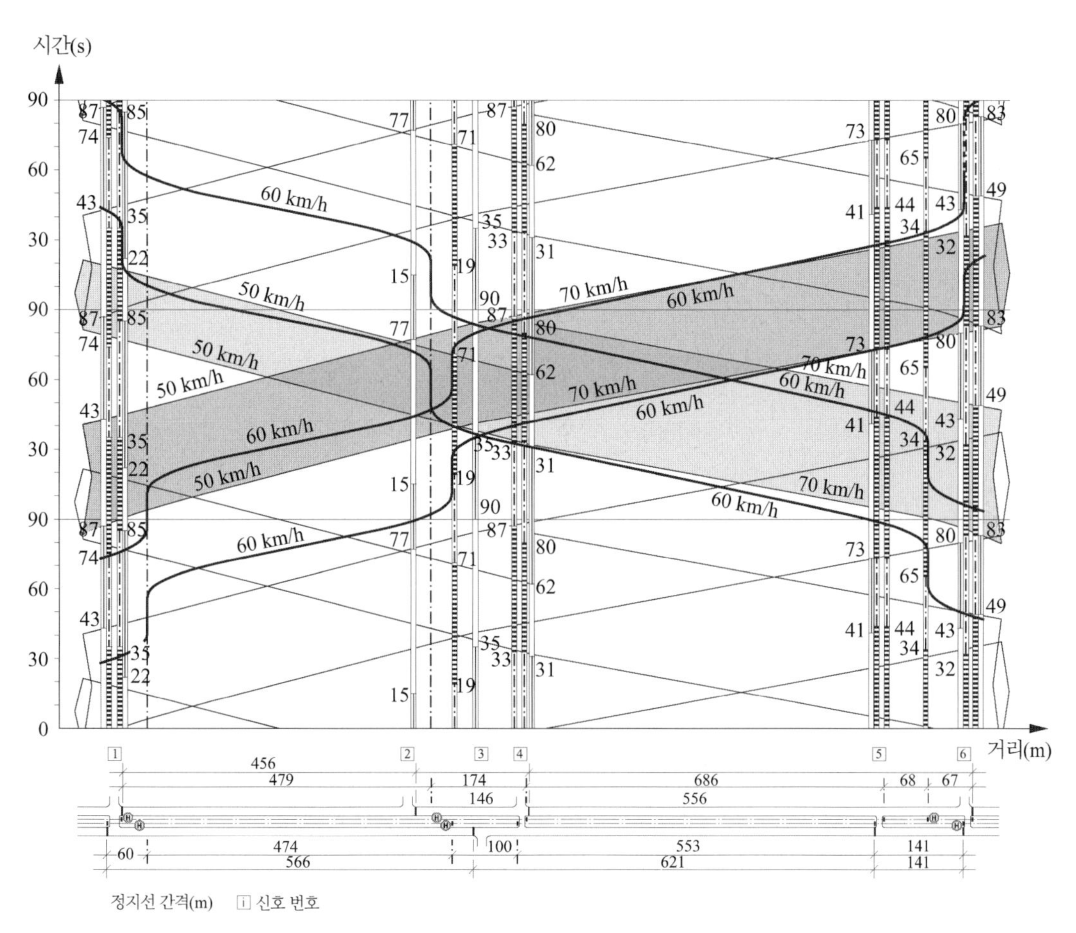

그림 5.4 트램의 Green wave

5.7 교통감응식 신호프로그램 선택

교통상황별(첨두, 평상과 한산교통량)로 해당되는 연동화 프로그램을 수립한다. 프로그램은 시간적 또는 교통감응식으로 적용된다. 교통감응식 신호프로그램이 교통수요에 효율적으로 대응할 수 있으므로 유용하다. 이를 위해서는 양방향별로 신호설계 기준이 되는 교통량들이 적절한 측정장소에서(교통축의 진입교차로에서 대기행렬이 발생하지 않는 영역) 신뢰성 있게 검지되어야 한다. 이때 방향별로 측정을 할 것인지 또는 차로별로 측정을 할 것인지를 결정한다.

모든 신호프로그램은 허용 포화도 허용 x를 감안하여 허용 방향별 교통량 또는 설계 허용 차로별 교통량을 산출하여 교통량다이어그램에 연동축에 대한 평행직선으로 나타낸다. 직선은 동시에 프로그램 투입경계선으로 활용된다. 다른 프로그램에도 동일한 방법으로 교통량다이어그램에 적용하면 확보된 연동화프로그램의 최적 투입 결정기준이 마련된다. 이들로부터 다음 프로그래밍의 순서도가 작성된다.

$$\text{허용 } q_{ij} = \text{허용 } x \cdot \frac{t_{\text{녹},\, ij}}{t_{\text{주기},\, i}} \cdot \frac{q_{\text{포화},\, j}}{60}$$

여기서 허용 q_{ij} : 프로그램 i의 교통류 j의 허용교통량(대/분)

허용 x : 연동화 허용 포화도(−)

$t_{\text{녹},\, ij}$: 프로그램 i의 교통류 j의 녹색시간(초)

$t_{\text{주기},\, i}$: 프로그램 i의 주기(초)

$q_{\text{포화},\, j}$: 교통류 j의 포화교통량(대/시)

그림 5.5a에서 c까지의 프로그램 경계 기입 선택틀 개발을 나타내었다.

다음 예제에서는 교통상황에 기초해 신호프로그램 선택 시 7개 연동화프로그램이 투입된다. 프로그램은 표 5.2에 간략히 설명되었다.

표 5.2 다양한 연동프로그램의 투입영역

연동화프로그램	교통특성
1	한산상황으로 양방향 연동화 가능
2와 3	평상 시 교통상황 방향 2 교통량이 많을 경우 SP2 방향 1 교통량이 많을 경우 SP3 양방향 연동화는 어느 정도 가능
4와 5	과다한 교통량 방향 2 교통량이 많을 경우 SP 4 방향 1 교통량이 많을 경우 SP 5 교통량이 많은 방향만 연동화 가능, 반대방향 연동화 중단
6과 7	중방향 과포화로 연동화기 불기능. 교통량이 적을 경우 반대방향 연동화 어느 정도 가능

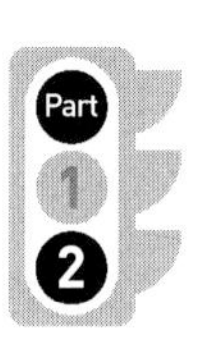

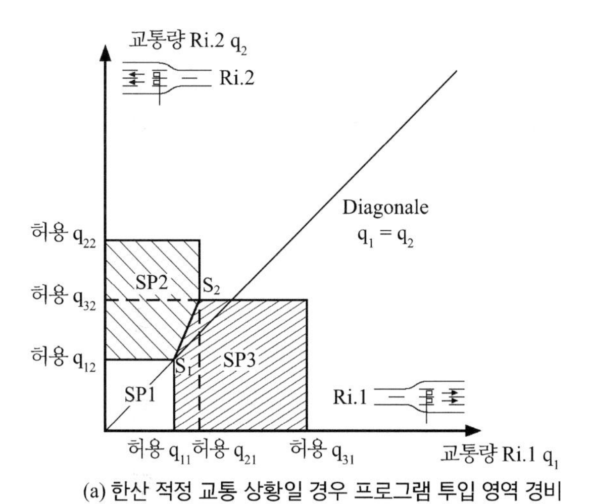

(a) 한산 적정 교통 상황일 경우 프로그램 투입 영역 경비

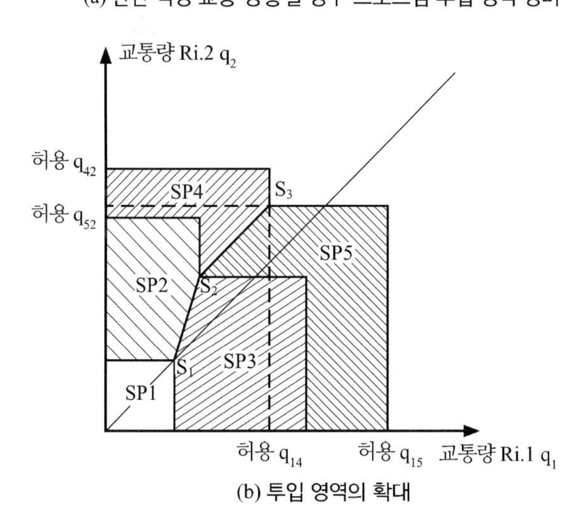

(b) 투입 영역의 확대

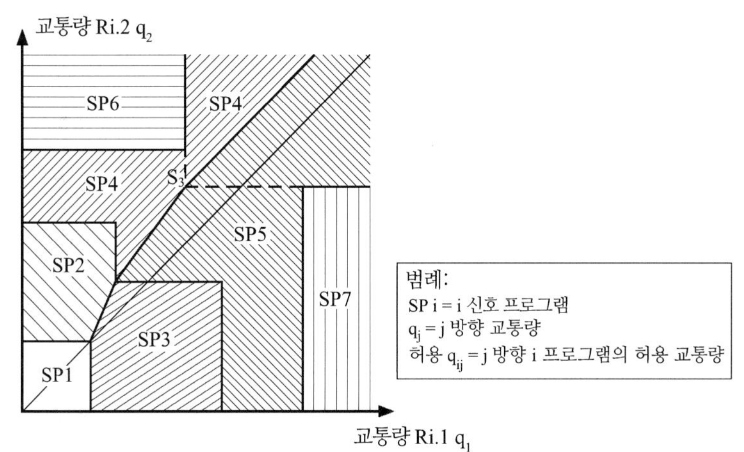

(c) 신호 프로그램 선택 시 전체 구조

그림 5.5 교통감응식 신호프로그램 선택

교통량다이어그램은 주요 사선으로 기입되어 어떤 방향이 주방향인지를 쉽게 인지할 수 있다.

그림 5.5a는 먼저 ‘한산’ 프로그램(SP1)에 대한 신호프로그램경계가 기입되었다. 허용 교통량 q_{11}과 허용 q_{12}는 SP1의 신호프로그램데이터와 함께 해당되는 공식 (1)로 결정된다. 평행직선(허용 q_{11}과 q_{12j}의 프로그램경계)은 S_1점에서 교차된다. 다음 단계는 프로그램 2, 3의 경계가 기입된다. 2개의 프로그램간에는 교차점 S_2가 생성된다. 2개 프로그램간 경계는 교차점 S_1과 S_2간의 직선을 형성한다.

그림 5.5b에는 교차점 S_3의 SP4와 SP5의 경계가 기입된다. S_2에서 S_4로의 직선은 2개 프로그램간의 경계를 형성한다. 이를 통해 과포화가 발생하지 않는 전체 영역이 관리된다. 마지막으로 그림 5.5c에는 한방향에 과포화가 발생한 경우인 프로그램 SP6과 SP7이 포함된다. 이 프로그램은 교통량이 적은 방향에는 어느 정도 연동화가 구현되도록 한다. 이 프로그램을 통해 연동화의 효율성은 완전히 소진된다. 양방향에 포화일 경우 연동화는 이루어지지 않는다. 측정된 교통량이 허용교통량을 초과하는 SP4와 SP5의 과포화 시 그리고 다른 프로그램이 가능하지 않을 경우 2개의 직선 허용 q_{14}와 허용 q_{52}간의 S3의 반각(半角)하는 것이 프로그램 경계가 된다. 이로서 선택틀이 완성된다.

※ 교통량은 평활화된다. 프로그램이 전환되기 이전에 다수의 전환요구가 있어야 한다. 용량이 높은 프로그램이 용량이 낮은 프로그램보다 먼저 전환된다.

Chapter

06 신호프로그램간 전환

6.1 개요

교차로와 교통축 신호프로그램의 전환에 대한 내용이 설명된다.

6.2 고정식프로그램의 전환

교차로는 연동화된 도로축에 포함되며 주방향을 통행하는 대중교통-우선통과가 이루어진다.

직접 전환기법이 적용된다(Part1, 4.5.4.2절 참조). 두 개의 신호프로그램간에 원활한 전환이 이루어지도록 전환시점에 두 개의 프로그램간에 동일한 신호상태가 표기되어 있어야 하는 것을 확실히 해야 한다. 신호프로그램들은 다르므로 임의의 시점에 발생하는 전환요구 시 현재 운영 중인 신호프로그램에서 동일한 초에 원하는 신호프로그램으로 전환될 수 없다.

이러한 이유로 두 개의 신호프로그램에 동시에 포함된 신호상황을 찾게 된다. 신호상황이 해당되는 신호프로그램으로 전환되는 시점을 전환시점(SWT: Switch Time Point)으로 정의한다. 이때 전환 시 최소녹색시간에 영향을 미치거나 과다한 적색시간이 발생하지 않도록 한다.

예를 들어, 전환과정은 10초에 전환요구가 있을 경우 작동 중인 신호프로그램은 SWP1의 60초까지 진행된다(그림 6.2). 전환시점에서 신호프로그램 1은 신호프로그램 2의 15초에 전환시점 SWP2로 뛰어 넘는다. 이로서 전환이 완료되고 신호시설은 신호프로그램 2로 계속된다.

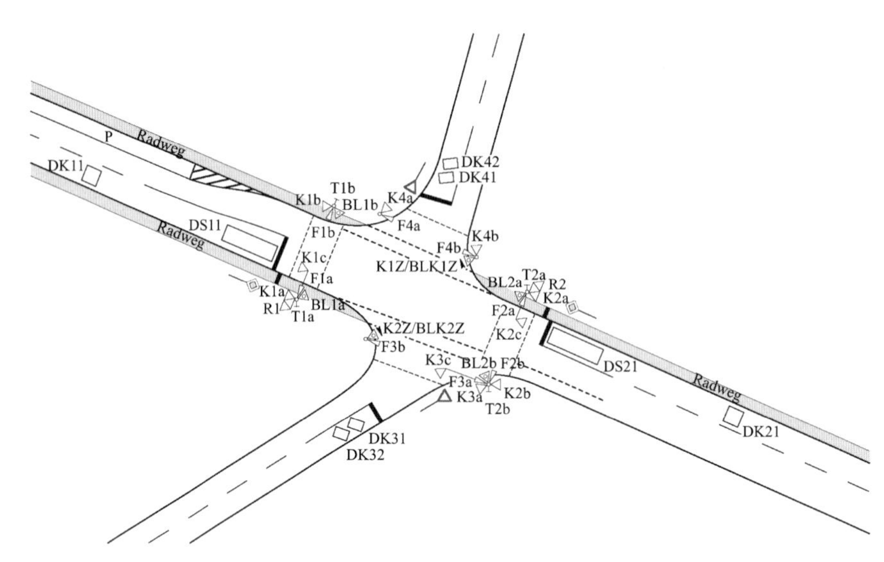

그림 6.1 신호시설계획

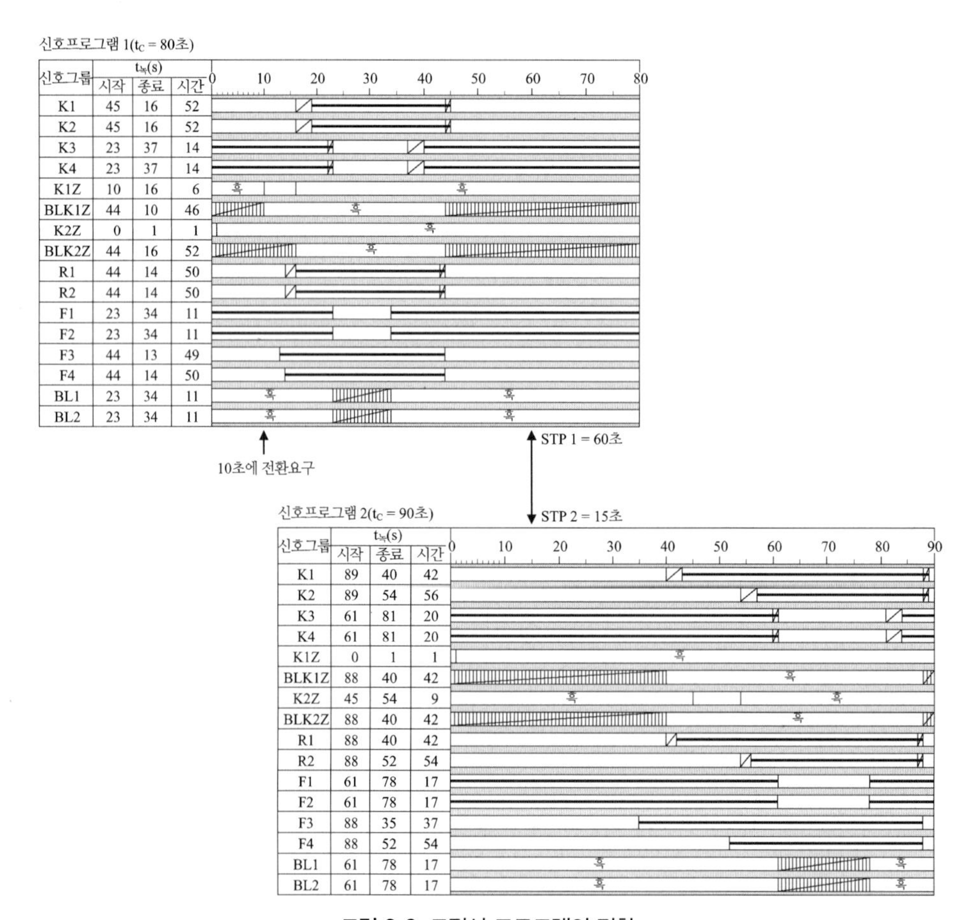
신호프로그램 1(t_C = 80초)

신호그룹	$t_{녹}$(s) 시작	종료	시간
K1	45	16	52
K2	45	16	52
K3	23	37	14
K4	23	37	14
K1Z	10	16	6
BLK1Z	44	10	46
K2Z	0	1	1
BLK2Z	44	16	52
R1	44	14	50
R2	44	14	50
F1	23	34	11
F2	23	34	11
F3	44	13	49
F4	44	14	50
BL1	23	34	11
BL2	23	34	11

신호프로그램 2(t_C = 90초)

신호그룹	$t_{녹}$(s) 시작	종료	시간
K1	89	40	42
K2	89	54	56
K3	61	81	20
K4	61	81	20
K1Z	0	1	1
BLK1Z	88	40	42
K2Z	45	54	9
BLK2Z	88	40	42
R1	88	40	42
R2	88	52	54
F1	61	78	17
F2	61	78	17
F3	88	35	37
F4	88	52	54
BL1	61	78	17
BL2	61	78	17

그림 6.2 고정식 프로그램의 전환

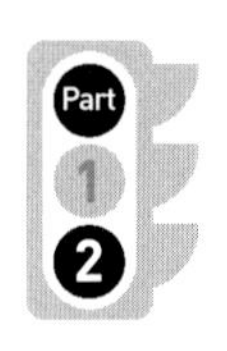

6.3 교통감응식 신호프로그램의 고정식 프로그램 전환

다음 예제에서는 전환계획에 의한 고정식 프로그램의 신호 프로그램 틀 내에서 교통감응식 신호프로그램의 전환에 대해 설명된다(Part1, 4.5.4.4).

교차로의 차선표식 작업으로 인해 차로가 부분적으로 폐쇄되어 개별 교통류는 검지기에 의한 통행요구가 이루어지지 못한다. 이러한 이유로 교통감응식 신호프로그램으로부터 고정식 신호프로그램으로 전환된다. 전환시점이나 SWP 내에 원활하게 신호전환이 이루어지게 되는 신호상황이 존재하기 어려우므로(예를 들어, 완전교통감응식 또는 대중교통－우선에 의하여), 전환에는 별도의 전환계획이 필요하다. 전환계획을 통해 임의의 신호상황으로부터 정의된 SWP의 상황을 실현시킬 수 있다(일반적으로 주방향의 신호상황). 이때 가장 먼저 모든 작동 중인 신호상황의 최소녹색시간을 진행시킨다. 이후에 SWP 상황 내에서 허용되지 않는 모든 신호그룹은 폐쇄된다. 최대 Intergreen time의 진행 이후에 SWP 상황에서 허용되는 아직까지 폐쇄된 모든 신호그룹은 허용된다. 이러한 모든 과정은 제어기 운영시스템이나 별도의 프로그램을 통해 이루어진다. 복합대안도 때로는 가능하다. 별도 신호프로그램에 의한 실현에서 신호상황의 변화가 발생하는 신호그룹만이 실질적으로 영향을 받는다(그림 6.5).

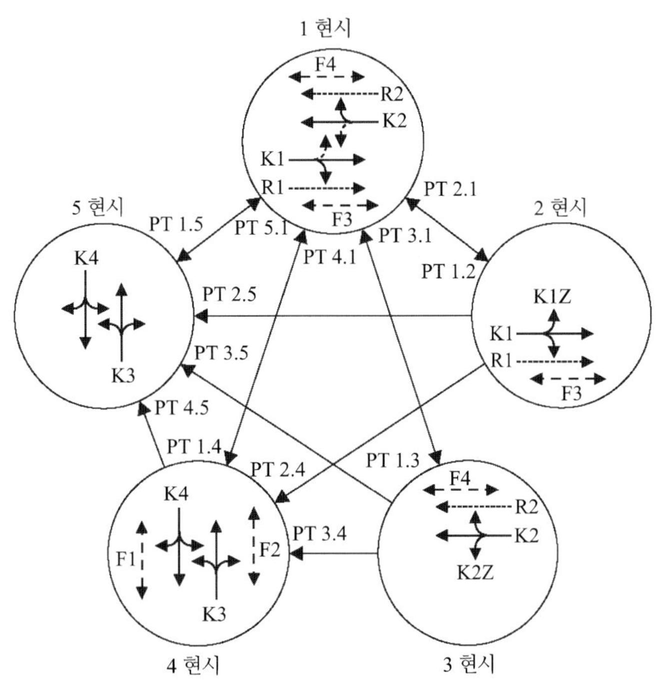

그림 6.3 현시순서계획

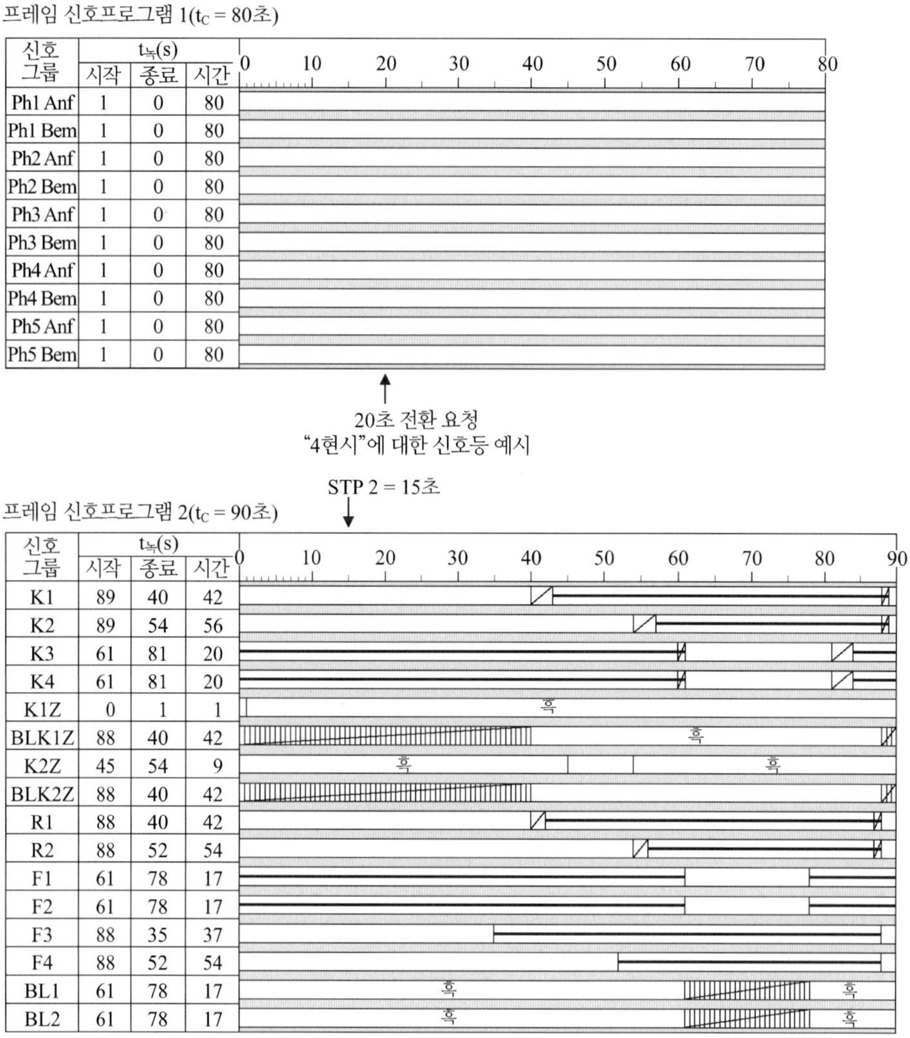

프레임 신호프로그램 1(t_C = 80초)

신호그룹	$t_{녹}$(s) 시작	종료	시간
Ph1 Anf	1	0	80
Ph1 Bem	1	0	80
Ph2 Anf	1	0	80
Ph2 Bem	1	0	80
Ph3 Anf	1	0	80
Ph3 Bem	1	0	80
Ph4 Anf	1	0	80
Ph4 Bem	1	0	80
Ph5 Anf	1	0	80
Ph5 Bem	1	0	80

0 10 20 30 40 50 60 70 80

20초 전환 요청
"4현시"에 대한 신호등 예시

STP 2 = 15초

프레임 신호프로그램 2(t_C = 90초)

신호그룹	$t_{녹}$(s) 시작	종료	시간
K1	89	40	42
K2	89	54	56
K3	61	81	20
K4	61	81	20
K1Z	0	1	1
BLK1Z	88	40	42
K2Z	45	54	9
BLK2Z	88	40	42
R1	88	40	42
R2	88	52	54
F1	61	78	17
F2	61	78	17
F3	88	35	37
F4	88	52	54
BL1	61	78	17
BL2	61	78	17

0 10 20 30 40 50 60 70 80 90

흑

그림 6.4 교통감응식 신호프로그램의 고정식 프로그램으로의 전환

표 6.1 최소녹색시간

신호그룹	전이와 최소시간			
	적색과 황색(동시에) (s)	황색(s)	최소 폐쇄시간(s)	최소 녹색시간(s)
K1	1	3	1	10
K2	1	3	1	10
K3	1	3	1	8
K4	1	3	1	8
K1Z	0	0	1	5

(계속)

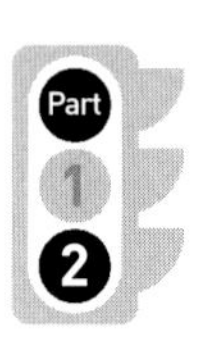

신호그룹	전이와 최소시간			
	적색과 황색(동시에) (s)	황색(s)	최소 폐쇄시간(s)	최소 녹색시간(s)
BLK1Z	0	6	0	0
K2Z	0	0	1	5
BLK2Z	0	6	0	0
R1	0	0	1	5
R2	0	0	1	5
F1	0	0	1	7
F2	0	0	1	7
F3	0	0	1	8
F4	0	0	1	8
BL1	0	8	0	0
BL2	0	8	0	0

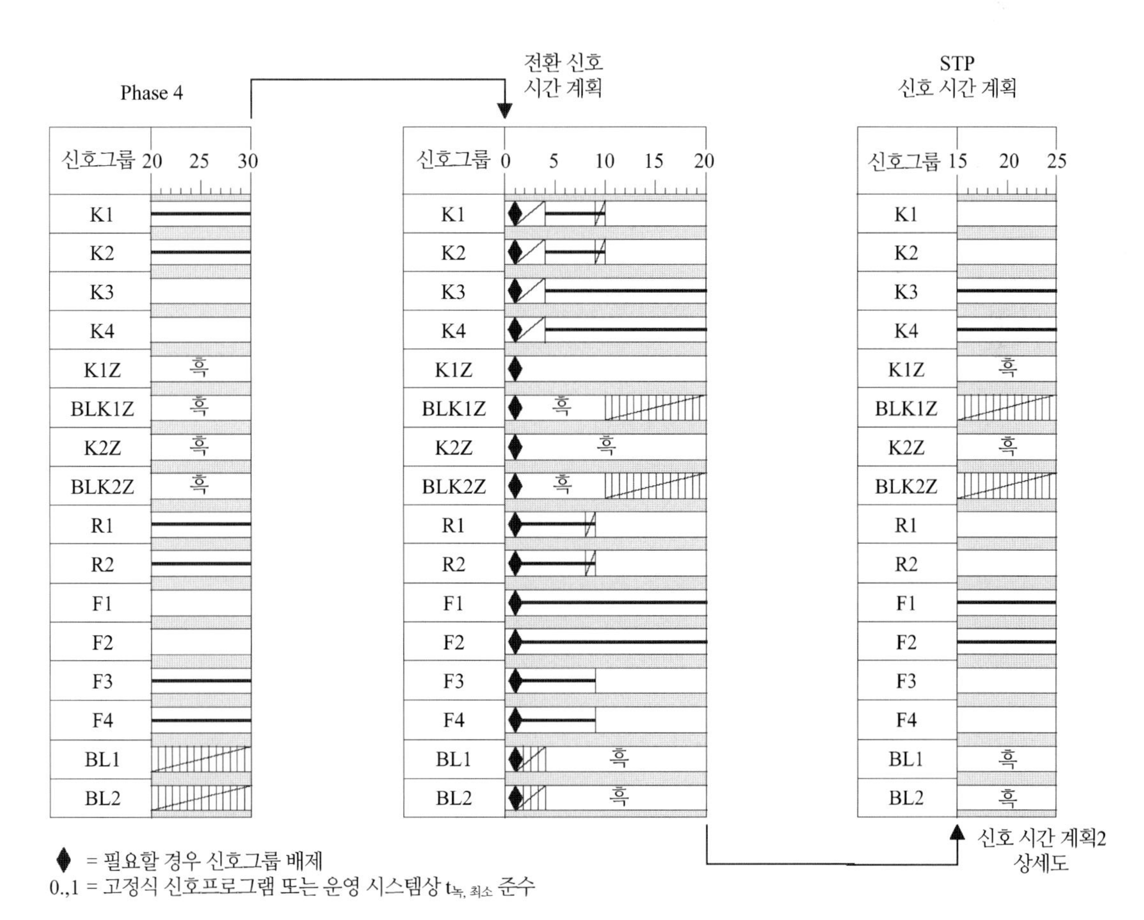

그림 6.5 전환신호계획에 의한 전환

전환요구는 20초에 발생한다. 전환요구 시 신호시설은 4현시가 운영 중이다(그림 6.4) 4현시에서 신호그룹 K3, K4와 보행자신호그룹 F1과 F2의 신호상황은 녹이다. 전환신호계획 개시 이전에 제시된 예제에서는 제어기의 운영소프트웨어를 통해 최소녹색시간의 준수가 보장된다. 최소녹색시간 진행 이후 모든 신호그룹은 적 상태로 된다(차량-신호그룹은 황을 거쳐). 최소녹색시간의 진행 이후 아직까지 폐쇄되지 않은 모든 신호그룹은 적으로 된다. 최대 Intergreen time이 진행된 이후 신호그룹 K1, K2, R1, R2, F3과 F4는 녹으로 전환되고, 신호는 고정식 신호프로그램 2(그림 6.4)의 SWP 2 상황이 된다. 신호는 이 시점부터 고정식 신호프로그램으로 작동된다. Frame 신호프로그램 1을 갖는 교통감응식 신호프로그램의 고정식신호프로그램 2로의 전환요구가 실현된다.

6.3.1 전환계획 활용 교통감응식 Frame 신호프로그램의 종료

종료는 대부분 고정식 신호프로그램의 전환에 해당되나, 신호시간계획 2 시점에서 종료신호가 작동된다.

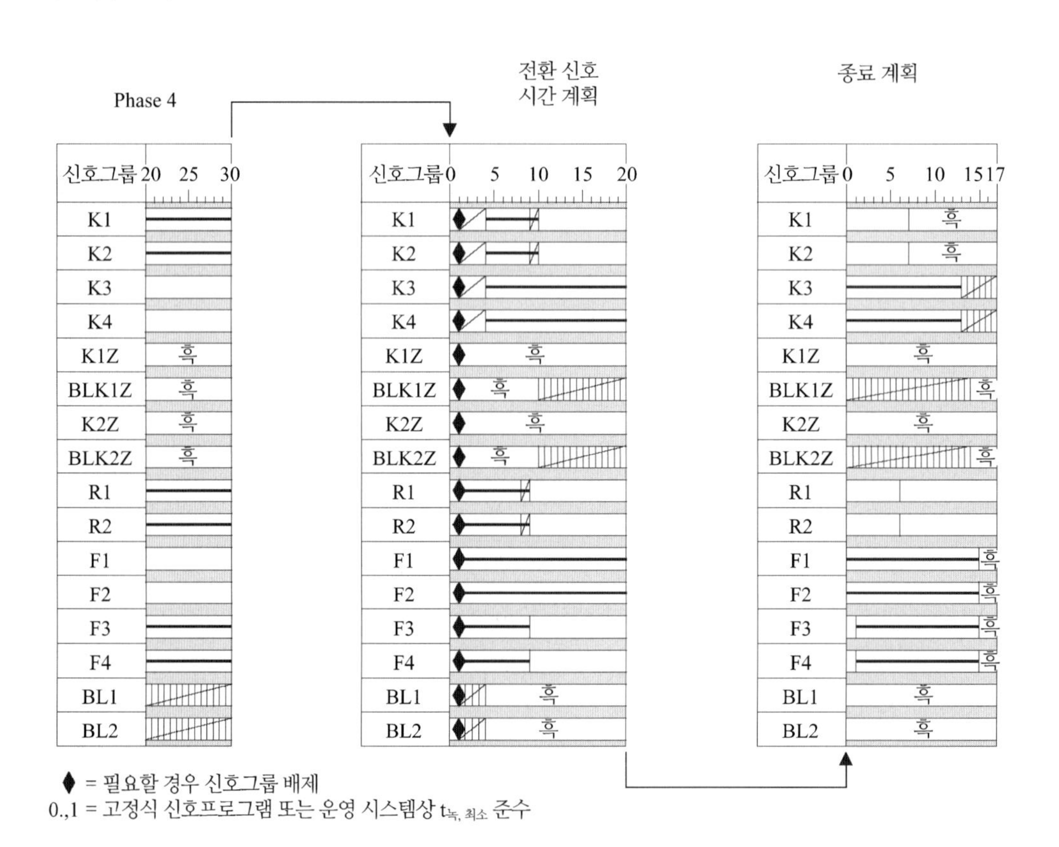

그림 6.6 전환신호계획 활용 종료

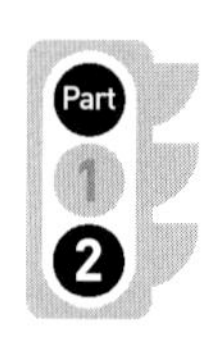

프레임 신호프로그램 1(t_C = 80초)

신호그룹	$t_{녹}$(s) 시작	종료	시간
Ph1 Anf	32	25	73
Ph1 Bem	1	0	80
Ph2 Anf	0	1	1
Ph2 Bem	0	1	1
Ph3 Anf	0	1	1
Ph3 Bem	0	1	1
Ph4 Anf	7	15	8
Ph4 Bem	7	34	27
Ph5 Anf	7	15	8
Ph5 Bem	7	37	30

프레임 신호프로그램 2(t_C = 90초)

신호그룹	$t_{녹}$(s) 시작	종료	시간
Ph1 Anf	72	67	85
Ph1 Bem	1	0	90
Ph2 Anf	0	1	1
Ph2 Bem	0	1	1
Ph3 Anf	35	40	5
Ph3 Bem	35	55	20
Ph4 Anf	47	55	8
Ph4 Bem	47	77	30
Ph5 Anf	47	55	8
Ph5 Bem	47	80	33

그림 6.7 교통감응식 Frame 신호프로그램의 전환

6.4 교통감응식 Frame 신호프로그램의 전환

다음 예제는 전환시점(SWP)을 통한 Frame 신호프로그램간의 전환에 대해 설명된다. 이 전환기법을 통해 최적 연동화가 구현되고 대기시간이 최소화된다.

오후 시간대에 해당 교차로에 많은 좌회전교통량이 발생한다. 이 이유로 Frame 신호프로그램 1(주기=80초)에서 Frame 신호프로그램 2(주기=90초)로 전환된다. Frame 신호프로그램 1에서 연동화로 인해 현시 2와 3이 작동되지 않는다. Frame 신호프로그램 2에서 현시 3은 허용되어 좌회전 교통류는 진출신호 KZ2(차량-좌회전)를 통해 통과한다(그림 6.1과 6.3).

별도의 전환계획을 통한 전환은 Frame 신호프로그램 1에서 Frame 신호프로그램 2로의 전환은 이 신호그룹들이 상호영향을 미치지 않기 때문에 불필요하다.

6.5 Green Wave의 프로그램 전환

독립교차로의 전환이 단순하게 이루어지는 반면에 연동화된 신호제어의 프로그램 전환은 복잡한 과제이다. 전환은 연동화 대상이 되는 모든 교차로에 계획되어야 한다.

Green wave에서는 직접전환이나 정지시간을 활용한 전환 모두 적용된다(Part1 4.5.4.2).

6.5.1 모든 교차로의 동시 직접전환

모든 교차로의 신호프로그램에서 전환시점이 동일한 전환단계에 놓이게 된다. 전환요구 시 모든 교차로에서는 전환시점에 도달하자마자 동시에 전환이 이루어진다(직접 전환). 정지시간은 활용하지 않는다. 연동화 구간의 교통류는 장애를 받게 된다. 이외에도 개별 교차로는 용량부족 현상을 겪게 된다. 계획 측면에서는 모든 신호프로그램 내에서 중첩하는 신호상황을 찾는 것이 어렵다. 특히 교차로의 수가 많은 연동일 경우 더욱 어렵다.

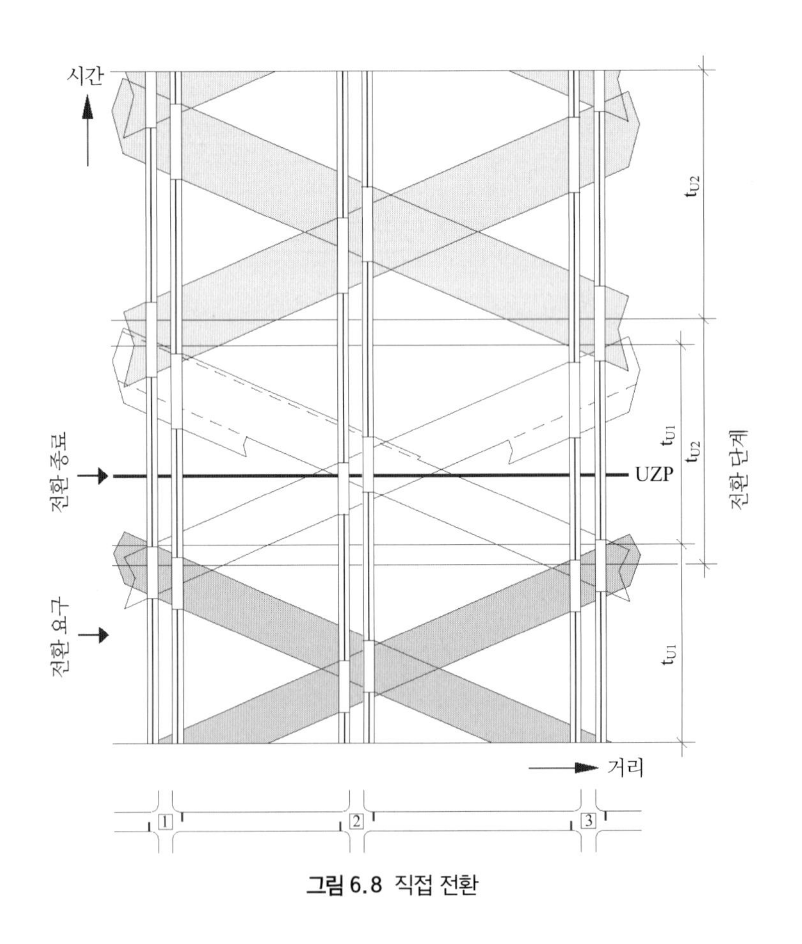

그림 6.8 직접 전환

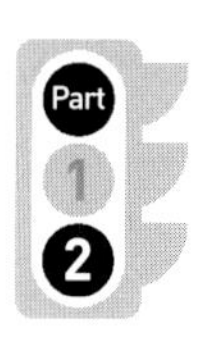

6.5.2 정지시간을 활용한 전환

중첩되는 전환시점을 찾는 것이 어려워 직접 전환이 불가능할 경우 정지시간을 활용한 기법이 적용된다.

연동화 제어되는 교차로그룹에 대해 마지막 전환까지 전체 전환이 최장 개별교차로 전환과 두 개의 주기 합까지 최대시간 동안 진행된다.

만일 긴 정지시간은 주방향의 교통량이 많고 횡방향의 교통량이 적으며, 전환시점이 주방향에 놓일 경우 허용 가능하다. 정지시간에 의해 연동방향에서 연장된 녹색시간은 Green wave의 중단을 초래할 수 있으나(그림 6.8) 이를 통해 과포화는 방지할 수 있다.

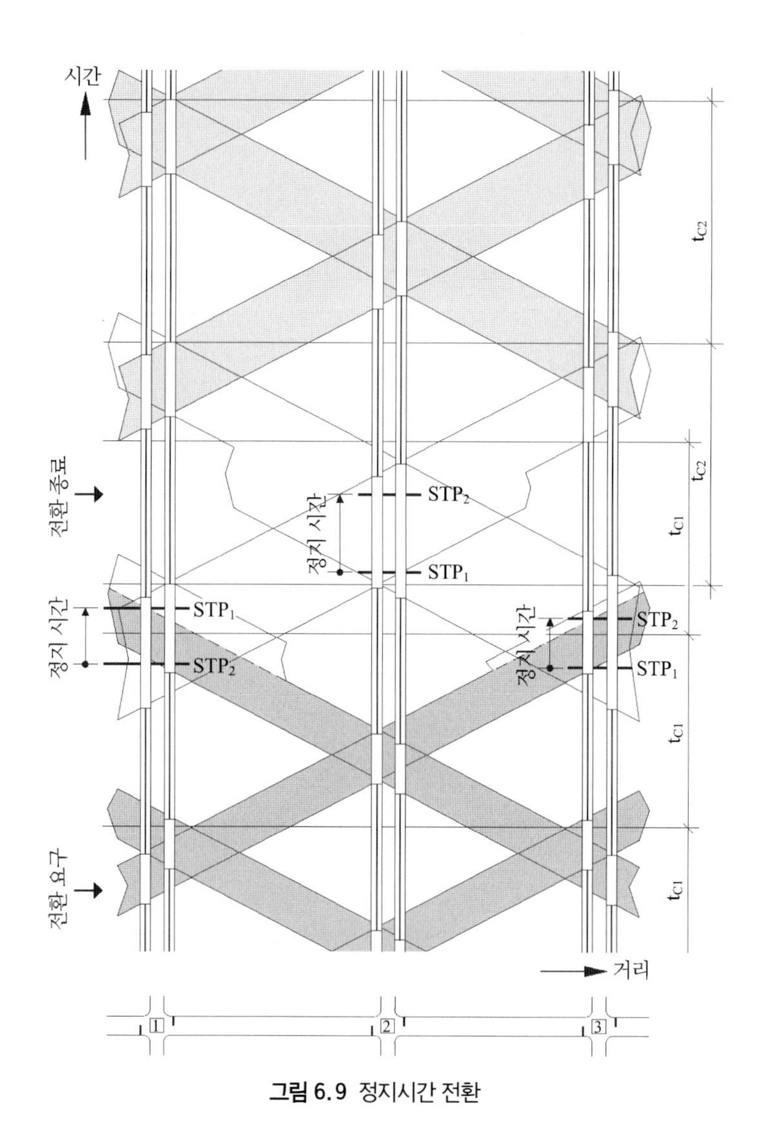

그림 6.9 정지시간 전환

두 개의 예제는 직접전환이나 정지시간을 활용한 기법 모두 전환시간에 연동화에 장애를 미치게 된다는 것을 보여 준다. 연동중단은 전환을 통해 도로축에서의 다양한 Green band로 존재하므로 무조건 발생하게 된다(중단되는 연동화의 Green band와 전환 이후 투입되는 새로운 연동의 Green band). 연동 중단은 전환신호프로그램의 투입으로 피할 수 있다.

6.5.3 전환신호프로그램 전환

중간프로그램을 활용한 전환에서 새로운 프로그램으로 즉시 전환될 수 있는 신호프로그램을 갖는 교차로를 찾는다(기준 교차로). 이 교차로에는 이전 Green band만 존재하며 프로그램의 전환 이후에는 새로운 프로그램의 Green band만이 존재한다. 이 조건을 만족하기 위해 기준 교차로에서의 전환시점은 폐쇄시간(적)에 놓여진다. 기타 교차로에는 전환프로그램이 수립된다.

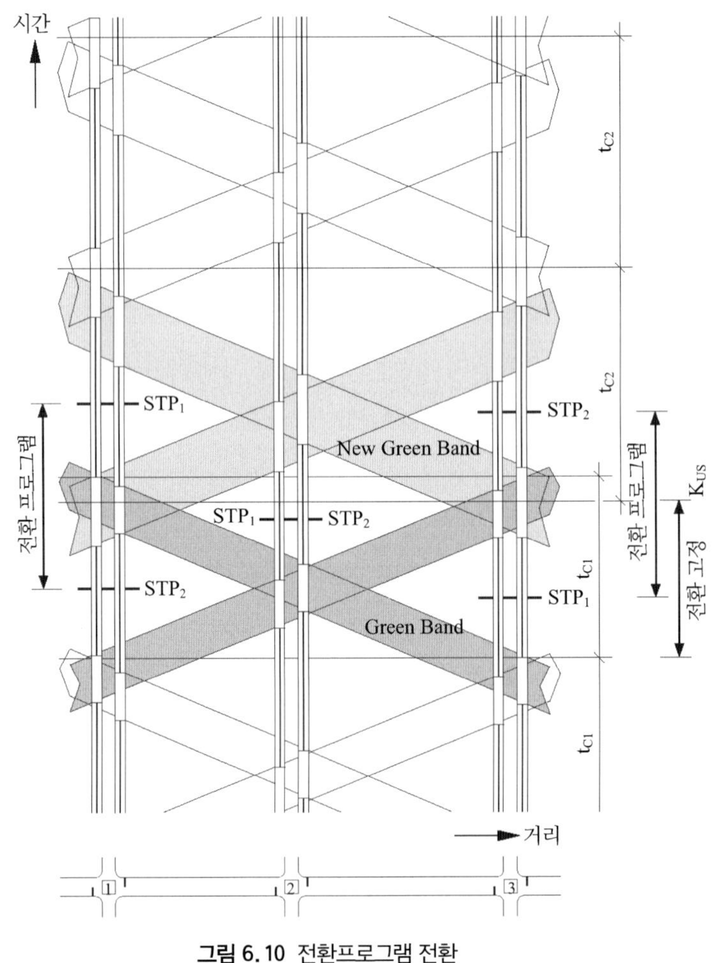

그림 6.10 전환프로그램 전환

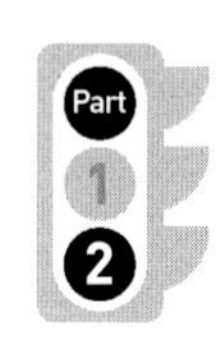

이 기법에 대해서 구체적인 사례로 설명한다(그림 6.9). 여기에서 용량이 충분한 연동화 프로그램이 전환된다. 종료되고 시작되는 프로그램의 특성은 다음과 같다.

$t_{주기1}=80$초와 Green band $t_{녹}=20$초의 프로그램 1

$t_{주기2}=100$초와 Green band $t_{녹}=30$초의 프로그램 2

기준 교차로는 중간 교차로 2이며 다음과 같은 전환시점이 산출되었다.

$SWP_1=60$초 $SWP_2=90$초

전환시점은 폐쇄시간대에 있다. 다음 단계에 종료되는 프로그램의 전환시간간의 간격인 전환상수 또는 전환단계 K_{US}가 새로운 프로그램의 주기 시작시간까지 포함(그림 6.10)되는 것이 결정된다.

$$K_{US}-SWP_1=t_{C2}-SWP_2$$

$$K_{US}=SWP_1+t_{C2}-SWP_2$$

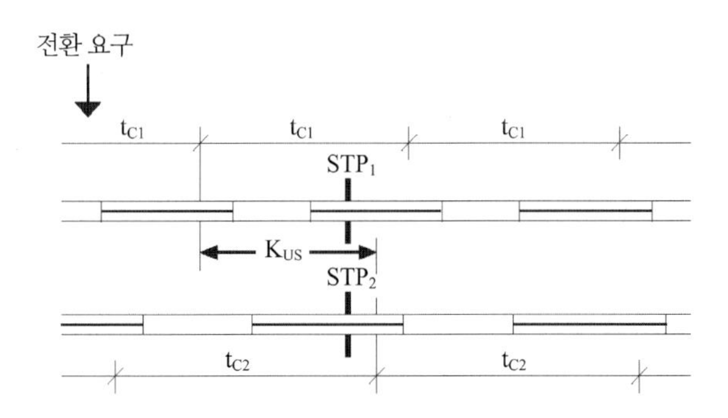

(a) 전환 Constant의 결정

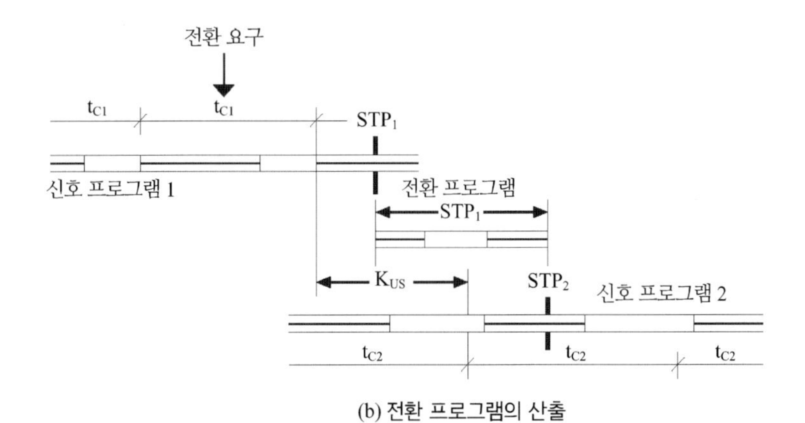

(b) 전환 프로그램의 산출

그림 6.11 전환프로그램의 산출

예제에서 $K_{US} = 60 + 100 - 90 = 70$ s

다음에는 교차로 1, 3에 대한 전환프로그램이 산출된다. 적절한 전환시점은

교차로 1 : $SWP_1 = 30$ s $SWP2 = 40$s

교차로 2 : $SWP_1 = 20$ s $SWP2 = 40$s

이로부터 전환프로그램의 길이가 산출된다.

$$t_{STP} = K_{US} + STP_2 - STP_1$$

교차로 1 : $t_{STP} = 70 + 40 - 30 = 80$ s

교차로 2 : $t_{STP} = 70 + 40 - 20 = 90$ s

교차로 1의 전환프로그램은 교차로 3의 이전 프로그램 1의 시작되는 Green band와 교차로 3의 종료되는 새로운 Green band를 포함한다. 이에 따라 교차로 3의 전환프로그램이 수립된다.

그림 6.10은 연동화에 장애가 없이 전환프로그램의 개발을 보장하는 방안을 나타낸다.

Chapter

07 특수신호

7.1 불완전 신호

7.1.1 현황

도시 내 산업단지 진입로의 오후 첨두시간대 좌회전 50대/시와 우회전 50대/시의 대부분 화물차인 교통량을 나타낸다. 우선권이 있는 주간선도로의 교통량은 1,500대/시이다. 좌회전 교통류는 불완전 신호체계가 도입되기 전에 긴 대기시간을 유발하였다.

비용측면에서 진입로에는 구조적인 개선보다는 불완전 신호체계를 도입토록 한다.

주간선도로에는 진입로 축을 기준으로 40 m 전방에 2단 신호등(적과 황)을 설치한다(그림 7.1).

이 신호등은 진입로 검지기에 최소한 15초 이상 차량이 검지되었을 경우 기본설정 흑에서 5초의 황을 거쳐 적으로 전환된다. 주방향 적색시간의 길이는 15초이다. 이후에 적은 1초의 적+황을 거쳐 흑으로 전환된다. 흑 상황은 진입로로부터의 연속된 요구에도 최소한 15초를 지속한다.

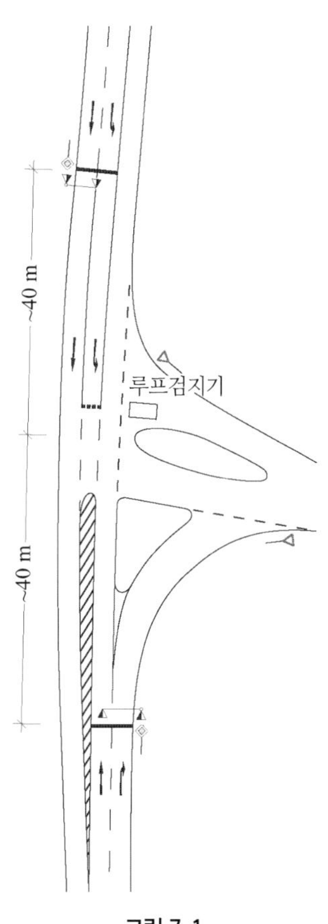

그림 7.1

7.1.2 자료검지

루프검지기는 좌회전만 검지하고, 우회전 차량은 검지되지 않도록 한다. 주방향에는 검지기가 설치되지 않는다.

7.2 병목구간 신호체계

7.2.1 프로그램 계산

지중공사로 200 m 도로구간이 1차선으로 운영된다(그림 7.2). 이 구간에 병목구간 신호체계가 설치된다. 평상 교통류, 오전, 우후 첨두시간은 물론 한산 교통류에 대한 고정식 프로그램이 설계된다.

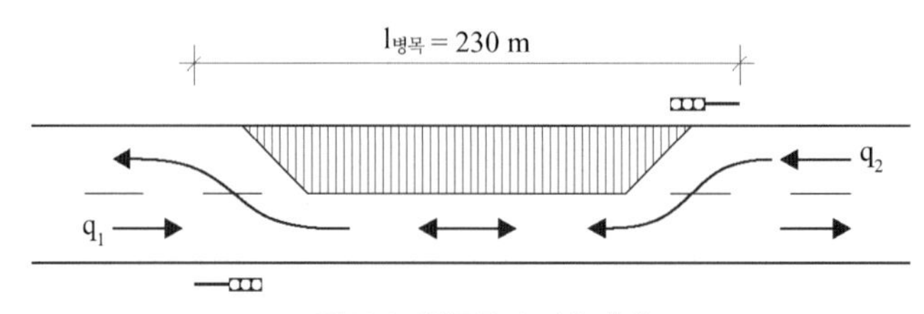

그림 7.2 병목구간 신호체계

7.2.1.1 현황자료

- 공사구간 길이 $l_1 = 200$ m
- 공사시작부에서 신호등간 거리 $l_2 = 15$ m
- 병목구간 전체길이 및 진출거리 $l_{병목구간} = 230$ m
- 병목구간 허용속도 $V_{허용} = 40$ km/h
- 진출속도 $V_{진출} = 30$ km/h
- 설계 교통량
  - 오전 첨두시간 $q_1 = 400$ 대/시 $q_2 = 350$ 대/시
  - 평상 교통량 $q_1 = 330$ 대/시 $q_2 = 330$ 대/시
  - 오후 첨두시간 $q_1 = 400$ 대/시 $q_2 = 500$ 대/시
  - 한산 교통량 $q_1 = 120$ 대/시
- 포화 교통량 $q_2 = 1,500$ 대/시

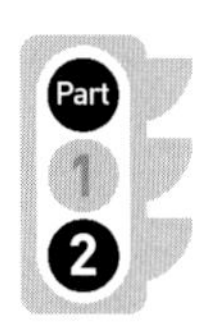

7.2.1.2 설계

Intergreen time은

$$t_1 = t_{전이} + \frac{l_{병목구간}}{v_{진출}} \cdot 3.6 = 32초$$

총 Intergreen time의 합 $T_1 = 64$ 초이다.

이때 오전 첨두시간 대 주기는

$$t_C = \frac{1,3T_{I+4}}{1-\left(\frac{q_1}{q_{포화,1}} + \frac{q_2}{q_{포화,2}}\right)} = 174.4초$$

이다.

변수 $l_{병목구간} = 230$ m, $q_1 + q_2 = 750$ 대/시로 하고 진출속도는 30 km/h로 할 경우 주기는 그림 7.3으로부터 180초에 약간 못 미친다. 주기는 180초로 선택한다.

녹색시간 $t_{녹,1}$은 다음과 같이 산출한다.

$$t_{녹,i} = \frac{\frac{q_i}{q_{포화,i}}}{\frac{q_1}{q_{포화,i}} + \frac{q_2}{q_{포화,2}}} \cdot (t_c - T_I)$$

$q_1 = 400$ 대/시일 경우 방향 1의 $t_{녹,i} = 61,9$ 초 → 62 초이다.

방향 2의 녹색시간은 주기로부터 Intergreen time과 녹색시간 $t_{녹1}$을 제한 것으로 산출된다.

$$t_{녹,2} = 180 - 64 - 62 = 54\ 초$$

7.2.1.3 결과

다양한 교통시간대에 대한 산출결과는 표 7.1에 제시되었다.

표 7.1 녹색시간계산 결과

교통 시간	교통량		주기 (s)	녹색시간	
	q_1 (대/시)	q_2 (대/시)		$t_{녹1}$ (초)	$t_{녹2}$ (초)
오전 첨두	400	350	180	62	54
주간 시간	320	320	150	44	44
오후 첨두	400	500	220	69	87
한산 교통	120	120	100	18	18

7.2.2 구간연장 산출

600 m 연장의 2차선도로에 새로운 도로포장 작업을 수행한다. 우회도로가 확보되지 않기 때문에 작업은 구간별로 반쪽씩 진행된다. 작업하는 구간 연장은 오후 첨두교통량에 기초하여 결정된다($q_1 = 450$ 대/시, $q_2 = 350$ 대/시). 주기는 가능한 한 $t_C = 240$초를 초과하지 않도록 한다.

7.2.2.1 추가자료

$$\text{진출속도 } V_{\text{진출}} = 30 \text{ km/h}$$

$$\text{포화교통량 } q_{\text{포화}} = 1{,}500 \text{대/시}$$

7.2.2.2 설계

병목구간 연장은 다음 산출공식에 의한다.

$$l_g = V_{\text{진출}} \cdot \left[0,107 \cdot t_C \cdot \left(1 - \frac{q_1}{q_{\text{포화},1}} - \frac{q_2}{q_{\text{포화},2}}\right) - 1,54\right] = 313 \text{ m}$$

이때 주기는 240초이다.

7.2.2.3 결과

포장공사는 4개의 부분구간으로 300 m 단위로 병목구간 신호체계로 운영된다.

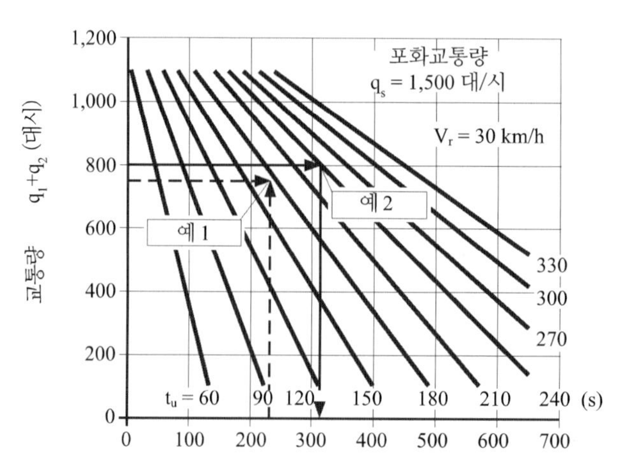

그림 7.3 예제 1, 2의 병목구간 교통기술적 지표의 그래픽적 결정

Chapter

08 회전교차로 신호체계

8.1 고정식 제어 회전교차로

회전교차로에 60,000 대/일의 상당히 많은 교통량이 있다. 회전교차로 내 신호기간의 좁은 간격으로 인해 고정식 제어로 운영된다. 내부의 Offset은 교통류의 관측에 의해 최적화된다. 신호 F23/F24는 요구에 따라 허용되며 이때 지속 녹색인 K13은 적색으로 된다.

신호 K11, K12, K14, K15와 K16은 2단으로 적과 적+황을 보이며, 교통표식판 306('우선도로')을 신호기에 부착한다. 이를 통해 적+황(동시)이 꺼진 이후에도 녹색시간 대신에 통행이 허용되도록 한다. 이를 통해 교차로에 직선방향으로 진입하는 교통류(K2, K3, K4, K5, K6, K7에 속한 신호)에 자체 신호가 적일 경우 원형 교차로 내부의 녹색신호로부터 '유인'되는 경우를 방지하게 된다. 교차로 내부의 녹색신호가 철거되기 이전에 잦은 교통사고의 원인이었다. 교차로의 차선표식은 이 규칙에 따라 도색되었다.

신호 K2, K3, K4, K5, K6, K7과 K10에서 교차로로 진입하는 교통류는 Green wave로 교차로를 통과한다. 이는 통행관계 K3-K11-K16, K10-K16-K14-K13, K5-K12-K11과 K7-K15-K12의 좌회전 교통류의 Green band를 통과하도록 이루어진다.

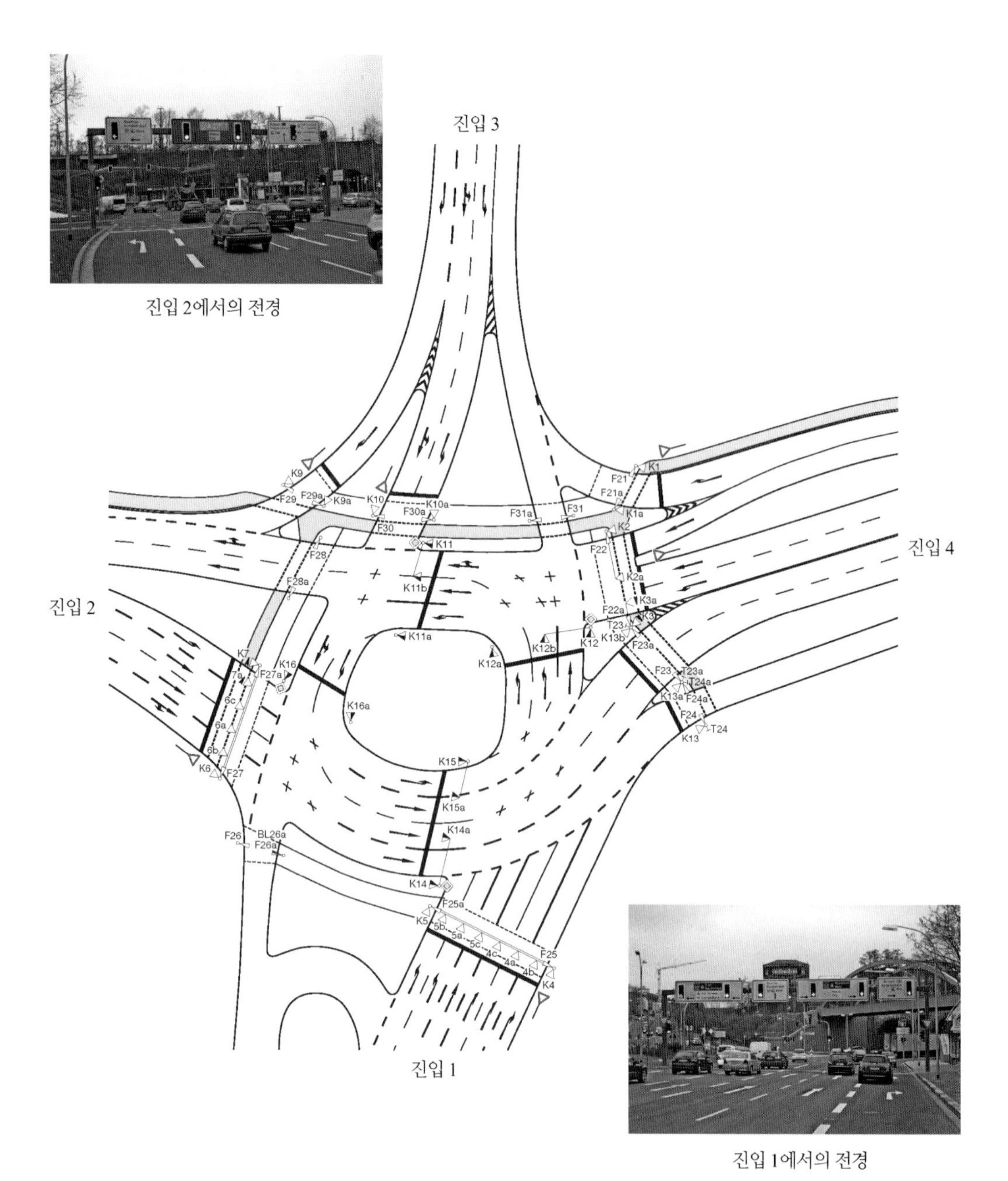

진입 2에서의 전경

진입 1에서의 전경

그림 8.1

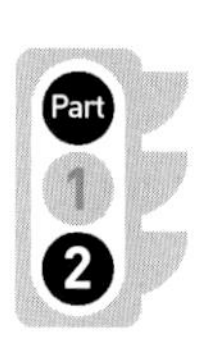

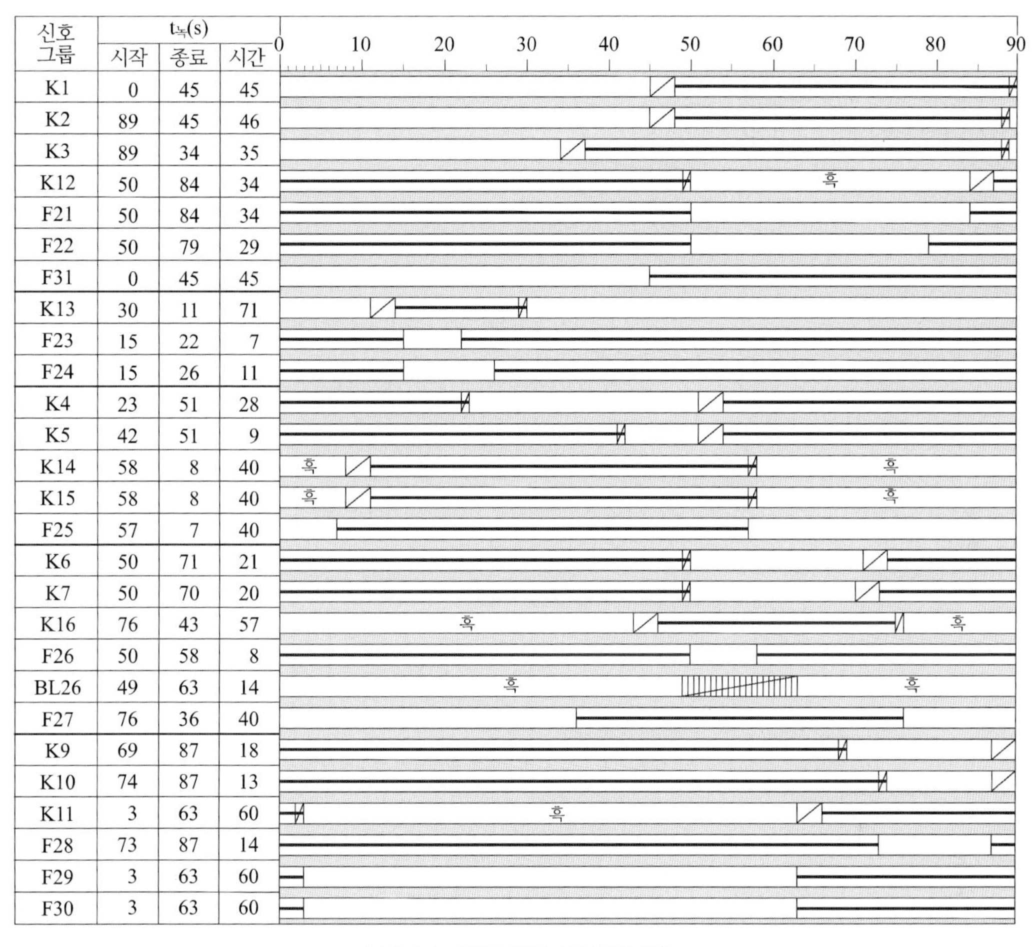

신호 그룹	$t_{녹}$(s) 시작	종료	시간
K1	0	45	45
K2	89	45	46
K3	89	34	35
K12	50	84	34
F21	50	84	34
F22	50	79	29
F31	0	45	45
K13	30	11	71
F23	15	22	7
F24	15	26	11
K4	23	51	28
K5	42	51	9
K14	58	8	40
K15	58	8	40
F25	57	7	40
K6	50	71	21
K7	50	70	20
K16	76	43	57
F26	50	58	8
BL26	49	63	14
F27	76	36	40
K9	69	87	18
K10	74	87	13
K11	3	63	60
F28	73	87	14
F29	3	63	60
F30	3	63	60

그림 8.2 회전교차로 신호시간계획

8.2 교통감응식 제어 회전교차로

8.2.1 현황

신호시설은 완전 감응식으로 운영된다. 회전교차로로 진입하는 차량들은 가능한 한 정지하지 않고 회전교차로를 진출해야 한다. 최소녹색시간과 최대 현시길이를 고려하여 실제 교통수요에 반응하는 신호제어를 계획하도록 한다. 교차로 진입로와 회전교차로 내 허용속도는 50 km/h이다.

8.2.2 제어개념과 자료검지

90초 주기의 교통감응식 신호프로그램이 작동된다. 전체 교차로는 그림 8.3과 같이 4개의 부분교차로로 구분된다. 4개 진입로 각각은 이에 따른 출구를 가지며 개별된 제어로 운영된다.

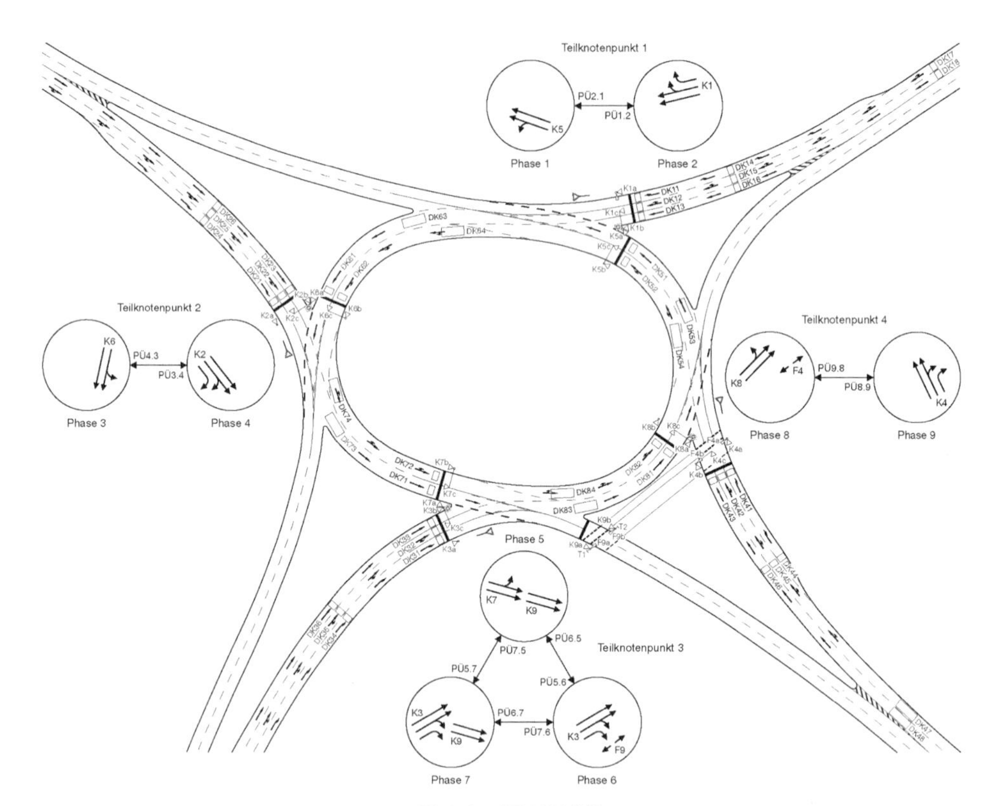

그림 8.3 신호위치계획

		시작 신호그룹										
		K1	K2	K3	K4	K5	K6	K7	K8	K9	F4	F9
종료 신호 그룹	K1					6						
	K2						5					
	K3							4				
	K4								6		5	
	K5	5										
	K6		5									
	K7			5								
	K8				4							
	K9											6
	F4				7							
	F9									7		

그림 8.4 Intergreen time matrix

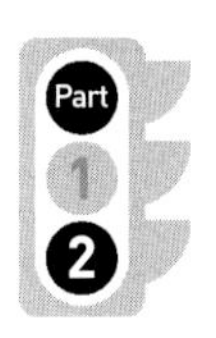

개별 부분제어는 회전교차로 진입부의 녹색시간 시에 다음 출구도 녹색시간이 작동되도록 한다. 회전교차로 내 정체 시 회전교차로 내 차로에 속한 신호그룹의 녹색시간이 증대된다. 정체 인지 시 상충되는 현시가 작동 중일 경우 최소녹색시간을 고려하여 종료되고 회전교차로 내 차량을 신속히 진출하는 현시로 전환된다.

Intergreen time matrix를 고려하여 12개의 가능한 현시전이가 그림 8.5에 제시되었다.

8.2.3 순서도

논리적 조건으로 표 8.1에 따라 개별적인 현시의 중단조건이 정의되었다. 시간적인 조건은 최소녹색시간의 감시와 현시길이의 중단기준에 활용된다.

추가적인 시간 조건들은 신호프로그램과 연관된 허용영역의 확보에 관한 것들이다.

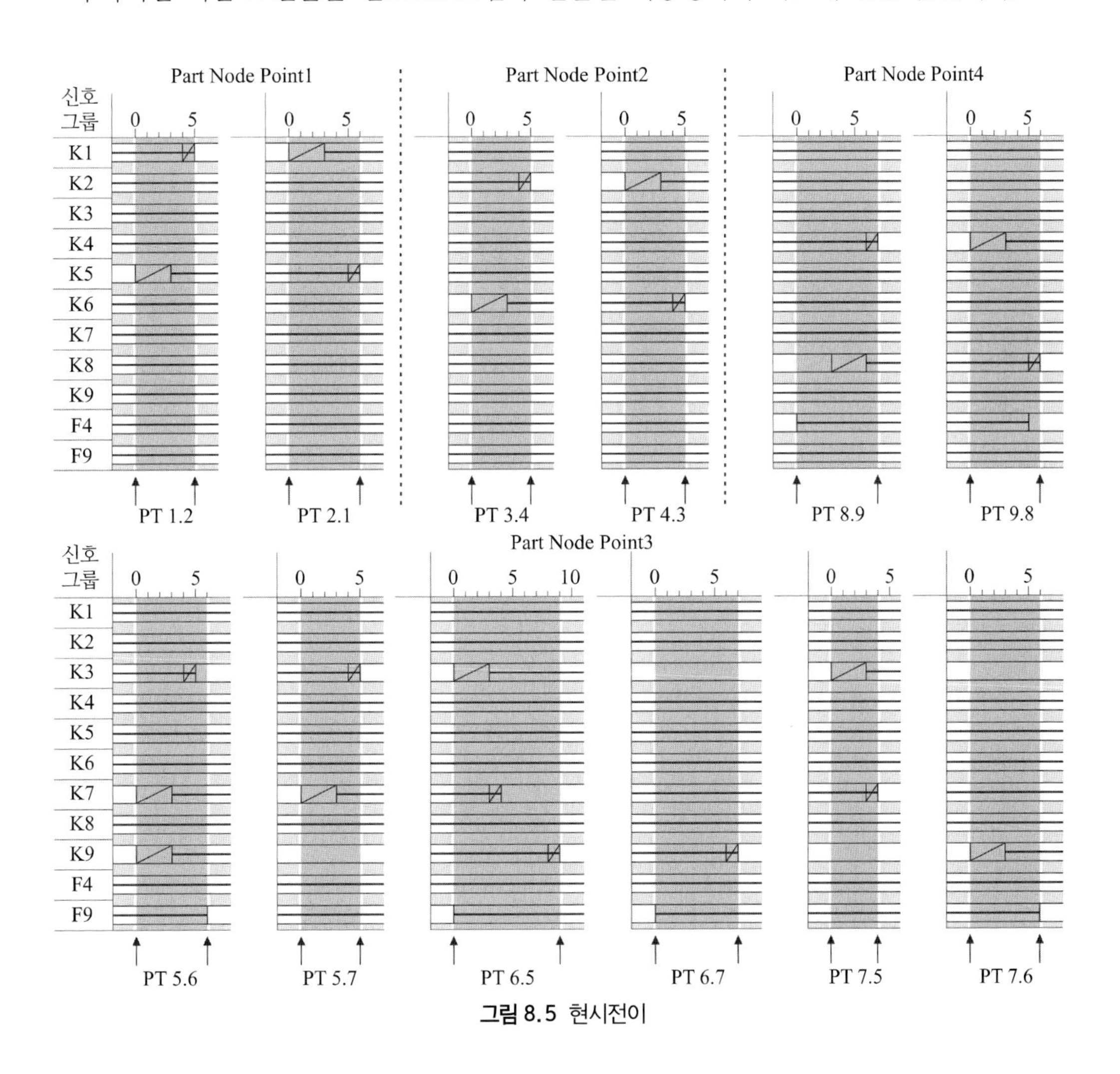

그림 8.5 현시전이

표 8.1 논리적 조건

논리적 조건	검지 종류	신호그룹	검지기	차두 간격	점 유
Reg(F9)	요구	F9	T1 ∨ T2		
BK1	설계	K1	DK11 ∧ DK12 ∧ DK13	3	
BK2	설계	K2	DK21 ∧ DK22 ∧ DK23	3	
BK4	설계	K4	DK41 ∧ DK42 ∧ DK43	3	
BK5	설계	K5	DK51 ∧ DK52 ∧ DK53 ∧ DK54	3	
BK6	설계	K6	DK61 ∧ DK62 ∧ DK63 ∧ DK64	3	
BK7	설계	K7	DK71 ∧ DK72 ∧ DK73 ∧ DK74	3	
BK8	설계	K8	DK81 ∧ DK82 ∧ DK83 ∧ DK84	3	
SK2	정체	K2	DK24 ∧ DK25 ∧ DK26		4
SK4	정체	K4	DK44 ∧ DK45 ∧ DK46		4
SK5	정체	K5	DK53 ∧ DK54		4
SK6	정체	K6	DK63 ∧ DK64		4
SK7	정체	K7	DK73 ∧ DK74		4
SK8	정체	K8	DK83 ∧ DK84		4

표 8.2 시간적 조건

항 목		(s)
d101	최소녹색시간 K1	8
d102	최소녹색시간 K2	8
d103	최소녹색시간 K3	8
d104	최소녹색시간 K4	8
d105	최소녹색시간 K5	10
d106	최소녹색시간 K6	10
d107	최소녹색시간 K7	10
d108	최소녹색시간 K8	10
d110	최소녹색시간 F9	8
d92	정체 시 최대시간 K2	40
d94	정체 시 최대시간 K4	42
d95	정체 시 최대시간 K5	45
d96	정체 시 최대시간 K6	45
d97	정체 시 최대시간 K7	45
d98	정체 시 최대시간 K8	45

Aphaes : 현시요구 허용 영역

신호 그룹	t녹(s) 시작	종료	시간
Phase1	35	84	49
APhase2	76	10	24
Phase2	76	47	61
Phase3	62	46	74
APhase4	38	55	17
Phase4	38	67	29
Phase5	30	74	44
APhase6	70	75	5
Phase6	70	88	18
APhase7	70	88	18
Phase7	70	40	60
Phase8	75	45	60
APhase9	36	52	16
Phase9	36	86	50

0 10 20 30 40 50 60 70 80 90

그림 8.6 신호프로그램별 허용영역

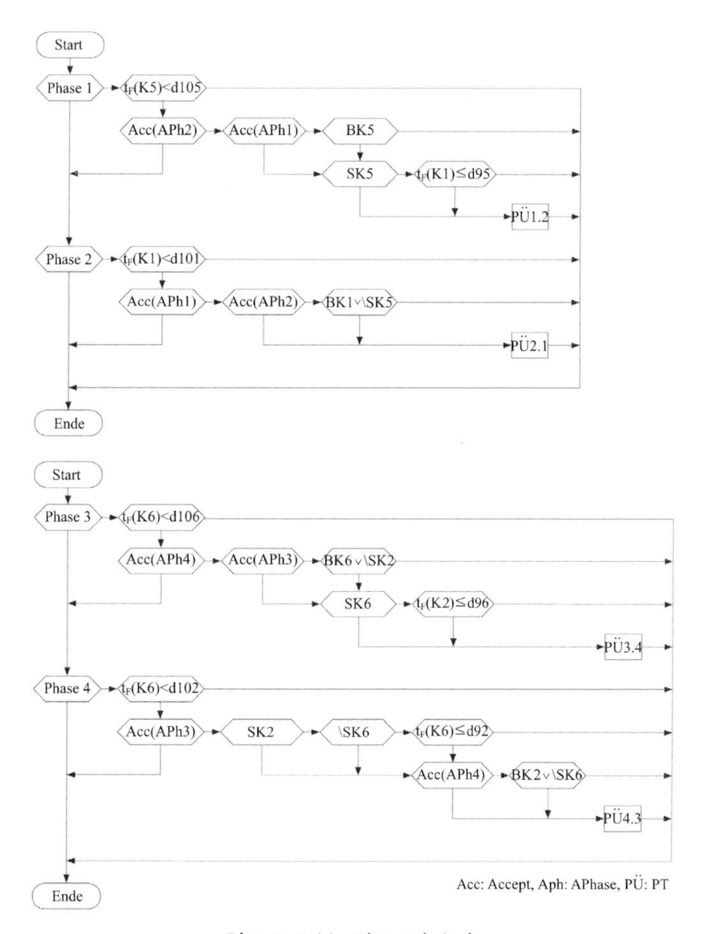

그림 8.7 부분교차로 1의 순서도

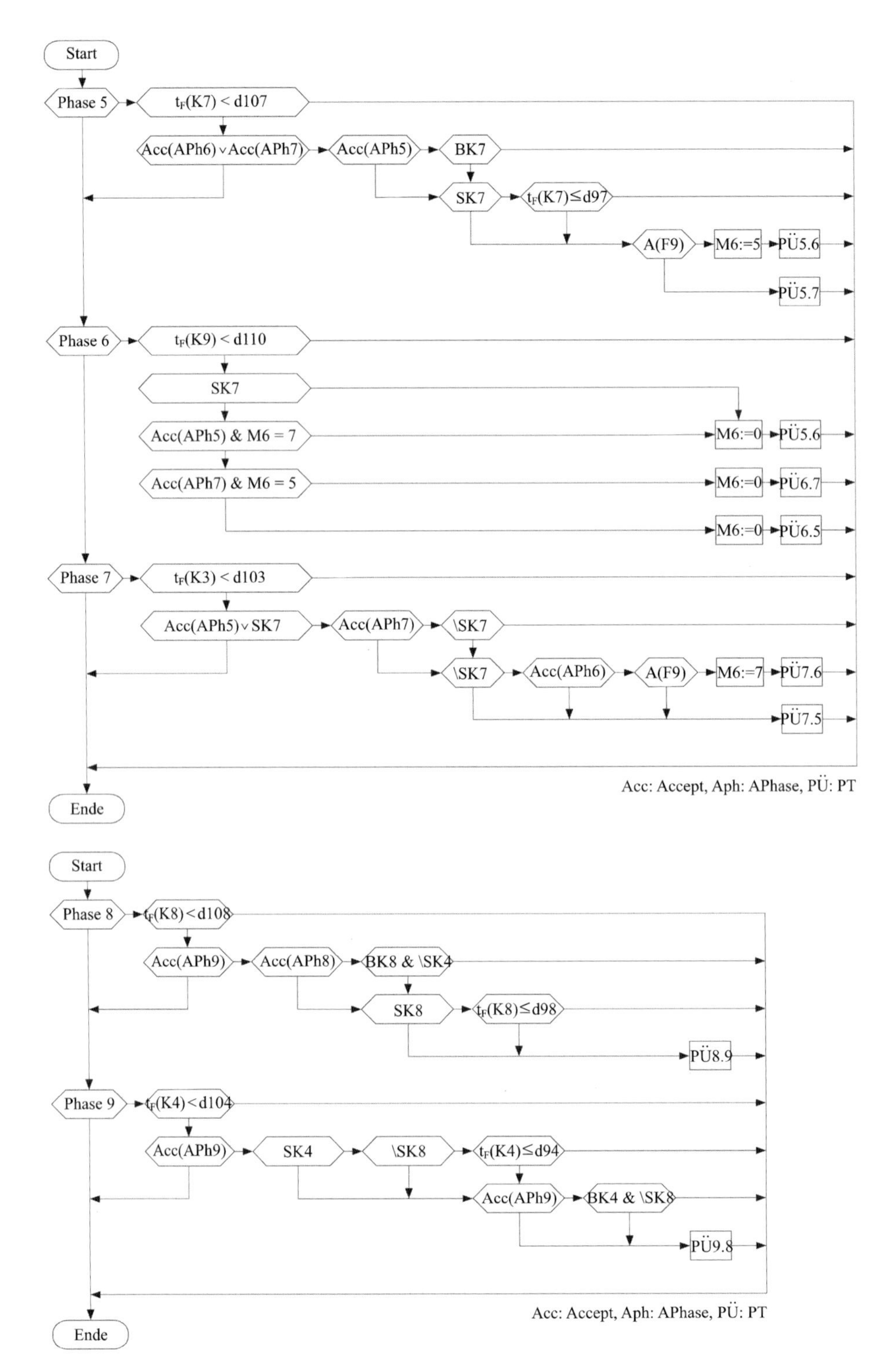

그림 8.8 부분교차로 2의 순서도

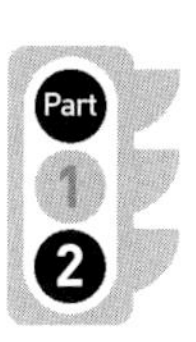

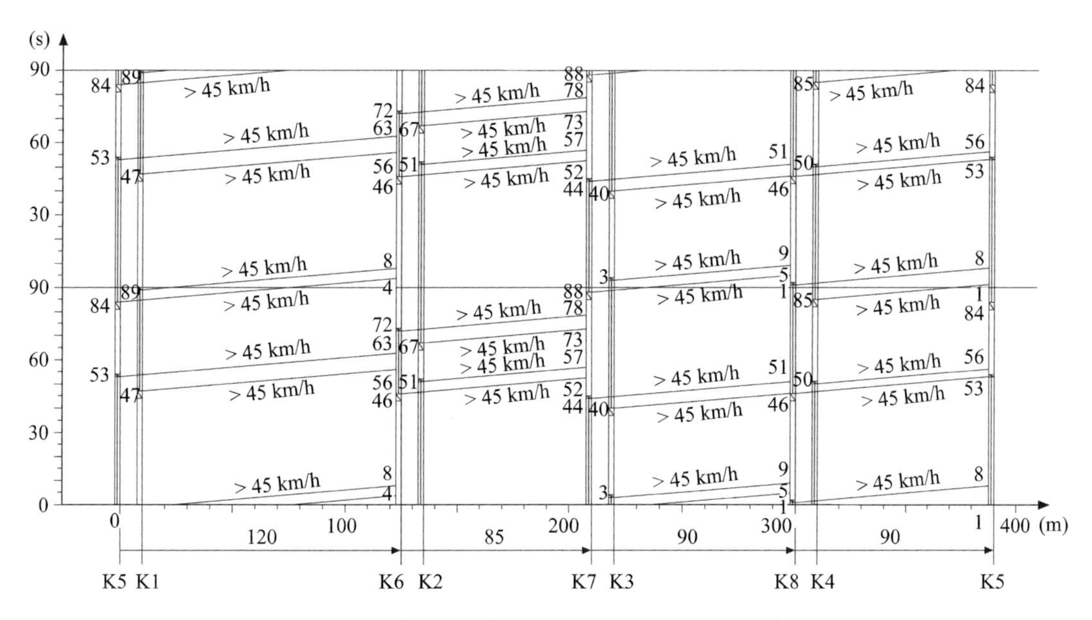

그림 8.9 특정 포화상태에 대한 회전교차로 내 신호프로그램의 연동화

Chapter

09 심볼

9.1 개요

RiLSA와 RiLSA에 따른 사례집의 신호위치계획에는 통일된 심볼들이 사용되어, 예제에 대한 이해를 돕기 위해 신호시설의 요소들을 설명한다. 설치와 관련된 심볼들은 9.2절에 제시되었다.

사례집의 신호그룹의 표현에는 다음과 같은 약어가 사용된다.

K : 차량신호
F : 보행자신호와 전이신호가 없는 자전거신호
R : 전이신호가 있는 자전거신호
B : 노선버스신호
S : 트램신호
H : 보조신호(황색점멸등)
G : 속도제시 신호
Z : 방향신호(사선녹색신호)

특정한 교통 참여그룹이나 사용 목적에 따른 신호등은 순차적으로 번호화되며, 1부터 시작한다. 신호시설계획에는 추가적으로 신호그룹의 첫 번째 신호등은 a로, 다음은 b, c 순서로 번호화된다.

9.2 위치계획-범례 제안

9.2.1 차량-신호등

- 차량-신호등 ϕ200 3단
- 차량-신호등 ϕ200 화살방향표를 3단
- 차량-신호등 ϕ200 2단
- 차량-신호등 ϕ200 1단(예: 녹색시간)
- 황색 점멸등 ϕ200
- 차량-신호등 ϕ300
- 보행자-신호 2단
- 보행자-신호 1단
- 보행자와 자전거 신호
- 자전거-신호 3단
- 자전거-신호 2단
- 시각장애인 녹색시간 장치 및 유도장치

9.2.2 대중교통-신호등

- 서비스 신호(예: 신호 요구)
- 사전 신호
- F0 정지
- 운행 허용, 직진 또는 우회전 또는 좌회전
- 곧 "정지"
- 허용 신호
- A1 폐문

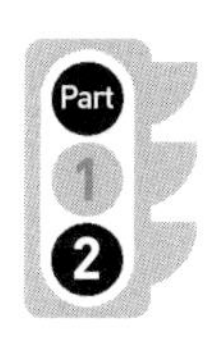

 A2 출발

 Spring Light

9.2.3 차량 – 검지기

루프 검지기

요구 버튼

시각장애인 진동기 요구 버튼

비디오 카메라

수동 – 적외선 – 검지기

9.2.4 대중교통 – 검지기

보조 작동 버튼

보조 작동 검지기

대중교통 차량 정지점

가전 접촉

궤도 변경 검지기

정지 요구

버스 변경 검지기

B	MP

Beacon/신고점

9.2.5 제어기

제어기

망 연결

DCF – 수신기

9.2.6 교통표식판

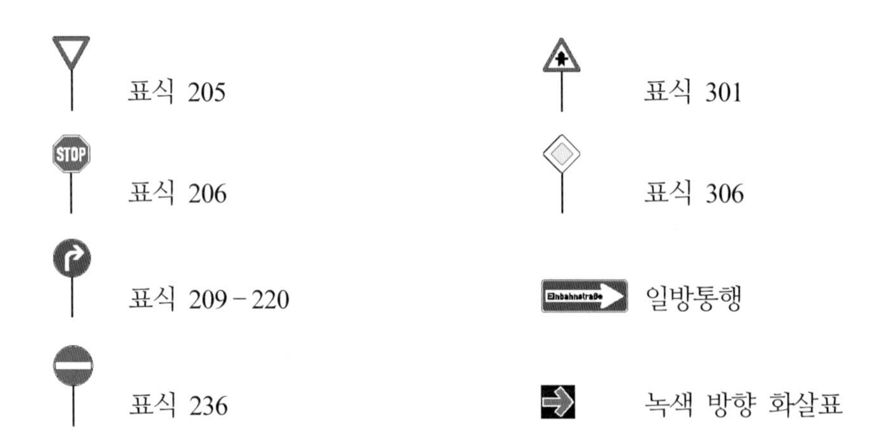

표식 205

표식 206

표식 209 - 220

표식 236

표식 301

표식 306

일방통행

녹색 방향 화살표

9.3 신호시설 범례를 활용한 신호위치계획 예시

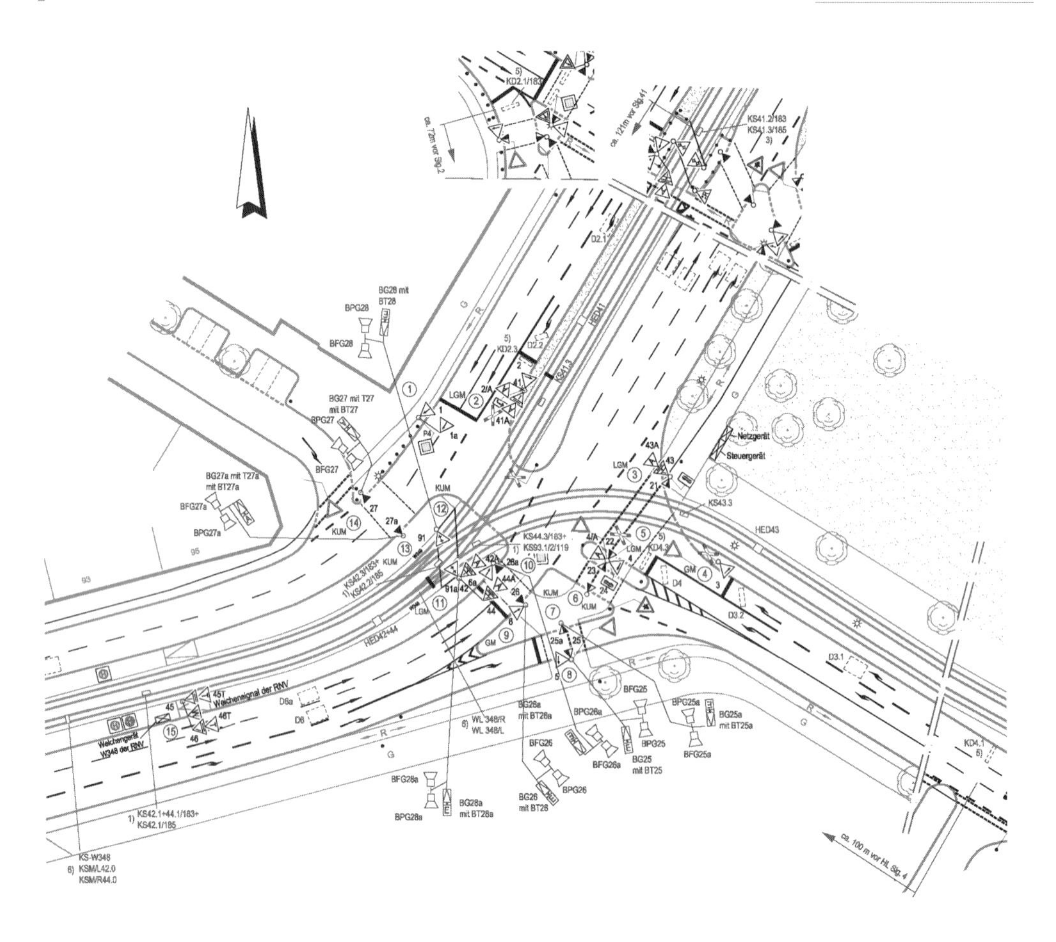

찾아보기

ㄱ

ㄴ

ㄷ

ㄹ

저자 소개

저자 독일 Forschungsgesellschaft für Strassen und Verkehrswesen(FGSV)
Arbeitsgruppe Verkehrsmanagement
Arbeitsausschuss: Verkehrsbeeinflussung innerorts
Arbeitskeis: Neufassung RiLSA
Leiter: Prof.Dr.-Ing. Friedrich

역자 **이선하** seonha@kongju.ac.kr
고려대학교 공과대학 토목공학과, 공학사
독일 Technische Universität Berlin 토목공학과, Dipl.-Ing.
독일 Technische Hochschule Karlsruhe 교통연구소, Dr.-Ing.
한국교통연구원 교통계획실 연구원
국토교통부 광역교통기획단 전문직 "가"급
LG-CNS CALS CIM 사업본부 ITS팀 부장
현 공주대학교 건설환경공학부 교수
저서 한국철도의 르네상스를 꿈꾸며
역서 주차설계론

교통신호체계론

2014년 8월 25일 제1판 1쇄 인쇄
2014년 8월 31일 제1판 1쇄 펴냄

지은이 FGSV
옮긴이 이선하
펴낸이 류제동
펴낸곳 **청문각**

편집국장 안기용 | 책임편집 우종현 | 본문디자인 디자인이투이
표지디자인 네임북스 | 제작 김선형 | 영업 함승형
출력 (주)한국커뮤니케이션 | 인쇄 영진인쇄 | 제본 한진제본

주소 413-120 경기도 파주시 교하읍 문발로 116 | 우편번호 413-120
전화 1644-0965(대표) | 팩스 070-8650-0965 | 홈페이지 www.cmgpg.co.kr
등록 2012. 11. 26. 제406-2012-000127호

ISBN 978-89-6364-211-6 (93530)
값 20,000원

* 잘못된 책은 바꾸어 드립니다.
* 역자와의 협의하에 인지를 생략합니다.